极客学院
jikexueyuan.com

互联网+职业技能系列

职业入门 | **基础知识** | 系统进阶 | 专项提高

Python 编程基础

Python Programming

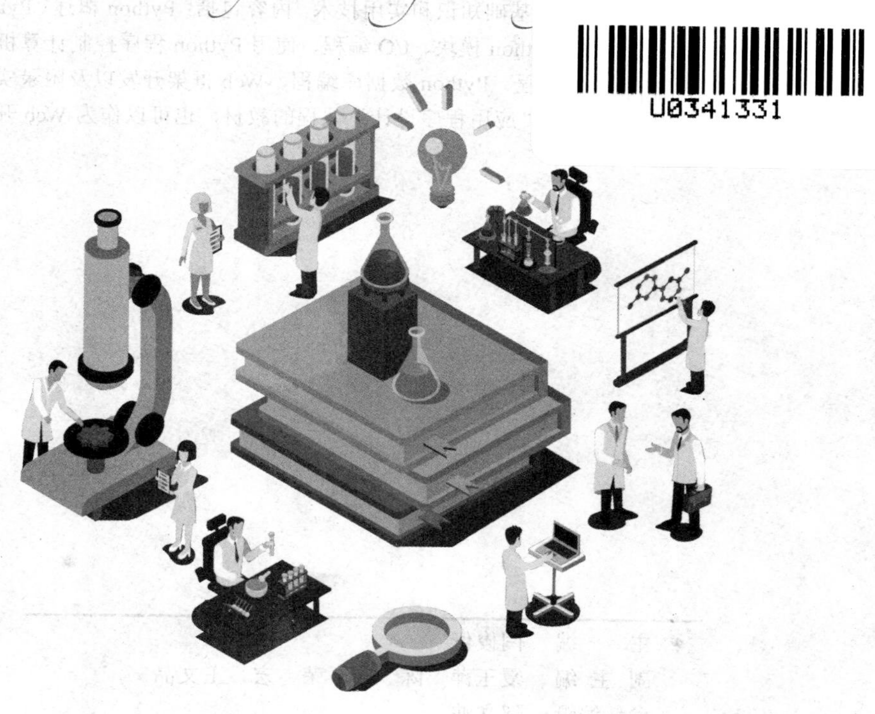

极客学院 出品

闫俊伢 主编 夏玉萍 陈实 荣宏 王文晶 副主编

人民邮电出版社

北京

图书在版编目（CIP）数据

Python编程基础 / 闫俊伢主编. -- 北京 : 人民邮电出版社, 2016.10(2018.2重印)
ISBN 978-7-115-43414-2

Ⅰ. ①P… Ⅱ. ①闫… Ⅲ. ①软件工具－程序设计 Ⅳ. ①TP311.561

中国版本图书馆CIP数据核字(2016)第196784号

内 容 提 要

本书全面介绍了Python编程的基础知识和实用技术，内容包括：Python概述、Python语言基础、常用Python语句、Python函数、Python模块、I/O编程、使用Python程序控制计算机、Python数据结构、多任务编程、Python网络编程、Python数据库编程、Web框架开发以及附录实验。

本书既可以作为大学本、专科“应用程序设计”课程的教材，也可以作为Web开发人员的参考用书。

◆ 主　　编　闫俊伢
　副 主 编　夏玉萍　陈　实　荣　宏　王文晶
　责任编辑　邹文波
　责任印制　沈　蓉　彭志环

◆ 人民邮电出版社出版发行　　北京市丰台区成寿寺路11号
　邮编　100164　　电子邮件　315@ptpress.com.cn
　网址　http://www.ptpress.com.cn
　固安县铭成印刷有限公司印刷

◆ 开本：787×1092　1/16
　印张：18.25　　　　2016年10月第1版
　字数：479千字　　　2018年2月河北第2次印刷

定价：45.00元

读者服务热线：(010)81055256　印装质量热线：(010)81055316
反盗版热线：(010)81055315

前 言

Python 诞生于 20 世纪 90 年代，是一种解释型、面向对象、动态数据类型的高级程序设计语言，是最受欢迎的程序设计语言之一。2011 年 1 月，它被 TIOBE 编程语言排行榜评为 2010 年年度语言。自 2004 年以后，Python 的使用率呈线性增长。目前，高校的许多专业都开设了相关的课程。

Python 语言很简洁，语法也很简单，只需要掌握基本的英文单词就可以读懂 Python 程序。Python 兼容很多平台，主要包括 Linux、Windows、FreeBSD、Macintosh、Solaris、OS/2、Amiga、AROS、AS/400、BeOS、OS/390、z/OS、Palm OS、QNX、VMS、Psion、Acorn RISC OS、VxWorks、PlayStation、Sharp Zaurus、Windows CE 和 PocketPC。

编者在多年使用 Python 开发应用程序和研究相关课程教学的基础上编写了本书。全书分为两个部分。第一部分介绍基础知识，由第 1～6 章组成，讲解了 Python 概述、Python 语言基础、常用 Python 语句、Python 函数、Python 模块和 I/O 编程等内容；第二部分介绍 Python 编程的高级技术，由第 7～11 章组成，详尽地讲解了使用 Python 程序控制计算机、Python 数据结构、多任务编程、网络编程、数据库编程和 Web 框架开发等技术。另外，本书每章都配有相应的习题，可以帮助读者理解所学习的内容，使读者加深印象，学以致用。

本书提供教学 PPT 课件和源程序文件等，需要者可以登录人民邮电出版社教学服务与资源网（http://www.ptpedu.com.cn）免费下载。

本书在内容的选择、深度的把握上充分考虑初学者的特点，内容安排上力求做到循序渐进，不仅适合教学，而且适合开发 Web 应用程序的各类人员自学使用。

本书由闫俊伢担任主编。夏玉萍、陈实、荣宏、王文晶担任副主编。其中，夏玉萍编写了本书的第 1～5 章，陈实编写了第 6～8 章，荣宏编写了第 9～10 章，王文晶编写了第 11～12 章和附录。

由于编者水平有限，书中难免存在不足之处，敬请广大读者批评指正。

编 者

2016 年 7 月

目 录

第一部分 基 础 篇

第 12 章　Web 框架开发............227

附录　实验......................................262

第一部分
基础篇

第 1 章 Python 概述

学前提示

Python 诞生于 20 世纪 90 年代初，是一种解释型、面向对象、动态数据类型的高级程序设计语言，是最受欢迎的程序设计语言之一。本章介绍 Python 语言的基本情况。

知识要点

- 什么是 Python
- 下载和安装 Python
- Python 语言的基本语法
- PyCharm
- Python 的特性
- 执行 Python 脚本文件
- Python 文本编辑器 IDLE 的使用方法

1.1 初识 Python

首先来了解一下什么是 Python，它又有哪些特性。

极客学院
jikexueyuan.com

极客学院在线视频学习网址：

http://www.jikexueyuan.com/course/776.html

手机扫描二维码

Python 概述

1.1.1 什么是 Python

Python 于 20 世纪 80 年代末由荷兰人 Guido van Rossum（如图 1-1 所示）设计实现。他后来去了 Google 工作。据说在他给 Google 的简历里面只有简单的 3 个单词："I wrote Python."

1991 年，van Rossum 公布了 0.9.0 版本的 Python 源代码，此版本已经实现了类、函数以及列表、字典和字符串等基本的数据类型。本书将在第 2 章介绍基本数据类型和类，第 4 章介绍函数。

0.9.0 版本还集成了模块系统，van Rossum 将模块描述为 Python 主要的编程单元。

1994 年，Python 1.0 发布。1.0 版本新增了函数式工具。关于函数式编程将在本书第 4 章中介绍。

图 1-1　Guido van Rossum

Python 2.0 集成了列表推导式（List Comprehension）。

Python 3.0 也称为 Python 3000 或 Python 3K。相对于 Python 的早期版本，这是一个较大的升级。为了不带入过多的累赘，Python 3.0 在设计的时候没有考虑向下兼容。Python 3.0 的主要设计思想就是通过移除传统的做事方式来减少特性的重复。很多针对早期 Python 版本设计的程序都无法在 Python 3.0 上正常运行。为了照顾现有程序，Python 2.6 作为一个过渡版本，基本使用了 Python 2.x 的语法和库，同时考虑了向 Python 3.0 的迁移，允许使用部分 Python 3.0 的语法与函数。基于早期 Python 版本而能正常运行于 Python 2.6 并无警告的程序可以通过一个 2 to 3 的转换工具无缝地迁移到 Python 3.0。

经过多年的发展，Python 已经成为非常流行的热门程序开发语言。到底有多流行？让我们看看知名的 TIOBE 开发语言排行榜吧。TIOBE 排行榜是根据互联网上有经验的程序员、课程和第三方厂商的数量，并使用搜索引擎（如 Google、Bing、Yahoo!、百度）以及 Wikipedia、Amazon、YouTube 统计出排名数据，用于反映编程语言的热门程度（但并不能说明一门编程语言好与不好）。该指数可以用来衡量开发者的编程技术能否跟上趋势以及应该及时掌握哪门编程语言。TIOBE 的官方网址如下：

```
http://www.tiobe.com/
```

2015 年 9 月的 TIOBE 排行榜显示，Python 排名第 5，如图 1-2 所示。

TIOBE Software: Tiobe
www.tiobe.com/index.php/content/paperinfo/tpci/index.html

We use cookies to analyse our traffic and to show ads. By using our website, you agree to our use of cookies.　Got it!

Sep 2015	Sep 2014	Change	Programming Language	Ratings	Change
1	2	^	Java	19.565%	+5.43%
2	1	v	C	15.621%	-1.10%
3	4	^	C++	6.782%	+2.11%
4	5	^	C#	4.909%	+0.56%
5	8	^	Python	3.664%	+0.88%
6	7	^	PHP	2.530%	-0.59%
7	9	^	JavaScript	2.342%	-0.11%
8	11	^	Visual Basic .NET	2.062%	+0.53%
9	12	^	Perl	1.899%	+0.53%
10	3	vv	Objective-C	1.821%	-8.11%
11	29	^^	Assembly language	1.806%	+1.22%
12	13	^	Ruby	1.783%	+0.50%
13	15	^	Delphi/Object Pascal	1.745%	+0.59%

图 1-2　2015 年 9 月的 TIOBE 排行榜

可以看到，排名前 10 位的编程语言依次是 Java、C、C++、C#、Python、PHP、JavaScript、Visual Basic.NET、Perl 和 Objective-C。很多流行的编程语言没有入围前 10 位，比如 Delphi、Ruby、Transact-SQL 等，可见 Python 的流行程度。

1.1.2　Python 的特点

在学习 Python 语言之前，首先简要介绍一下 Python 的基本特点。

（1）简单易学：Python 语言很简洁，语法也很简单，只需要掌握基本的英文单词就可以读懂 Python 程序。这对于初学者无疑是个好消息。因为简单就意味着易学，可以很轻松地上手。

（2）Python 是开源的、免费的：开源是开放源代码的简称。也就是说，用户可以免费获取 Python 的发布版本，阅读甚至修改源代码。很多志愿者将自己的源代码添加到 Python 中，从而使其不断完善。

（3）Python 是高级语言：与 Java 和 C 一样，Python 不依赖任何硬件系统，因此属于高级开发语言。在使用 Python 开发应用程序时，不需要关注低级的硬件问题，例如内存管理。

（4）高可移植性：由于开源的缘故，Python 兼容很多平台。如果在编程时多加留意系统依赖的特性，Python 程序无需进行任何修改，就可以在各种平台上运行。Python 支持的平台包括 Linux、Windows、FreeBSD、Macintosh、Solaris、OS/2、Amiga、AROS、AS/400、BeOS、OS/390、z/OS、Palm OS、QNX、VMS、Psion、Acorn RISC OS、VxWorks、PlayStation、Sharp Zaurus、Windows CE 和 PocketPC。

（5）Python 是解释型语言：计算机不能直接理解高级语言，只能直接理解机器语言。使用解释型语言编写的源代码不是直接翻译成机器语言，而是先翻译成中间代码，再由解释器对中间代码进行解释运行。因此使用 Python 编写的程序不需要翻译成二进制的机器语言，而是直接从源代码运行。Python 程序的运行过程如图 1-3 所示。

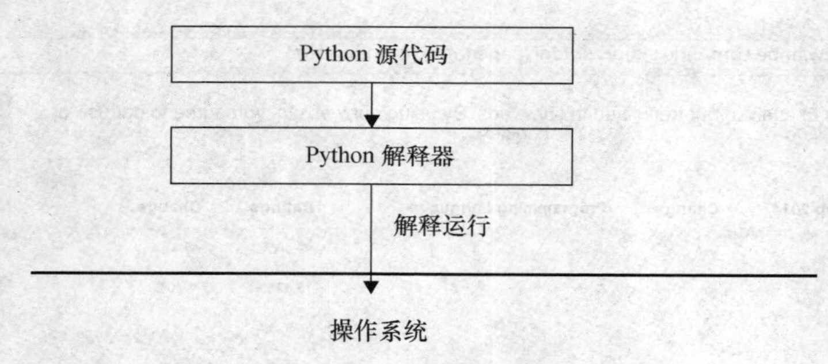

图 1-3　Python 程序的运行过程

（6）Python 全面支持面向对象的程序设计思想：面向对象是目前最流行的程序设计思想。所谓面向对象，就是基于对象的概念，以对象为中心，类和继承为构造机制，认识了解刻画客观世界以及开发出相应的软件系统。关于面向对象的程序设计思想的细节将在本书第 2 章中介绍。

（7）高可扩展性：如果希望一段代码可以很快地运行，或者不希望公开一个算法，则可以使用 C 或 C++编写这段程序，然后在 Python 中调用，从而实现对 Python 程序的扩展。

（8）支持嵌入式编程：可以将 Python 程序嵌入到 C 或 C++程序中，从而为 C 或 C++程序提供脚本能力。

（9）功能强大的开发库：Python 标准库非常庞大，可以实现正则表达式、文档生成、单元测试、线程、数据库、浏览器、CGI、FTP、Email、XML、XML-RPC、HTML、加密、GUI（图形用户界面）等功能。除了标准库外，还有很多其他的功能强大的库，本书后续章节将会介绍这些库的具体情况。

1.1.3　Python 各版本之间的差异

在 Python 的官方网站上，同时提供了 2.0 系列和 3.0 系列 2 个版本。这 2 个版本的差异如表 1-1 所列。

表 1-1　　　　Python 2.0 系列和 Python 3.0 系列的差异

项目	Python 2.0	Python 3.0
使用范围	更广泛	较不广泛
支持的包数量	较多	较少
客人维护性	可能不更新	更面向未来

由于历史的原因，Python 2.0 推出得更早，支持它的库就更多一些。由于一些第三方库已经停止了更新，因此很多第三方库不再支持 Python 3.0。当然，越来越多的第三方库正在向 Python 3.0 迁移，Python 3.0 的应用也比较广泛，只是与 Python 2.0 相比要少一些。

从可维护性的角度讲，Python 基金会已经明确表示：Python 2.0 将不再被更新，很可能只是更新到 2.7 版本。而 Python 3.0 将持续更新下去。因此 Python 3.0 更面向未来。

本书内容基于 Python 2.7.10。

1.2　开始 Python 编程

本节将配置 Python 开发的环境，并介绍一个简单的 Python 程序。通过本节的学习，读者可以开始 Python 编程。

1.2.1　下载和安装 Python

访问如下网址可以下载 Python，如图 1-4 所示。

```
https://www.python.org/downloads/
```

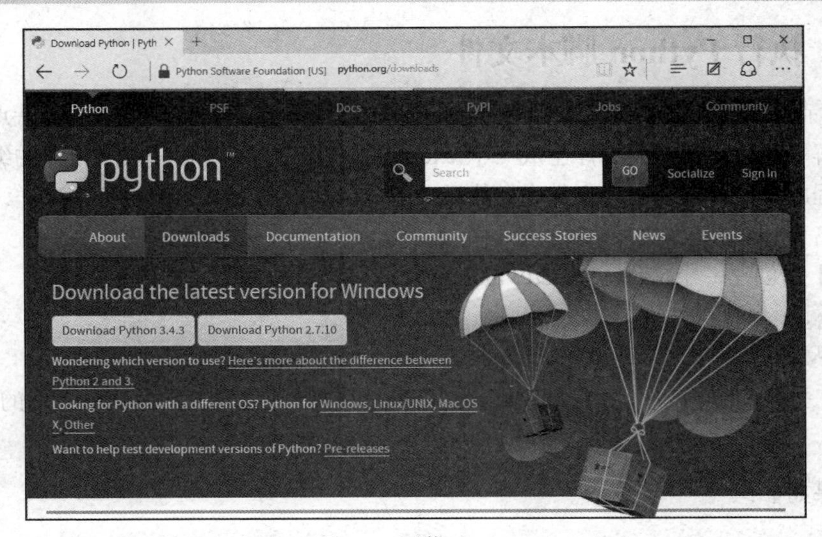

图 1-4　下载 Python

在笔者编写本书时，Python for Windows 有 2 个最新版本，2.0 系列的最新版本为 Python 2.7.10，3.0 系列的最新版本为 Python 3.4.3。读者看到的情况也许会略有不同。

单击 Download Python 2.7.10 按钮，下载得到 python-2.7.10.msi。双击 python-2.7.10.msi，即可按照向导安装 Python 2.7.10。

Python 2.7.10 的默认安装目录为 C:\Python27。安装完成后，将 C:\Python27 添加到环境变量 Path 中。不同操作系统下添加环境变量的方法略有不同，这里不具体介绍。

在 Windows 7 中安装后，"开始"菜单的"所有程序"中会出现一个 Python 2.7 分组。单击其下的 Python (command line)菜单项，就可以打开 Python 命令窗口，如图 1-5 所示。也可以打开 Windows 命令窗口，然后运行 Python 命令来打开 Python 命令窗口。

```
C:\Python27\python.exe
Python 2.7.10 (default, May 23 2015, 09:40:32) [MSC v.1500 32 bit (Intel)] on win32
Type "help", "copyright", "credits" or "license" for more information.
>>>
```

图 1-5　Python 2.7.10 安装成功后打开 Python 命令窗口

Python 命令实际上就是 Python 的解释器。在>>>后面输入 Python 程序，回车后即可被解释执行。例如输入下面的代码，可以打印"我是 Python"，运行结果如图 1-6 所示。

```
C:\Python27\python.exe
Python 2.7.10 (default, May 23 2015, 09:40:32) [MSC v.1500 32 bit (Intel)] on win32
Type "help", "copyright", "credits" or "license" for more information.
>>> print('我是Python')
我是Python
>>>
```

图 1-6　打印"我是 Python"的结果

```
print('我是 Python')
```

print()函数用于输出数据。关于函数的具体情况将在本书第 4 章中介绍。按 Ctrl+Z 组合键可以退出 Python 环境。

1.2.2　执行 Python 脚本文件

第 1.2.1 节介绍了在命令行里执行 Python 程序的方法。这正是解释型语言的特点，可以一行一行语句地解释执行，不需要编译生成一个 exe 文件。但这也不是程序员所习惯的编程方式，比较大的应用程序都是存放在一个文件中，然后一起执行的。Python 当然也可以这样，Python 脚本文件的扩展名为 py。

【例 1-1】　创建一个文件 MyfirstPython.py，使用记事本编辑它的内容如下：

```
# My first Python program
print('I am Python')
```

保存后，打开命令窗口。切换到 MyfirstPython.py 所在的目录，然后执行下面的命令：

```
python MyfirstPython.py
```

运行结果如下：

```
I am Python
```

#是 Python 的注释符。'I am Python'是一个字符串，关于字符串的具体情况将在本书第 2 章中介绍。

1.2.3　Python 语言的基本语法

本节介绍 Python 语言的基本语法，这些都是编写 Python 程序需要了解和注意的。

1. Python 语句

Python 程序由 Python 语句组成，通常一行编写一个语句。例如：

```
print('Hello,')
print('I am Python')
```

Python 语句可以没有结束符，不像 C 或 C#那样在语句后面必须有分号（;）表示结束。当然，Python 程序中也可以根据编写人员的个人习惯在语句后面使用分号（;）。

也可以把多个语句写在一行，此时则需要在语句后面加上分号（;）表示结束。例如：

```
print('Hello,'); print('I am Python');
```

2. 缩进

缩进指在代码行前面添加空格或 Tab，这样做可以使程序更有层次、更有结构感，从而使程序更易读。

在 Python 程序中，缩进不是任意的。平级的语句行（代码块）的缩进必须相同。

【例 1-2】　语句缩进的例子。

```
print('Hello,');
 print('I am Python');
```

运行这段程序的结果如下：

```
print('I am Python');
   ^
indentationError: unexpected indent
```

从输出的错误信息中可以看到，unexpected indent 表明缩进格式不对。因为第 2 行语句的开始有 1 个空格。可见 Python 的语法是很严谨的。

1.2.4　下载和安装 Pywin32

Python 是跨平台的编程语言，可以兼容很多平台。本书内容基于 Windows 平台，Pywin32 是 Windows 平台下的 Python 扩展库，提供了很多 Windows 系统操作相关的模块。本书后面介绍的一些功能和实例就是基于 Pywin32 的。本节介绍下载和安装 Pywin32 的方法。

访问下面的网址可以下载 Pywin32 安装包。

```
http://sourceforge.net/projects/pywin32/
```

网站页面如图 1-7 所示。单击 Browse All Files 超链接，可以打开选择产品页面，如图 1-8 所示。

单击 Pywin32 目录，可以打开选择 Pywin32 版本的页面，如图 1-9 所示。单击最新的 Pywin32 版本超链接，可以打开下载文件列表页面，如图 1-10 所示。

在笔者编写本书时，Pywin32 的最新版本为 219。根据 Python 的版本选择要下载的安装包。例如，本书使用的是 Python 2.7.10，因此单击 pywin32-219.win32-py2.7.exe 超链接，可以下载得到 Pywin32 的安装包 pywin32-219.win32-py3.4.exe。

图 1-7　Pywin32 项目主页

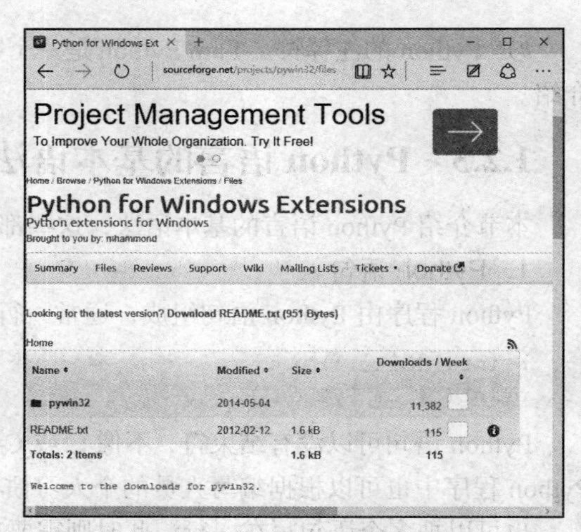

图 1-8　选择产品页面

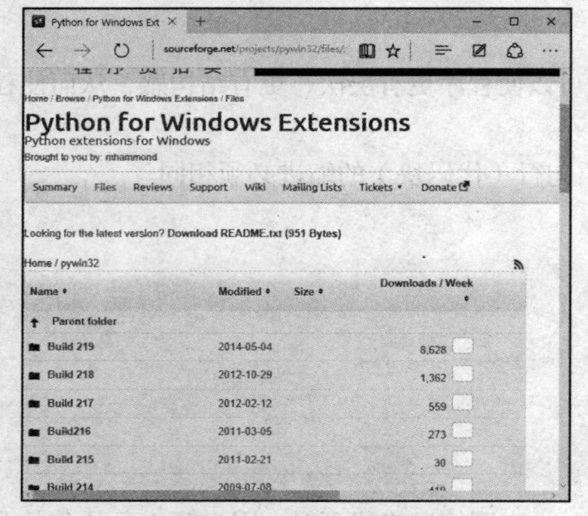

图 1-9　选择 Pywin32 版本

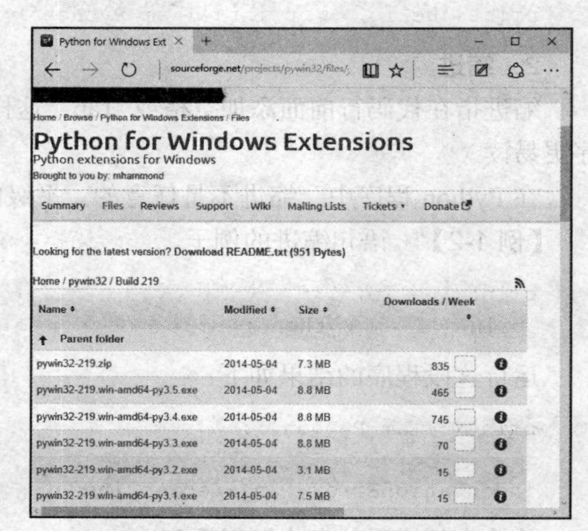

图 1-10　下载文件列表页面

提示

当读者阅读本书时，下载页面和 Pywin32 的最新版本可能都会发生变化。读者可以参照上面的内容自行查找，也可以通过搜索引擎搜索下载 Pywin32 的相关页面。本书的源代码包里也提供了 pywin32-219.zip，读者可以直接使用。

运行 pywin32-219.win32-py2.7.exe，就可以安装 Pywin32。首先打开欢迎窗口，如图 1-11 所示。单击“下一步”按钮，打开选择目录窗口，如图 1-12 所示。

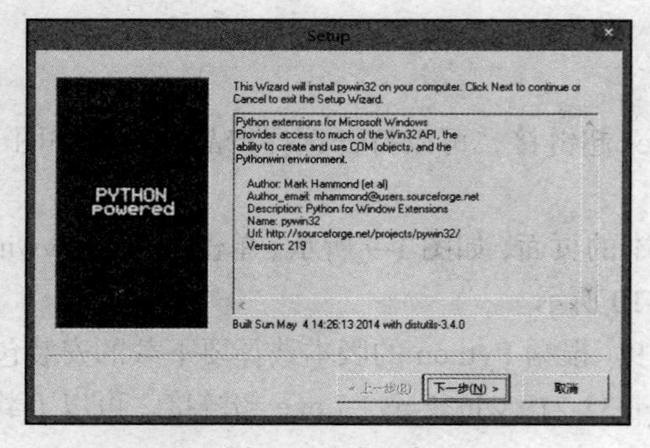

图 1-11　欢迎窗口

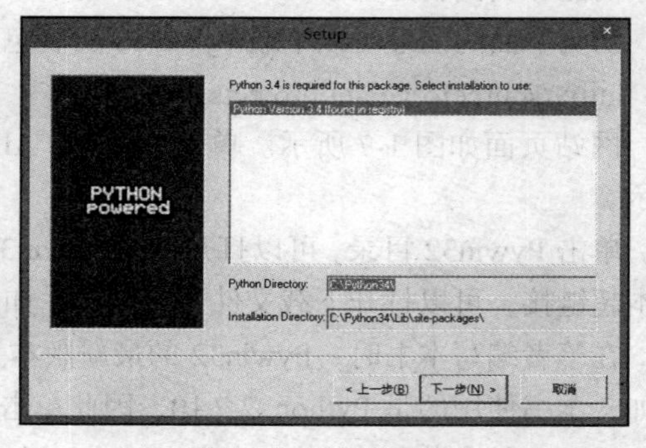

图 1-12　选择目录窗口

安装程序会从注册表中自动获取 Python 2.7 的安装目录（如 C:\Python27），默认的 Pywin32 安装目录是 C:\Python27\Lib\site-packages\。读者也可以手动设置。设置完成后，单击“下一步”按钮，打开准备安装窗口，再单击“下一步”按钮即可开始安装。安装完成后，会打开完成窗口。

1.3　Python 自带文本编辑器 IDLE 的使用方法

Python 是一种脚本语言，它并没有提供一个官方的开发环境，用户可以使用 Python 自带的编辑器 IDLE，也可以自主选择编辑工具。

1.3.1　打开 IDLE

Python 对文本编辑器没有特殊要求，完全可以使用 Windows 记事本编辑 Python 程序。但是 Windows 记事本的功能毕竟太过简单，而且没有对 Python 的特殊支持，因此不建议使用。

本节介绍 Python 自带的编辑器 IDLE。IDLE 的启动文件是 idle.bat，它位于 C:\Python34\Lib\idlelib 目录下，运行 idle.bat，即可打开文本编辑器 IDLE，如图 1-13 所示。也可以在“开始”菜单的“所有程序”中，选择 Python 2.7 分组下面的 IDLE（Python GUI）菜单项，打开 IDLE 窗口。

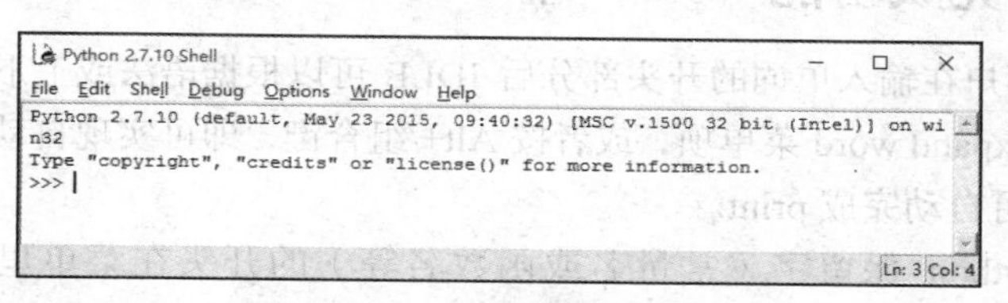

图 1-13　文本编辑器 IDLE

稍微有点遗憾的是，IDLE 没有汉化版本。不过对于学习 Python 编程的读者来说，IDLE 菜单里的这点英文很简单。

1.3.2　新建 Python 脚本

在菜单里依次选择 File/New File（或按 Ctrl+N 组合键）即可新建 Python 脚本，窗口标题显示脚本名称，初始时为 Untitled，也就是还没有保存 Python 脚本。如图 1-14 所示。

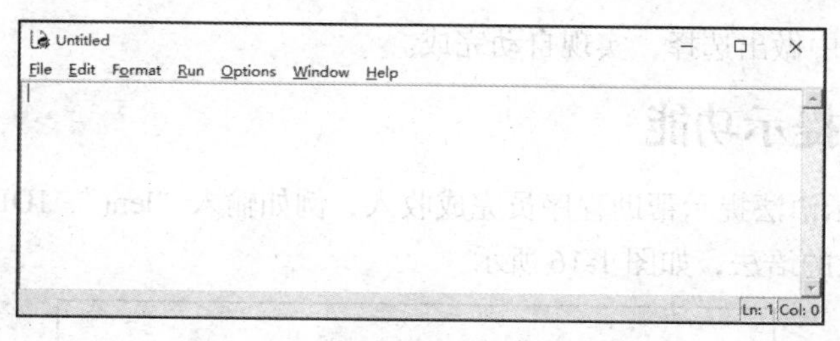

图 1-14　新建 Python 脚本的窗口

1.3.3　保存 Python 脚本

在菜单里依次选择 File/Save File（或按 Ctrl+S 组合键）即可保存 Python 脚本。如果是第一次保存，则会弹出保存文件对话框，要求用户输入保存的文件名。

1.3.4 打开 Python 脚本

在菜单里依次选择 File/Open File（或按 Ctrl+O 组合键）会弹出打开文件对话框，要求用户选择要打开的.py 文件名。

也可以右键单击.py 文件，在快捷菜单中选择 Edit with IDLE，即可直接打开 IDLE 窗口编辑该脚本。

1.3.5 语法高亮功能

IDLE 支持 Python 的语法高亮，也就是说能够以彩色标识出 Python 语言的关键字，告诉开发人员这个词的特殊作用。例如，在 IDLE 查看例 1-1 下面的程序，注释显示为红色，print 显示为橘色，字符串显示为绿色。

```
# My first Python program
print('I am Python')
```

本书图片为灰度图，不能体现语法高亮的效果。语法高亮的效果，还是留待读者上机实习时自己体会吧。

1.3.6 自动完成功能

自动完成是指用户在输入单词的开头部分后 IDLE 可以根据语法或上下文自动完成后面的部分。依次选择 Edit/Expand word 菜单项，或者按 Alt+/组合键，即可实现自动完成。例如，输入 pr 后按 Alt+/组合键即可自动完成 print。

也可以输入 Python 保留字（常量名或函数名等）的开头在菜单里依次选择 Edit/Show completetions（或按 Ctrl+空格组合键），弹出提示框。需要注意的是，Ctrl+空格组合键与切换输入法的功能键冲突。例如，输入 p 然后选择 Edit/Show completetions，提示框如图 1-15 所示。

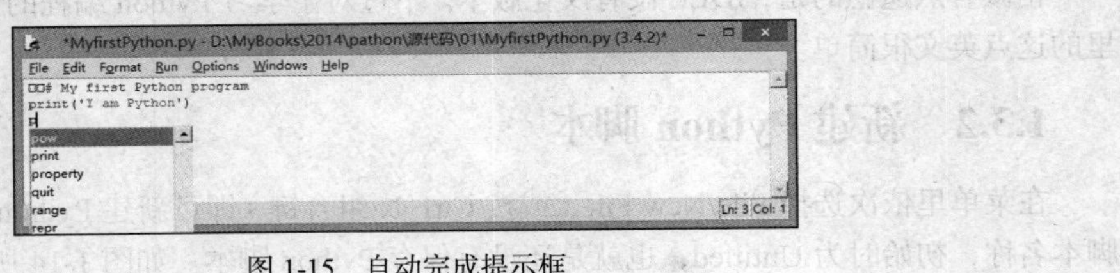

图 1-15 自动完成提示框

可以从提示列表中做出选择，实现自动完成。

1.3.7 语法提示功能

IDLE 还可以显示语法提示帮助程序员完成收入，例如输入“len(”，IDLE 会弹出一个语法提示框，显示 len()函数的语法，如图 1-16 所示。

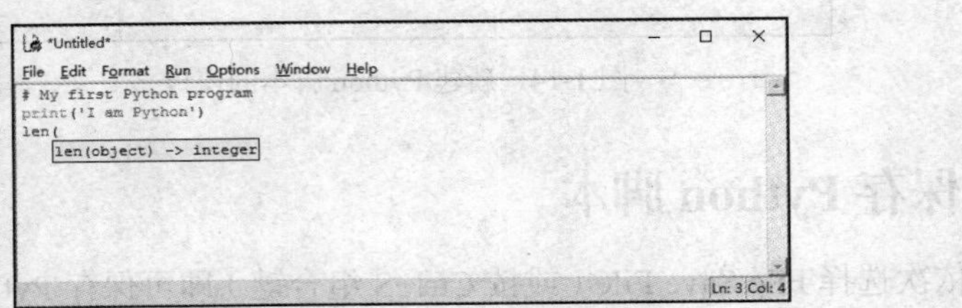

图 1-16 IDLE 的语法提示

1.3.8　运行 Python 程序

在菜单里依次选择 Run / Run Module（或按 F5 键）可以在 IDLE 中运行当前的 Python 程序。例如，运行下面程序的界面如图 1-17 所示。

```
print('Hello,');
print('I am Python');
```

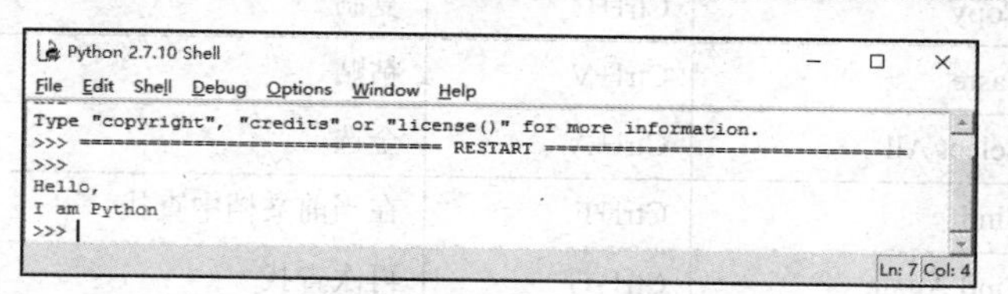

图 1-17　运行 Python 程序

如果程序中有语法错误，运行时会弹出一个 invalid syntax 提示，然后一个浅红色方块定位在错误处。例如，运行下面的程序：

```
print(,'Hello,');
```

在 print ()函数中多了一个逗号。定位错误的界面如图 1-18 所示。

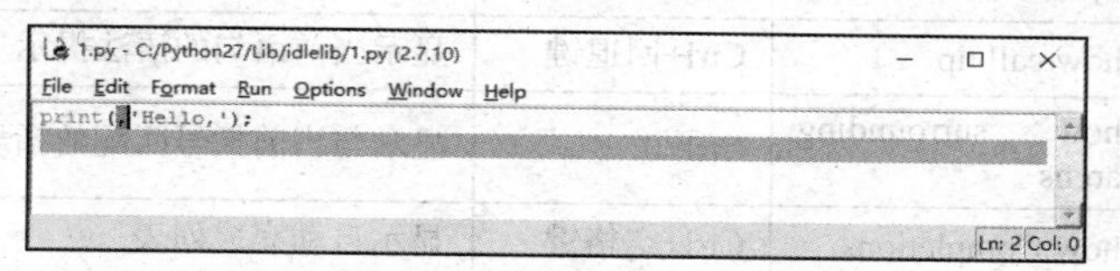

图 1-18　运行时定位在错误处

可以看到，在多出的逗号处有一个浅红色方块。

1.3.9　IDLE 的菜单项

因为 IDLE 没有中文版本，所以这里介绍一下它的常用菜单项，如表 1-2 所列。

表 1-2　IDLE 的常用菜单项

主菜单项	子菜单项	快捷键	功能
File（文件）	New File	Ctrl+N	创建新文件
	Open	Ctrl+O	打开文件
	Recent Files		选择最近打开的文件
	Open Module	Alt+M	打开模块
	Class Browser	Alt+C	类浏览器，查看当前文件中的类层次
	Path Browser		路径浏览器，查看当前文件及其涉及的库的路径
	Save	Ctrl+S	保存文件
	Save As…	Ctrl+Shift+S	另存为
	Save Copy As…	Alt+Shift+S	保存副本
	Print Windows	Ctrl+P	打印窗口内容
	Close	Alt+F4	关闭窗口
	Exit	Ctrl+Quit	退出 IDLE

续表

主菜单项	子菜单项	快捷键	功能
Edit（编辑）	Undo	Ctrl+Z	撤销上一次的修改
	Redo	Ctrl+ Shift+Z	重复上一次的修改
	Cut	Ctrl+X	剪切
	Copy	Ctrl+C	复制
	Paste	Ctrl+V	粘贴
	Select All	Ctrl+A	全选
	Find	Ctrl+F	在当前文档中查找
	Find Again	Ctrl+G	再次查找
	Find Selection	Ctrl+F3	在当前文档中查找选中的文本
	Find in Files	Alt+F3	在文件中查找
	Replace	Ctrl+G	在当前文档中替换指定的文本
	Go to Line	Alt+G	将光标跳转到指定行
	Expand Word	Alt+/	自动完成单词
	Show call tip	Ctrl+回退键	显示当前语句的语法提示
	Show surrounding Parens	Ctrl+0	显示与当前括号匹配的括号
	Show Completions	Ctrl+空格键	显示自动完成列表
Format（格式）	Indent Region	Ctrl+]	将选中的区域缩进
	Dedent Region	Ctrl+[	将选中的区域取消缩进
	Comment Out Region	Alt+3	将选中的区域注释
	UnComment Region	Alt+4	将选中的区域取消注释
	Tabify Region	Alt+5	将选中区域的空格替换为 Tab
	Unabify Region	Alt+6	将选中区域的 Tab 替换为空格
	Toggle Tabs	Alt+T	打开或关闭制表位
	New indent width	Alt+U	重新设定制表位缩进宽度，范围 2～16，宽度为 2 相当于 1 个空格
	Format Paragraph	Alt+Q	对选中代码进行段落格式整理
	Strip trailing whitespace		移除代码尾部的空格
Run（运行）	Python Shell		打开 Python Shell（命令解析器）窗口
	Check Module	Alt+X	对当前程序（模块）进行语法检查
	Run Module	F5	运行当前程序（模块）
Options（选项）	Configure IDLE…		配置 IDLE

1.4 流行的 Python 集成开发环境 PyCharm

PyCharm 是一种流行的 Python IDE，由 JetBrains 公司打造。它带有一整套可以帮助用户在使用 Python 语言开发时提高效率的工具，比如调试、语法高亮、Project 管理、代码跳转、智能提示、自动完成、单元测试、版本控制等。此外，该 IDE 还提供了一些高级功能，以用于支持 Django 框架下的专业 Web 开发。关于 Django 框架将在本书第 12 章中介绍。

1.4.1 下载和安装 PyCharm

访问如下的 JetBrains 公司官网。单击 PRODUCTS 超链接，展开选择产品的面板，如图 1-19 所示。

http://www.jetbrains.com/

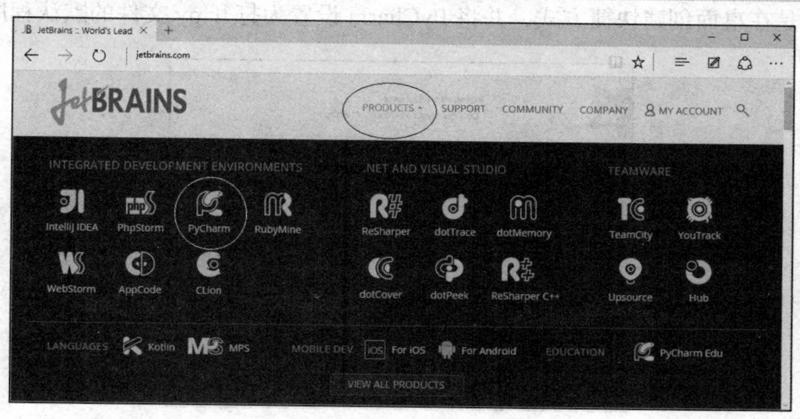

图 1-19 JetBrains 公司官网

单击 PyCharm 图标，打开 PyCharm 产品页面。单击 Download 按钮，打开下载 PyCharm 的页面，如图 1-20 所示。可以选择下载 Proession 和 Community 2 个版本的 PyCharm。

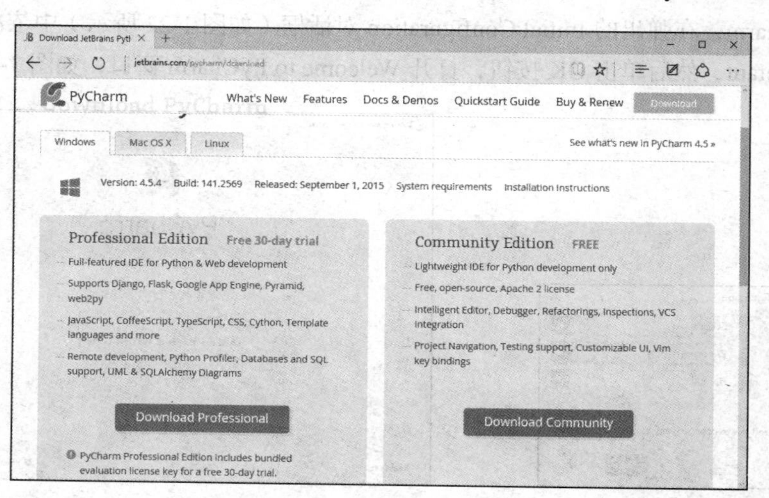

图 1-20 下载 PyCharm 的页面

Proession 版具有如下特性。

（1）提供 Python IDE 的所有功能，支持 Web 开发。

（2）支持 Django、Flask、Google App 引擎、Pyramid 和 web2py。

（3）支持 JavaScript、CoffeeScript、TypeScript、CSS 和 Cython 等。

（4）支持远程开发、Python 分析器、数据库和 SQL 语句。

Community 版具有如下特性。

（1）轻量级的 Python IDE，只支持 Python 开发。

（2）免费、开源、集成 Apache 2 的许可证。

（3）智能编辑器、调试器，支持重构和错误检查，集成 VCS 版本控制。

（4）支持工程导航、测试、自定义 UI。

建议下载 Proession 版。Proession 版提供 30 天的免费试用。

安装 PyCharm 的过程很简单，只需要运行下载得到的安装程序，并按照向导的提示操作即可。在安装过程中遇到图 1-21 所示的步骤时，选中 Create Desktop shortcut 和 Create associatations.py 复选框。也就是在桌面创建快捷方式，并将 PyCharm 设置为打开.py 文件的默认程序。

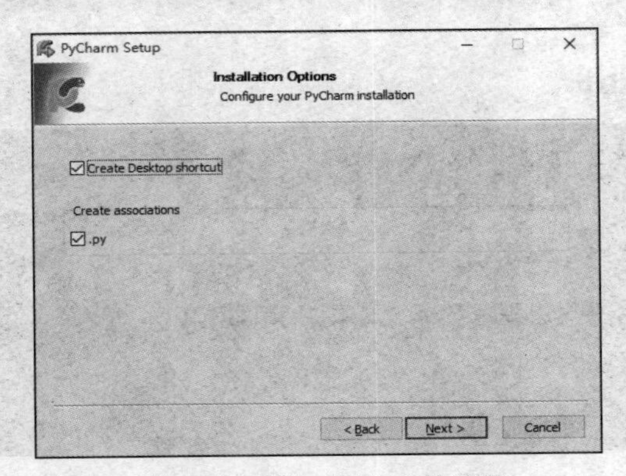

图 1-21　安装 PyCharm 的过程

1.4.2　PyCharm 的使用方法

运行 PyCharm，在弹出的 Initial Configuration 对话框（如图 1-22 所示）中依次选择 Eclipse、Windows 和 Defaut，然后单击 OK 按钮，打开 Welcome to PyCharm 窗口，如图 1-23 所示。

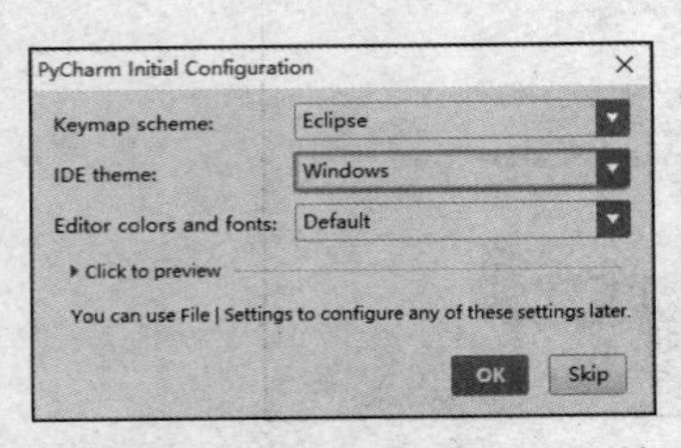

图 1-22　Initial Configuration 对话框

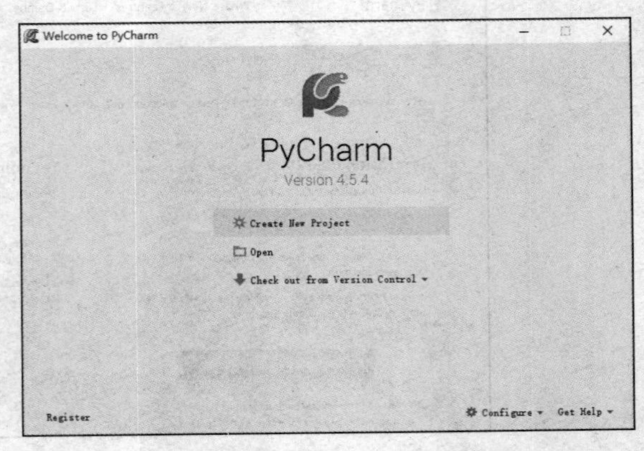

图 1-23　Welcome to PyCharm 窗口

单击 Create New Project 按钮，打开创建新项目窗口，如图 1-24 所示。

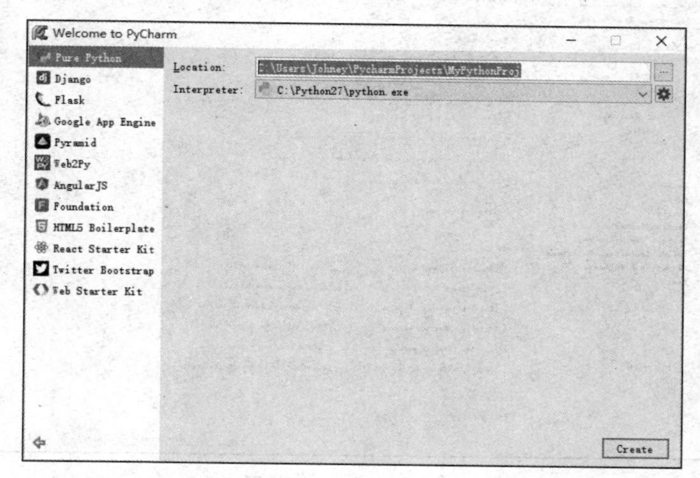

图 1-24　创建新项目窗口

选择项目类型为 Pure Python（纯 Python 项目），项目位置为 C:\Users\Johney\PycharmProjects\MyPythonProj，Python 解释器为 C:\Python27\phthon.exe。然后单击 Create 按钮，打开 PyCharm 窗口，如图 1-25 所示。

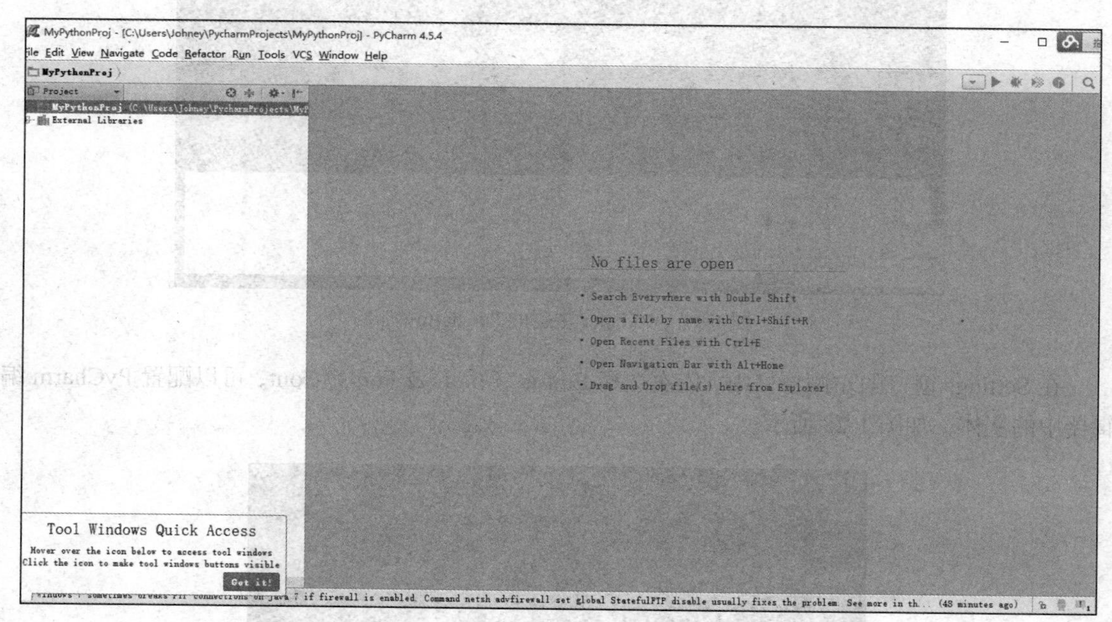

图 1-25　PyCharm 窗口

1. 配置 PyCharm 的外观

在菜单中选择 File/Settings，打开 Settings 窗口，如图 1-26 所示。

在 Appearance 页中可以配置 PyCharm 的外观，比如主题和字体。这里，在 Theme 下拉框中选择 Darcular 主题，字体选择 Verdana，字号选择 16，然后单击 OK 按钮。可以看到，PyCharm 变成了如图 1-27 所示的样子。

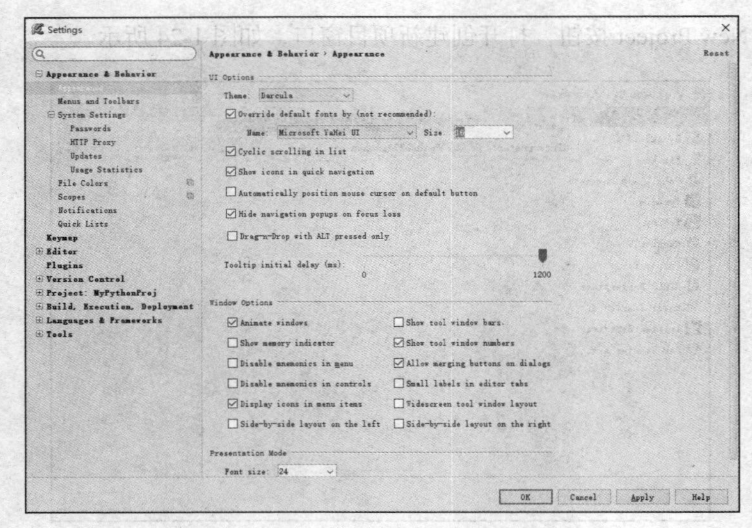

图 1-26 Settings 窗口

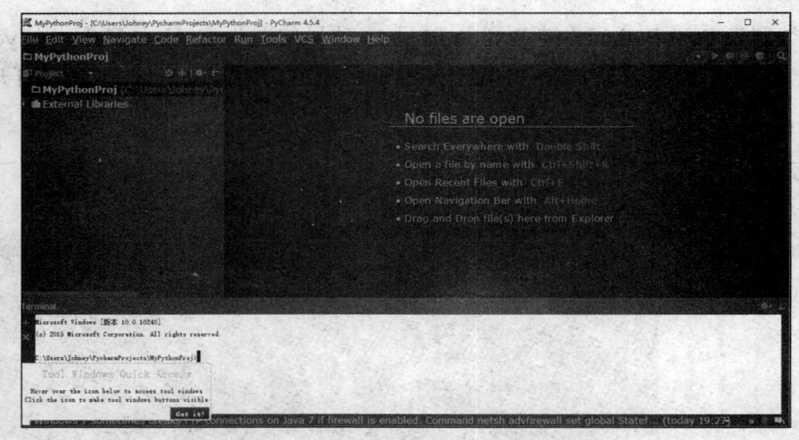

图 1-27 Darcular 主题的 PyCharm 窗口

在 Settings 窗口的左侧窗格中，依次选择 Editor / Colors & Fonts / Font，可以配置 PyCharm 编辑器中的字体，如图 1-28 所示。

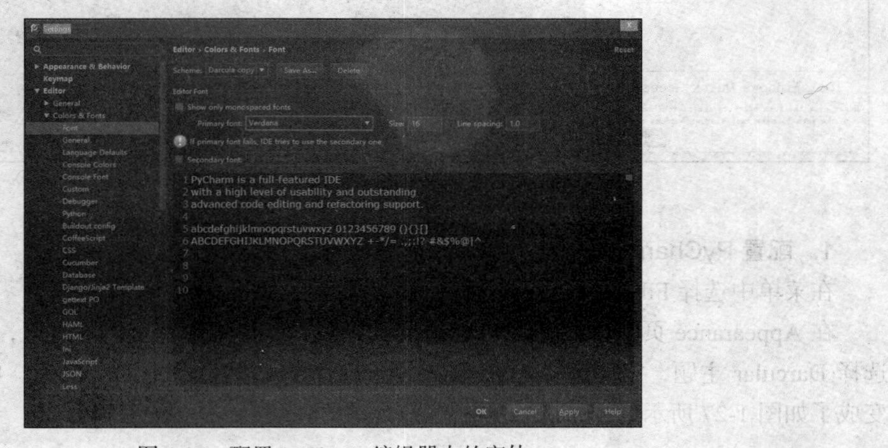

图 1-28 配置 PyCharm 编辑器中的字体

默认情况下，字体是不允许被选择的。需要创建一个自定义主题才可以自定义编辑器的字体。单击主题后面的 Save as…按钮，并在弹出的对话框中输入自定义主题的名字，再单击 OK 按钮后就可以设置编辑器的字体了。

2. 创建 Python 文件

在左侧的项目导航窗格中，右键单击项目名，在弹出菜单中选中 New/Python File，打开 New Python file 对话框，如图 1-29 所示。输入文件名 hello，然后单击 OK 按钮，可以看到在项目导航窗格中出现了新增的 Python 文件 hello.py，如图 1-30 所示。

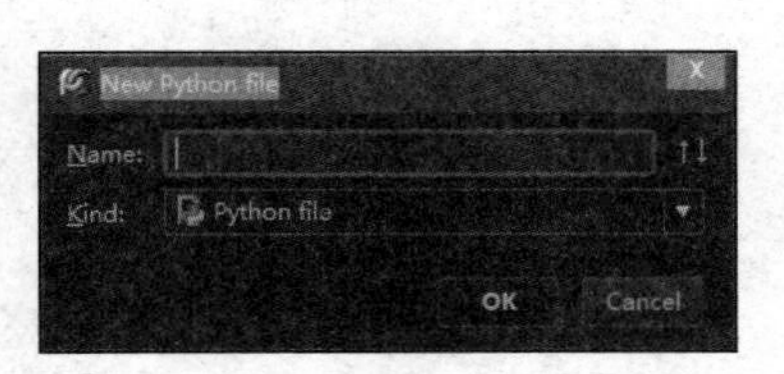

图 1-29　New Python file 对话框

图 1-30　新增的 Python 文件 hello.py

在右侧的编辑窗口中可以输入 Python 程序。例如，输入 print，可以看到语法提示信息，如图 1-31 所示。

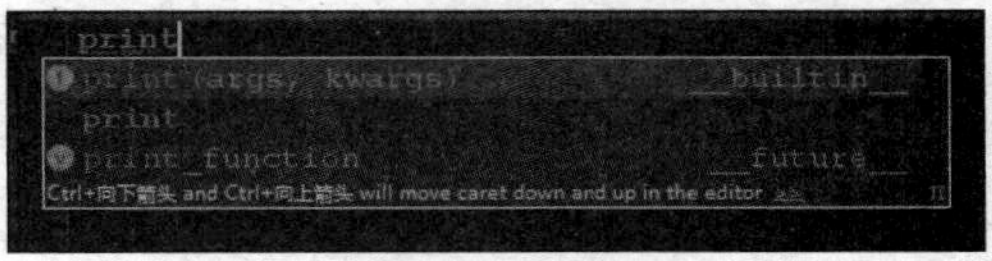

图 1-31　语法提示信息

3. 运行 Python 程序

在 PyCharm 的编辑窗口中输入下面的程序：

```
print("hello world")
```

在菜单中选择 Run / Run 'hello'，可以运行当前的 Python 程序，如图 1-32 所示。在 PyCharm 窗口下部的 Console 窗格中可以看到运行结果，如图 1-33 所示。

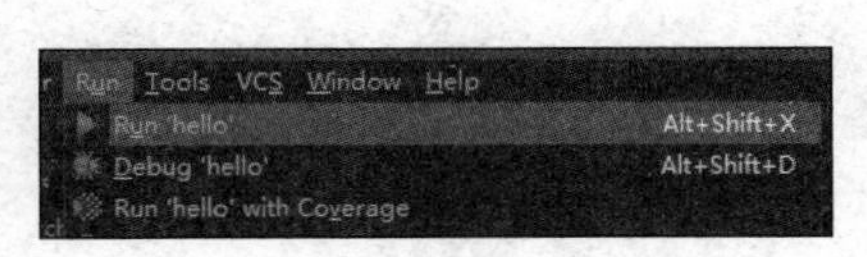

图 1-32　运行当前的 Python 程序

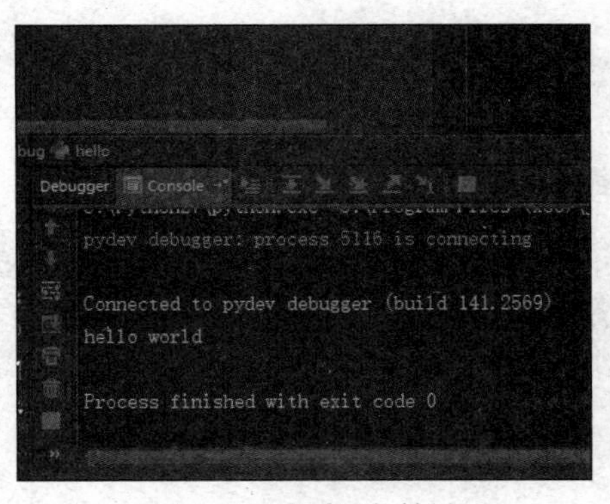

图 1-33　查看运行结果

本 章 练 习

一、选择题

1. 下面不属于 Python 特性的是（　　）。

   A. 简单易学　　　　B. 开源的、免费的

C. 属于低级语言　　　　　　　　D. 高可移植性

2. Python 脚本文件的扩展名为（ ）。

A. python　　　　B. py　　　　C. pt　　　　D. pg

3. 下面（ ）不是 PyCharm Proession 版的特性。

A. 提供 Python IDE 的所有功能，支持 Web 开发

B. 支持 Django、Flask、Google App 引擎、Pyramid 和 web2py

C. 支持 JavaScript、CoffeeScript、TypeScript、CSS 和 Cython 等

D. 免费、开源、集成 Apache 2 的许可证

二、填空题

1. ________是 Python 的注释符。

2. Python 自带的文本编辑器是________。

三、简答题

1. 简述 Python 程序的运行过程。

2. 简述 Python 的特性。

3. 简述 Python 2.0 系列和 3.0 系列版本的差异。

第 2 章 Python 语言基础

学前提示

本章将介绍 Python 语言的基本语法和编码规范，并重点讲解 Python 语言的数据类型、运算符、常量、变量、表达式和常用语句等基础知识，为使用 Python 开发应用程序奠定基础。

知识要点

- 常量
- 变量
- 数据类型
- 简单数据类型转换
- 列表
- 元组
- 字典
- 集合
- 运算符
- 表达式
- Python 对象

2.1 常量和变量

常量和变量是程序设计语言的最基本元素，它们是构成表达式和编写程序的基础。本节将介绍 Python 语言的常量和变量。

2.1.1 常量

常量是内存中用于保存固定值的单元，在程序中常量的值不能发生改变。Python 并没有命名常量，也就是说不能像 C 语言那样给常量起一个名字。Python 常量包括数字、字符串、布尔值和空值等。例如，数字 7 和'abc'都是常量。除此之外，还可以定义一个命名常量，也就是有名字的常量。命名常量有一个特点，就是一旦绑定，不能更改。

Python 不像其他高级语言（比如 PHP）那样可以很方便地使用 const 关键字定义常量。要在 Python 中定义一个常量，需要使用对象的方法。关于 Python 对象的具体情况将在本书第 2.4 节中介绍。

创建一个 Python 程序文件 const.py，内容如下：

```
# -*- coding: UTF-8 -*-
# Filename: const.py
# 定义一个常量类实现常量的功能
#
class _const:
```

```
    class ConstError(TypeError):pass
    def __setattr__(self, name, value):
        if self.__dict__.has_key(name):
            raise self.ConstError, "Can't rebind const (%s)" %name
        self.__dict__[name]=value
import sys
sys.modules[__name__] = _const()
```

该类定义了一个方法__setattr()__和一个异常 ConstError。ConstError 类继承自类 TypeError. 通过调用类自带的字典__dict__，判断定义的常量是否包含在字典中。如果字典中包含此变量，将抛出异常，否则，给新创建的常量赋值，从而可以避免给常量重复赋值。

最后两行代码的作用是把 const 类注册到 sys.modules 这个全局字典中。

关于这段代码，有很多技术细节还没有介绍。初学者只要了解其实现的功能即可。具体的实现细节留待以后再去理解。

将 const.py 复制到 C:\Python27\Lib 目录下。C:\Python27\Lib 目录用于保存模块文件。模块可以将函数按功能划分到一起，以便日后使用或共享给他人。以后需要定义命名常量时，只要引用 const.py 即可。方法如下：

```
import const
```

【例 2-1】 定义一个常量 value，值为 5。然后打印它的值。

```
import const
const.value = 5;
print const.value;
```

运行结果为 5。

【例 2-2】 重复给常量 Value 赋值，确认常量一旦绑定，不能更改。

```
import const
const.value = 5;
print const.value;
const.value = 6;
```

运行程序，Python 解释器会提示如下错误：

```
Traceback (most recent call last):
  File "D:\...\源代码\02\例 2-2.py", line 4, in <module>
    const.value = 6;
  File "D:\... \源代码\02\const.py", line 13, in __setattr__
    raise self.ConstError, "Can't rebind const (%s)" %name
ConstError: Can't rebind const (value)
```

2.1.2　Python 中数的类型与字符串

Python 常量包括数和字符串两大类。

1．数

Python 中数的类型主要分为整数型（int）、长整数型（long）、浮点数型（float）、布尔型（bool）和复数型（complex）5 种类型。

（1）整数型：表示不包含小数点的实数。在 32 位计算机上，标准整数类型的取值范围是 -2^{31} 到 $2^{31}-1$，即-2147483648～2147483647。例如，1、-1、1009、-209 都是整数型数。

（2）长整数型：顾名思义，就是取值范围很大的整数。Python 的长整数的取值范围仅与计算机支持的虚拟内存大小有关，也就是说，Python 能表达非常大的整数。例如，878871、909901 和 234561 等都是长整数型数。

（3）浮点数型：包含小数点的浮点型数字。

（4）布尔型：布尔型（Bool）即逻辑型，用于表示逻辑判断的结果，如 True 和 False，真和假，对和错，成立和不成立等。表示布尔型数据的两个常量是 True 和 False，它们的值实际是 1 和 0。布尔值通常用来判断条件是否成立。布尔值区分大小写，也就是说 true 和 TRUE 不能等同于 True。

（5）复数型：可以用 a + bi 表示的数字。a 和 b 是实数，i 是虚数单位。虚数单位是二次方程式 $x^2 + 1 = 0$ 的一个解，所以虚数单位同样可以表示为 $i = \sqrt{-1}$。

在复数 a+bi 中，a 称为复数的实部，b 称为复数的虚部。

一个复数也可以表示为一对数字(a, b)。使用矢量图描述复数如图 2-1 所示。其中，Re 是实轴，Im 是虚轴。

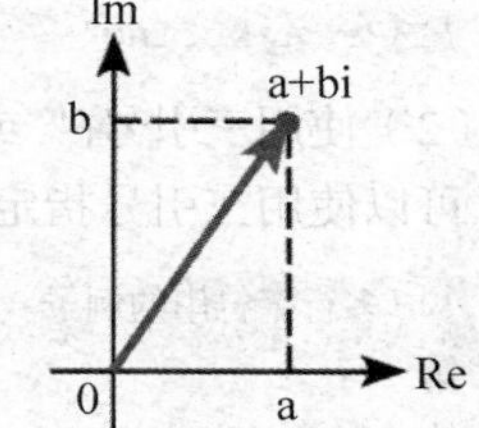

图 2-1　使用矢量图描述复数

2．字符串

字符串是一个由字符组成的序列。字符串常量使用单引号（'）或双引号（"）括起来。例如：

```
'我是一个字符串'
"我是另一个字符串"
```

在使用单引号（'）括起来的字符串中可以包含双引号（"）。例如，字符串'it is a "dog"'。如果使用双引号（"）定义这个字符串，则会引起歧义。例如，字符串"it is a "dog""会被理解为"it is a "。

反之，在使用双引号（"）括起来的字符串中可以包含单引号（'）。例如，字符串"it's a dog"。如果使用单引号（'）定义这个字符串，则会引起歧义。例如，字符串'it's a dog'会被理解为'it'。

（1）转义符号

当需要在字符串中使用特殊字符时，Python 使用反斜杠（\）作为转义字符。例如，如果需要在单引号括起来的字符串中使用单引号（'），代码如下：

```
'字符串常量使用单引号（'）括起来'
```

Python 就会分不清字符串里面的单引号（'）是否表示字符串的结束。此时就需要使用转义符号，将单引号表示为（\'），代码如下：

```
'字符串常量使用单引号（\'）括起来'
```

当然，也可以使用双引号（"）括起来包含单引号的字符串，代码如下：

```
"字符串常量使用单引号（\'）括起来"
```

Python 常用转义字符的使用情况如表 2-1 所示。

表 2-1　　Python 的常用转义字符

转义字符	具体描述
\n	换行
\r	回车
\"	"
\\	\
\（在行尾时）	续行符
\a	响铃
\b	退格（Backspace）
\000	空
\v	纵向制表符
\t	横向制表符

例如，如果字符串中出现单引号（'）或双引号（"），则需要使用转义符号（\）：

```
'I\'m a string'
```

（2）使用三引号(''' 或者 """)

可以使用三引号指定多行字符串，例如：

```
'''多行字符串的例子。
第一行
第二行
可以在多行字符串里面使用'单引号'或"双引号"
'''
```

在使用单引号（'）或双引号（"）括起来的字符串中，也可以在行尾使用转义字符(\)实现多行字符串，例如：

```
'多行字符串的例子。\
第一行。\
第二行。'
```

注意，在行尾使用转义字符(\)并不等同于换行符\n，上面的例子相当于：

```
'多行字符串的例子。第一行。第二行。'
```

（3）Unicode 字符串

前面介绍的字符串都是处理 ASCII 码字符的。ASCII 是 American Standard Code for Information Interchange 的缩写，是基于拉丁字母的一套计算机编码系统。ASCII 码使用一个字节存储一个字符，主要用于显示现代英语和其他西欧语言。

但是 ASCII 码不能表示世界上所有的语言。例如，中文、日文、韩文等都无法使用 ASCII 码表示。Unicode 是国际组织制定的可以容纳世界上所有文字和符号的字符编码方案，为每种语言中的每个字符设定了统一并且唯一的二进制编码，以满足跨语言、跨平台进行文本转换、处理的要求。如果要在程序中处理中文字符串，则需要使用 Unicode 字符串。

Python 表示 Unicode 字符串的方法很简单，只要在字符串前面加上 u 或 U 前缀即可，例如：

```
u"我是 Unicode 字符串。"
```

（4）自然字符串

在 Python 中，前缀 r 或 R 表示“自然字符串”。在自然字符串中，特殊字符失去意义，所见即所得。例如一般字符串"Newlines are indicated by \\n"等价于自然字符串 r"Newlines are indicated by \n"。

与一般字符串相比，自然字符串里的\不再具有特殊含义，于是可以省去一个“\”字符。

（5）重复字符串

Python 可以使用*操作符很方便地连续输出多次重复的字符串。*操作符的使用方法如下：

字符串*重复次数

【例 2-3】 重复打印 10 次"Hello World!\n"。

```
print("Hello World!\n"*10);
```

运行结果如下：

```
Hello World!
Hello World!
Hello World!
Hello World!
Hello World!
Hello World!
Hello World!
Hello World!
Hello World!
Hello World!
```

（6）子字符串

Python 可以使用[]操作符截取字符串中的子字符串。子字符串的运算方法主要有两种，一种是索引运算法[]，另一种是切片运算法[:]。

索引运算法按索引值截取字符串中指定位置的子字符，使用方法如下：

```
字符串[index]
```

索引值从 0 开始。

【例 2-4】 打印"Hello"的各位置的子字符。

```
print("Hello"[0]);
print("Hello"[1]);
print("Hello"[2]);
print("Hello"[3]);
print("Hello"[4]);
```

运行结果如下：

```
H
e
l
l
o
```

切片运算法按索引值截取字符串中指定开始位置和截止位置之间的子字符串，使用方法如下：

```
字符串[a, b]
```

索引值 a 从 0 开始。返回从 a 开始到 b-1 的子字符串。如果不指定参数 a，则 a 的默认值为 0。

【例 2-5】 使用切片运算法截取"Hello"的子字符串。

```
print("Hello"[:2]);
print("Hello"[1:4]);
print("Hello"[2:4]);
```

运行结果如下：

```
He
ell
ll
```

可以使用 find()函数在字符串中查找子字符串，函数原型如下：

```
字符串.find(被查找子字符串，查找的首字母位置，查找的末尾位置)
```

如果查到，则返回查找的第一个出现的位置。否则，返回-1。

极客学院
jikexueyuan.com

极客学院在线视频学习网址：
http://www.jikexueyuan.com/course/699_2.html?ss=1
手机扫描二维码

Python 数与字符串

3. 空值

Python 有一个特殊的空值常量 None。与 0 和空字符串（""）不同，None 表示什么都没有。None 与任何其他的数据类型比较都永远返回 False。

2.1.3 变量

变量是内存中命名的存储位置，与常量不同的是变量的值可以动态变化。变量和变量的名字都属于标识符。Python 的标识符命名规则如下：

- 标识符名字的第 1 个字符必须是字母或下划线（_）。
- 标识符名字的第 1 个字符后面可以由字母、下划线（_）或数字（0~9）组成。
- 标识符名字是区分大小写的。也就是说 Score 和 score 是不同的。

例如，_score、Number、_score 和 number123 都是有效的变量名，而 123number（以数字开头）、my score（变量名包含空格）和 my-score（变量名包含减号（-））都是无效的变量名。

Python 的关键字是系统中自带的具备特定含义的标识符。常用的 Python 关键字有 and、elif、global、or、else、pass、break、continue、import、class、return、for、while 等。在定义常量和变量时不能使用关键字作为变量名或常量名。

在 IDLE 中输入 Python 的关键字时，会显示为橘色，以便于其标识符区分。

Python 的变量不需要声明，可以直接使用赋值运算符对其进行赋值操作，根据所赋的值来决定其数据类型。

【例 2-6】 在下面的代码中，定义了一个字符串变量 a、数值变量 b 和布尔类型变量 c。

```
a = "这是一个常量";
```

```
b = 2;
c = True
```

例 2-6 的代码中都是将常量赋值到一个变量中。也可以将变量赋值给另外一个变量，例如：

```
a = "这是一个常量";
b = a;
```

此代码将变量 a 的值赋予变量 b，但以后对变量 a 的操作不会影响到变量 b。每个变量都对应着一块内存空间，因此每个变量都有一个内存地址。变量赋值实际就是将该变量的地址指向赋值给它的常量或变量的地址。

也说是说，变量 a 只是将它的值传递给了变量 b。

【例 2-7】　变量值传递的例子。

```
a = "这是一个变量";
b = a;
print(b);#此时变量 b 的值应等于变量 a 的值
print ("\n");
a = "这是另一个变量";
print(b);  #对变量 a 的操作将不会影响到变量 b
```

运行结果如下：

```
这是一个变量
这是一个变量
```

可以看到，变量赋值后修改变量 a 的值并没有影响到变量 b。如图 2-2 所示变量赋值过程。

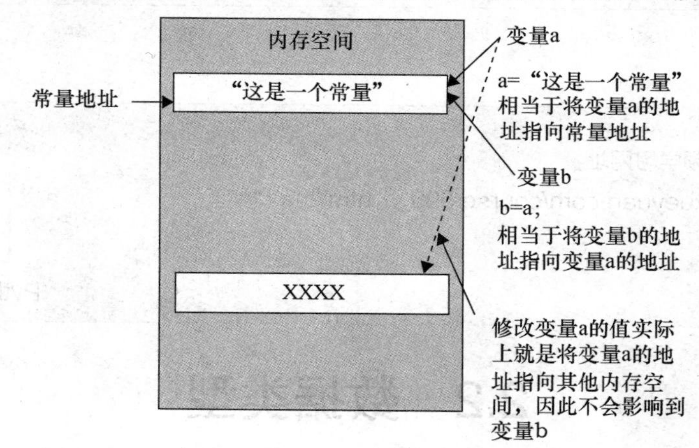

图 2-2　变量赋值过程的示意图

可以使用 id()函数输出变量的地址，语法如下：

```
id(变量名)
```

【例 2-8】　用 id()函数输出变量地址的示例程序：

```
str1 = "这是一个变量";
print("变量 str1 的值是: "+str1);
print("变量 str1 的地址是: %d" %(id(str1)));
str2 = str1;
print("变量 str2 的值是: "+str2);
```

```
print("变量 str2 的地址是：%d" %(id(str2)));
str1 = "这是另一个变量";
print("变量 str1 的值是："+str1);
print("变量 str1 的地址是：%d" %(id(str1)));
print("变量 str2 的值是："+str2);
print("变量 str2 的地址是：%d" %(id(str2)));
```

程序首先定义了一个变量 str1，将它赋值为"这是一个变量"；将变量 str1 的地址传递给变量 str2；再修改变量 str1 的值为"这是另一个变量"，在每次赋值后分别打印变量 str1 和 str2 的值。运行结果如下：

```
>>>
变量 str1 的值是：这是一个变量
变量 str1 的地址是：47928128
变量 str2 的值是：这是一个变量
变量 str2 的地址是：47928128
变量 str1 的值是：这是另一个变量
变量 str1 的地址是：47922056
变量 str2 的值是：这是一个变量
变量 str2 的地址是：47928128
>>>
```

可以看到，执行 str2 = str1；语句后，变量 str2 的地址与变量 str1 的地址相同（47928128）。对变量 str1 赋值后，变量 str1 的地址变成 47922056，此时变量 str2 的地址依然是 47928128。

2.2 数据类型

数据类型是一个值的集合以及定义在这个值集上的一组操作。变量有名字和数据类型两种属性。数据类型决定了如何将代表这些值的位存储到计算机的内存中，以及可以对这些值进行的操作。

Python 的数据类型包括简单数据类型、列表、元组、字典和集合。简单数据类型就是数和字符串。

2.2.1 简单数据类型转换

Python 在定义变量时，不需要指定其数据类型，而是根据每次给变量所赋的值决定其数据类型。但也可以使用一组函数对常量和变量进行类型转换，以便对它们进行相应的操作。

1. 转换为数字

可以将字符串常量或变量转换为数字，包括如下的情形。

（1）使用 int()函数将字符串转换为整数，语法如下：

```
int(x [,base ])
```

参数 x 是待转换的字符串，参数 base 为可选参数，指定转换后整数的进制，默认为 10 进制。

（2）使用 long()函数将字符串转换为长整数，语法如下：

```
long(x [,base ])
```

参数的含义与 int()函数相同。

（3）使用 float()函数将字符串或数字转换为浮点数，语法如下：

```
float (x)
```

参数 x 是待转换的字符串或数字。

（4）使用 eval ()函数计算字符串中的有效 Python 表达式并返回结果，语法如下：

```
eval(str)
```

参数 str 是待计算的 Python 表达式字符串。

【例 2-9】　下面是一个类型转换的例子。

```
a = "1";
b = int(a)+1;
print(b);
```

变量 a 被赋值"1"，此时它是字符串变量。然后使用 int()函数将变量转换为整数并加上 1 再赋值给变量 b。最后使用 print ()函数输出变量 b。运行结果为 2。

【例 2-10】　使用 eval ()函数的例子。

```
a = "1+2";
print(eval(a));
```

运行结果为 3。

2. 转换为字符串

可以将数字常量或变量转换为字符串，包括如下的情形。

（1）使用 str ()函数将数值转换为字符串，语法如下：

```
str(x)
```

参数 x 是待转换的数值。

（2）使用 repr ()函数将对象转换为可打印字符串，语法如下：

```
repr(obj)
```

参数 obj 是待转换的对象。

（3）使用 chr ()函数将一个整数转换为可对应 ASCII 码的字符，语法如下：

```
chr(整数)
```

（4）使用 ord()函数将一个字符转换为对应的 ASCII 码，语法如下：

```
ord(字符)
```

【例 2-11】 使用 chr ()函数和 ord()函数的例子。

```
print(chr(65));
print(ord('A'));
```

运行结果为：

```
A
65
```

（5）使用 hex()函数将一个整数转换为一个十六进制字符串，语法如下：

```
hex(整数)
```

（6）使用 oct()函数将一个整数转换为一个八进制字符串，语法如下：

```
oct(整数)
```

【例 2-12】 使用 hex()函数和 oct()函数打印 8 的十六进制字符串和八进制字符串。

```
print(hex(8));
print(oct(8));
```

输出的结果如下：

```
0x8
0o10
```

十六进制字符串以 0x 开头，八进制字符串以 0o 开头。

2.2.2 列表

列表（List）是一组有序存储的数据。例如，饭店点餐的菜单就是一种列表。列表具有如下特性：

- 和变量一样，每个列表都有唯一标识它的名称。
- 一个列表的元素应具有相同的数据类型。
- 每个列表元素都有索引和值两个属性，索引是一个从 0 开始的整数，用于标识元素在列表中的位置；值当然就是元素对应的值。

1. 定义列表

下面就是一个列表的定义。

```
languagelist = ['C++', 'C#', 'Java', 'Python']
```

2. 打印列表

可以直接使用 print()函数打印列表，方法如下：

```
print(列表名)
```

【例 2-13】 打印列表的内容。

```
languagelist = ['C++', 'C#', 'Java', 'Python']
print(languagelist)
```

运行结果如下：

```
['C++', 'C#', 'Java', 'Python']
```

3. 获取列表长度

列表长度指列表中元素的数量。可以通过 len()函数获取列表的长度，方法如下：

```
len(数组名)
```

4. 访问列表元素

列表由列表元素组成。对列表的管理就是对列表元素的访问和操作。可以通过下面的方法获取列表元素的值：

```
列表名[index]
```

index 是元素索引，第 1 个元素的索引是 0，最后一个元素的索引是列表长度−1。

【例 2-14】　访问列表元素的例子。

```
languagelist = ['C++', 'C#', 'Java', 'Python']
print(languagelist [0])
print(languagelist [3])
```

程序打印列表中索引为 0 和 3 的元素，运行结果如下：

```
C++
Python
```

5. 添加列表元素

可以通过 append()函数在列表尾部添加元素，具体方法如下：

```
列表.append(新值)
```

【例 2-15】　通过 append()函数添加列表元素的例子。

```
languagelist = ['C++', 'C#', 'Java', 'Python']
languagelist.append('javascript')
print(languagelist)
```

程序调用 append()函数在列表 menulist 的尾部添加元素' javascript '，运行结果如下：

```
['C++', 'C#', 'Java', 'Python', 'javascript']
```

还可以通过 insert()函数在列表的指定位置插入一个元素，具体方法如下：

```
列表. insert(插入位置, 新值)
```

【例 2-16】　通过 insert()函数添加列表元素的例子。

```
languagelist = ['C++', 'C#', 'Java', 'Python']
languagelist.insert(1, ' javascript')
print(languagelist)
```

程序调用 insert()函数在列表 languagelist 索引为 1 的位置插入元素' javascript ',运行结果如下：

```
['C++', 'javascript', 'C#', 'Java', 'Python']
```

还可以通过 extend()函数将一个列表中的每个元素分别添加到另一个列表中，具体方法如下：

```
列表1.extend(列表2)
```

【例 2-17】　通过 extend()函数添加列表元素的例子。

```
languagelist1 = ['javascript', 'Java']
languagelist2 = ['C++', 'C#']
languagelist1.extend(languagelist2)
print(languagelist1)
```

程序调用 extend()函数将列表 languagelist2 中的每个元素分别添加到列表 languagelist1，运行结果如下：

```
['javascript', 'Java', 'C++', 'C#']
```

6. 合并两个列表

可以使用+将两个列表合并，得到一个新的列表，具体方法如下：

```
列表 3=列表 1 + 列表 2
```

【例 2-18】 合并 2 个列表的例子。

```
languagelist1 = ['javascript', 'Java', 'Python']
languagelist2 = ['C++', 'C#', 'Python']
languagelist3 = languagelist1 + languagelist2
print(languagelist3)
```

运行结果如下：

```
['javascript', 'Java', 'Python', 'C++', 'C#', 'Python']
```

可以看到，使用操作符“+”合并两个列表后重复的元素同时出现在新列表中。

7. 删除列表元素

使用 del 语句可以删除指定的列表元素，具体方法如下：

```
del 列表名[索引]
```

【例 2-19】 使用 del 语句删除列表元素的例子。

```
languagelist = ['C++', 'C#', 'Java', 'Python']
del languagelist[0]
print(languagelist)
```

运行结果如下：

```
['C#', 'Java', 'Python']
```

可以看到，列表中的第一个元素已经被删除。

8. 定位列表元素

可以使用 index()函数获取列表中某个元素的索引。其基本语法如下：

```
列表.index(元素值)
```

函数返回元素值在列表中某个元素的索引，如果不存在，则会报异常。

【例 2-20】 使用 index ()函数的例子。

```
languagelist = ['C++', 'C#', 'Java', 'Python']
print(languagelist.index('Java'))
print(languagelist.index(' Python '))
```

运行结果如下：

```
0
2
```

9. 遍历列表元素

遍历列表就是一个一个地访问列表元素，这是使用列表时的常用操作。

可以使用 for 语句和 range()函数遍历列表索引，然后通过索引依次访问每个列表元素，方法如下：

```
for i in range(len(list)):
    访问 list[i]
```

【例 2-21】　for 语句和 range()函数遍历列表。

```
languagelist = ['C++', 'C#', 'Java', 'Python']
for i in range(len(languagelist)):
    print(languagelist[i]);
```

程序的运行结果如下：

```
C++
C#
Java
Python
```

也可以使用 for 语句和 enumerate()函数同时遍历列表的元素索引和元素值，方法如下：

```
for 索引, 元素值 in enumerate(list):
    访问索引和元素值
```

【例 2-22】　for 语句和 enumerate()函数遍历列表。

```
languagelist = ['C++', 'C#', 'Java', 'Python']
for index,value in enumerate(languagelist):
    print("第%d 个元素值是【%s】" %(index, value));
```

程序的运行结果如下：

```
第 0 个元素值是【C++】
第 1 个元素值是【C#】
第 2 个元素值是【Java】
第 3 个元素值是【Python】
```

10. 列表排序

列表排序操作值按列表元素值的升序、降序或反序重新排列列表元素的位置。

可以使用 sort()函数对列表进行升序排列，其语法如下：

```
列表.sort()
```

调用 sort()函数后，列表被排序。

【例 2-23】　使用 sort()函数对列表进行升序排列。

```
list = ['banana', 'apple', 'pear', 'grape'];
list.sort()
print(list)
```

程序的运行结果如下：

```
['apple', 'banana', 'grape', 'pear']
```

可以使用 reverse()函数对列表进行反序排列，其语法如下：

```
列表.reverse()
```

调用 reverse ()函数后，列表元素被反序排列。

【例 2-24】　使用 reverse ()函数对列表进行反序排列。

```
list = ['apple', 'Banana', 'pear', 'grape'];
```

```
list.reverse()
print(list)
```

程序的运行结果如下：

```
['grape', 'pear', 'Banana', 'apple']
```

如果希望对列表元素进行降序排列，则可以先使用 sort()函数进行升序排列，然后调用 reverse ()函数对列表进行反序排列。

【例 2-25】 对列表进行反序排列。

```
list = ['apple', 'banana', 'pear', 'grape'];
list.sort()
list.reverse()
print(list)
```

程序的运行结果如下：

```
['pear', 'grape', 'banana', 'apple']
```

11. 产生一个数值递增列表

使用 range()函数可以产生一个数值递增列表，它的基本语法结构如下：

```
range(start, end)
```

参数说明如下。

start：一个整数，指定产生的列表的起始元素值。为可选参数，默认值为 0。

end：一个整数，指定产生的列表的结束元素值。

range()函数返回一个列表，该列表由从 start 开始至 end 结束的整数组成。

【例 2-26】 使用 range()函数产生一个数值递增列表的应用实例。

```
list1 = range(10)
list2 = range(11, 20)
#打印 list1
for index,value in enumerate(list1):
    print("list1 的第%d 个元素值是【%s】" %(index, value));
#打印 list2
for index,value in enumerate(list2):
    print("list2 的第%d 个元素值是【%s】" %(index, value));
```

程序的运行结果如下：

```
list1 的第 0 个元素值是【0】
list1 的第 1 个元素值是【1】
list1 的第 2 个元素值是【2】
list1 的第 3 个元素值是【3】
list1 的第 4 个元素值是【4】
list1 的第 5 个元素值是【5】
list1 的第 6 个元素值是【6】
list1 的第 7 个元素值是【7】
list1 的第 8 个元素值是【8】
list1 的第 9 个元素值是【9】
list2 的第 0 个元素值是【11】
list2 的第 1 个元素值是【12】
```

```
list2 的第 2 个元素值是【13】
list2 的第 3 个元素值是【14】
list2 的第 4 个元素值是【15】
list2 的第 5 个元素值是【16】
list2 的第 6 个元素值是【17】
list2 的第 7 个元素值是【18】
list2 的第 8 个元素值是【19】
```

12. 定义多维列表

可以将多维列表视为列表的嵌套，即多维列表的元素值也是一个列表，只是维度比其父列表小一。二维列表的元素值是一维列表，三维列表的元素值是二维列表，以此类推。

【例 2-27】 一个定义二维数列表的例子。

```
list2 = [["CPU", "内存"], ["硬盘","声卡"]];
```

此时列表 list2 的内容如图 2-3 所示。

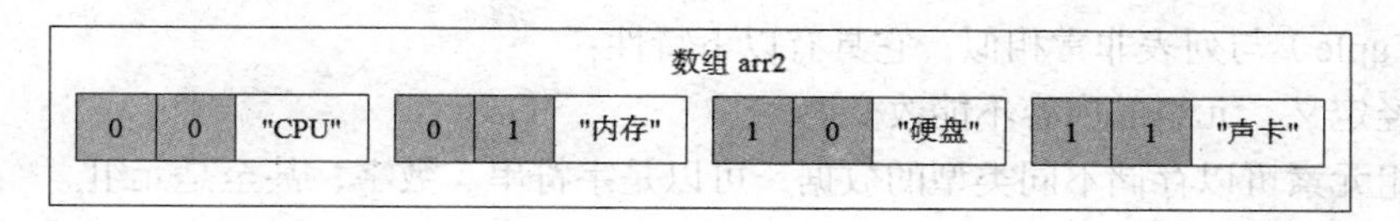

图 2-3　例 2-27 中列表 list2 的内容

【例 2-28】 打印二维列表。

```
list2 = [["CPU", "Memory"], ["Harddisk"," Sound Card"]];
for i in range(len(list2)):
    print(list2[i]);
```

运行结果如下：

```
['CPU', 'Memory']
['Harddisk', ' Sound Card']
```

【例 2-29】 也可以使用嵌套 for 语句打印二维列表的每一个元素，代码如下：

```
list2 = [["CPU", "Memory"], ["Harddisk"," Sound Card"]];
for i in range(len(list2)):
    list1 = list2[i];
    for j in range(len(list1)):
        print(list1[j])
```

运行结果如下：

```
CPU
Memory
Harddisk
 Sound Card
```

二维列表比一维列表多一个索引，可以使用下面的方法获取二维列表元素的值：

```
列表名[索引 1] [索引 2]
```

【例 2-30】 使用嵌套 2 个索引访问二维列表的每一个元素，代码如下：

```
list2 = [["CPU", "Memory"], ["Harddisk"," Sound Card"]];
for i in range(len(list2)):
```

```
    for j in range(len(list2[i])):
        print(list2[i][j])
```

运行结果与例 2-29 相同。

2.2.3 元组

元组（Tuple）与列表非常相似，它具有以下特性：

（1）一经定义，元组的内容不能改变。

（2）元组元素可以存储不同类型的数据，可以是字符串、数字，甚至是元组。

（3）元组元素由圆括号括起来，例如：

```
t = (1, 2, 3, 4)
```

1. 访问元组元素

与列表一样，可以使用索引访问元组元素，方法如下：

```
元组[索引]
```

【例 2-31】 访问元组元素的例子。

```
t = (1, 2, 3, 4)
print(t[0])
print(t[3])
```

程序打印元组中索引为 0 和 3 的元素，运行结果如下：

```
1
4
```

2. 获取元组长度

元组长度指元组中元素的数量。可以通过 len()函数获取元组的长度，方法如下：

```
len(元组名)
```

【例 2-32】 打印元组的长度。

```
t = (1, 2, 3, 4)
print(len(t))
```

运行结果为 4。

3. 遍历元组元素

与列表一样，可以使用 for 语句和 range()函数遍历列表索引，然后通过索引依次访问每个元组元素，方法如下：

```
for i in range(len(tuple)):
    访问tuple [i]
```

【例 2-33】　for 语句和 range()函数遍历列表。

```
t = ('C++', 'C#', 'Java', 'Python');
for i in range(len(t)):
    print(t[i]);
```

程序的运行结果如下：

```
C++
C#
Java
Python
```

也可以使用 for 语句和 enumerate()函数同时遍历列表的元素索引和元素值，方法如下：

```
for 索引, 元素值 in enumerate(list):
    访问索引和元素值
```

【例 2-34】　for 语句和 enumerate()函数遍历元组。

```
t = ('C++', 'C#', 'Java', 'Python');
for index,value in enumerate(list):
    print("第%d 个元素值是【%s】" %(index, value));
```

程序的运行结果如下：

```
第 0 个元素值是【C++】
第 1 个元素值是【C#】
第 2 个元素值是【Java】
第 3 个元素值是【Python】
```

4．排序

因为元组的内容不能改变，所以元组没有 sort()函数。可以将元组转换为列表，然后再对列表进行排序，最后将排序后的列表赋值给元组。

可以使用下面的方法将元组转换为列表。

```
列表对象 = list(元组对象)
```

将列表转换为元组的方法如下：

```
元组对象 = tuple(列表对象)
```

【例 2-35】　对元组进行排列。

```
t = ('C++', 'C#', 'Java', 'Python');
l = list(t);
l.sort();
t = tuple(l);
print(t)
```

程序的运行结果如下：

```
('C#', 'C++', 'Java', 'Python')
```

可以使用 reverse()函数对元组进行反序排列，其语法如下：

```
元组.reverse()
```

调用 reverse ()函数后，元组元素被反序排列。

【例 2-36】 使用 reverse ()函数对元组进行反序排列。

```
t = ('C#', 'C++', 'Java', 'Python');
l = list(t);
l.reverse()
t = tuple(l);
print(t)
```


2.2.4 字典

字典也是在内存中保存一组数据的数据结构，与列表不同的是：每个字典元素都有键（Key）和值（Value）两个属性。键用于定义和标识字典元素，键可以是一个字符串，也可以是一个整数；值就是字典元素对应的值。因此，字典元素就是一个“键/值对”。

图 2-4 是字典的示意图。灰色方块中是数组元素的键，白色方块中是数组元素的值。

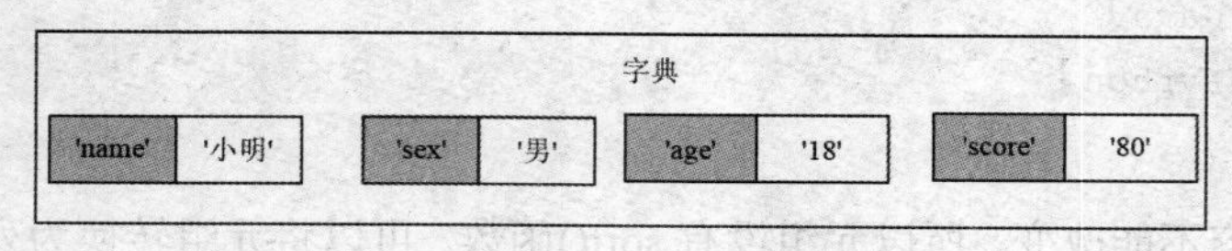

图 2-4 字典的示意图

1. 定义字典

字典元素使用{}括起来，例如，下面的语句可以定义一个空字典。

```
d1 = {};
```

也可以在定义字典时指定里面的元素，每个元素由键和值组成，键和值之间用冒号（:）分隔，元素间用逗号（,）分隔。例如：

```
d2={'name':'小明', 'sex':'男','age':'18', 'score':'80'}
```

2. 打印字典

可以直接使用 print()函数打印字典，方法如下：

```
print(字典名)
```

【例 2-37】 打印字典的内容。

```
d={'name':'Johney', 'sex':'Male','age':'18', 'score':'80'}
print(d)
```

运行结果如下：

```
{'age': '18', 'score': '80', 'name': 'Johney', 'sex': 'Male'}
```

3. 获取字典长度

字典长度指字典中元素的数量。可以通过 len()函数获取字典的长度，方法如下：

```
len(字典名)
```

【例 2-38】　打印字典的长度。

```
d = {'age': '18', 'score': '80', 'name': 'Johney', 'sex': 'Male'}
print(len(d))
```

运行结果为 4。

4. 访问字典元素

字典由字典元素组成。对字典的管理就是对字典元素的访问和操作。可以通过下面的方法获取字典元素的值：

```
字典名[key]
```

key 是元素的键。

【例 2-39】　访问字典元素的例子。

```
d = {'age': '18', 'score': '80', 'name': 'Johney', 'sex': 'Male'}
print(d['name'])
print(d['sex'])
print(d['age'])
print(d['score'])
```

程序打印字典中各键的元素值，运行结果如下：

```
Johney
Male
18
80
```

5. 添加字典元素

可以通过赋值在字典中添加元素，具体方法如下：

```
字典[键] = 值
```

如果字典中不存在指定键，则添加；否则修改键值。

【例 2-40】　添加字典元素的例子。

```
d = {'age': '18', 'score': '80', 'name': 'Johney', 'sex': 'Male'}
d['score'] = '100'
print(d)
```

运行结果如下：

```
{'age': '18', 'score': '100', 'name': 'Johney', 'sex': 'Male'}
```

6. 合并两个字典

可以使用 update()函数将两个字典合并，具体方法如下：

```
字典 1.update(字典 2)
```

【例 2-41】　合并两个字典的例子。

```
d1={'name': 'Johney', 'sex': 'Male'}
d2={'age':'18', 'score': '80'}
```

```
d1.update(d2)
print(d1)
```

运行结果如下：

```
{'age': '18', 'score': '80', 'name': 'Johney', 'sex': 'Male'}
```

可以看到，d2 的元素被合并到 d1 中。

7. 删除字典元素

使用 pop()方法可以删除指定的字典元素，并返回删除的元素值。具体方法如下：

```
字典名.pop(键)
```

【例 2-42】 使用 pop()方法删除字典元素的例子。

```
d = {'age': '18', 'score': '80', 'name': 'Johney', 'sex': 'Male'}
d.pop('score')
print(d)
```

运行结果如下：

```
{'age': '18', 'name': 'Johney', 'sex': 'Male'}
```

可以看到，字典中键为'score'的元素已经被删除。

8. 判断字典是否存在元素

可以使用 in 关键字判断字典中是否存在指定键的元素。其基本语法如下：

```
键 in 字典
```

如果字典中存在指定键的元素，则表达式返回 True；否则返回 False。

【例 2-43】 使用 in 关键字的例子。

```
d = {'age': '18', 'score': '80', 'name': 'Johney', 'sex': 'Male'}
if 'name1' in d:
    print(d['name1'])
else:
    print('不包含键位 name1 的元素')
```

运行结果如下：

```
不包含键位 name1 的元素
```

9. 遍历字典元素

可以使用 for...in 语句遍历字典的键和值，方法如下：

```
for key in 字典.keys(): # 遍历字典的键
    访问 字典[key]
for key in 字典.values(): # 遍历字典的值
    访问 字典[key]
```

【例 2-44】 使用 for...in 语句遍历字典的键。

```
d = {'age': '18', 'score': '80', 'name': 'Johney', 'sex': 'Male'}
for key in d.keys(): # 遍历字典的键
    print('键'+key+ '的值：'+ d[key]);
```

程序的运行结果如下：

```
键 age 的值：18
```

```
键 score 的值: 80
键 name 的值: Johney
键 sex 的值: Male
```

【例 2-45】　使用 for…in 语句遍历字典的值。

```
d = {'age': '18', 'score': '80', 'name': 'Johney', 'sex': 'Male'}
for value in d.values(): # 遍历字典的值
    print(value);
```

程序的运行结果如下：

```
18
80
Johney
Male
```

10. 清空字典

使用 clear()方法可以清空指定的字典所有元素。具体方法如下：

```
字典名.clear()
```

【例 2-46】　使用 clear ()方法清空字典元素的例子。

```
d = {'age': '18', 'score': '80', 'name': 'Johney', 'sex': 'Male'}
d. clear()
print(d)
```

运行结果如下：

```
{}
```

可以看到，字典已经被清空。

11. 字典的嵌套

字典里面还可以嵌套字典，例如：

```
{'name':{'first':'Johney','last':'Lee'},'age':40}
```

可以通过下面的方式访问嵌套字典。

```
字典[键][键]
```

【例 2-47】　使用嵌套字典的例子。

```
d={'name':{'first':'Johney','last':'Lee'},'age':40}
print(d['name'][ 'first'])
```

运行结果如下：

```
Johney
```

2.2.5　集合

集合由一组无序排列的元素组成，可以分为可变集合（set）和不可变集合（frozenset）。可变集合创建后可以添加、修改和删除元素，而不可变集合创建后则不能改变。

1. 创建集合

可以使用 set()方法创建可变集合，例如：

```
s = set('python')
```

【例 2-48】 创建可变集合的例子。

```
s = set('python')
print(type(s))
print(s)
```

运行结果如下：

```
<type 'set'>
set(['h', 'o', 'n', 'p', 't', 'y'])
```

可以看到生成的集合 s 的类型是类 set，s 中元素是无序的。

可以使用 frozenset ()方法创建不可变集合，例如：

```
s = frozenset('python')
```

【例 2-49】 创建不可变集合的例子。

```
fs = frozenset('python')
print(type(fs))
print(fs)
```

运行结果如下：

```
<class 'frozenset'>
frozenset({'n', 'y', 'h', 'o', 'p', 't'})
```

可以看到生成的集合 fs 的类型是类 frozenset，fs 中元素是无序的。

2. 获取集合长度

集合长度指集合中元素的数量。可以通过 len()函数获取集合的长度，方法如下：

```
len(集合名)
```

【例 2-50】 打印集合的长度。

```
s = set('python')
print(len(s))
```

运行结果为 6。

3. 访问集合元素

由于集合本身是无序的，所以不能为集合创建索引或切片操作，只能循环遍历集合元素。

【例 2-51】 遍历集合元素的例子。

```
s = set('python')
for e in s:
    print(e)
```

运行结果如下：

```
n
o
t
y
h
p
```

4. 添加集合元素

可以通过调用 add()方法在集合中添加元素，具体方法如下：

```
集合.add(值)
```

注意

只能在可变集合中添加元素，不能在不可变集合中添加元素。

【例 2-52】 添加一个集合元素的例子。

```
s = set('python')
s.add('0')
print(s)
```

运行结果如下：

```
{'t', 'y', 'h', 'p', 'o', '0', 'n'}
```

可以看到，'0'出现在集合 s 中。

也可以使用 update()方法将另外一个集合的元素添加到指定集合中，具体方法如下：

```
集合. update(值)
```

【例 2-53】 添加多个集合元素的例子。

```
s = set([1, 2, 3])
s.update([4, 5, 6])
print(s)
```

运行结果如下：

```
{1, 2, 3, 4, 5, 6}
```

5. 删除集合元素

可以使用 remove()方法删除指定的集合元素，具体方法如下：

```
集合名. remove(值)
```

使用 clear()方法可以清空指定的集合所有元素，具体方法如下：

```
集合名.clear()
```

【例 2-54】 删除集合元素的例子。

```
s = set([1, 2, 3])
s.remove(1)
print(s)
s.clear()
print(s)
```

运行结果如下：

```
{2 ,3}
set()
```

可以看到，用 remove()方法删除了元素 1，调用 clear()方法后集合被清空。

6. 判断集合是否存在元素

可以使用 in 判断集合中是否存在指定键的元素。其基本语法如下：

```
值 in 集合
```

如果集合中存在指定值的元素，则表达式返回 True；否则返回 False。

【例 2-55】 判断集合是否存在元素的例子。

```
s = set([1, 2, 3])
if 2 in s:
    print('exist')
else:
    print('not exist')
```

运行结果如下：

```
exist
```

7. 遍历集合元素

可以使用 for... in 语句遍历集合的值，方法如下：

```
for element in 集合:
    访问 element
```

【例 2-56】 使用 for... in 语句遍历集合。

```
s = set([1, 2, 3])
for e in s: # 遍历集合
    print(e);
```

程序的运行结果如下：

```
1
2
3
```

8. 子集和超集

有两个集合 A 与 B，如果集合 A 的任何一个元素都是集合 B 的元素，就说集合 A 包含于集合 B，或集合 B 包含集合 A，也可以说集合 A 是集合 B 的子集。如果集合 A 的任何一个元素都是集合 B 的元素，而集合 B 中至少有一个元素不属于集合 A，则称集合 A 是集合 B 的真子集。空集是任何集合的子集。 任何一个集合是它本身的子集，空集是任何非空集合的真子集。

如果集合 A 是集合 B 的子集，则称集合 B 是集合 A 的超集。

可以使用表 2-2 所示的操作符判断两个集合的关系。

表 2-2　　判断两个集合关系的操作符

操作符	实例	具体描述
==	A==B	如果 A 等于 B，则返回 True；否则返回 False
!=	A!=B	如果 A 不等于 B，则返回 True；否则返回 False
<	A<B	如果 A 是 B 的真子集，则返回 True；否则返回 False
<=	A<=B	如果 A 是 B 的子集，则返回 True；否则返回 False
>	A>B	如果 A 是 B 的真超集，则返回 True；否则返回 False
>=	A>=B	如果 A 是 B 的超集，则返回 True；否则返回 False

【例 2-57】 判断两个集合关系。

```
s1 = set([1, 2])
s2 = set([1, 2, 3])
```

```
if s1!=s2:
    if s1<s2:
        print('s1是s2的真子集'.decode('utf-8').encode('gbk'))
    if s2>s1:
        print('s2是s1的超集'.decode('utf-8').encode('gbk'))
```

运行结果如下：

```
s1是s2的真子集
s2是s1的超集
```

9. 集合的并集

集合的并集由所有属于集合 A 或集合 B 的元素组成。

可以使用|操作符计算两个集合的并集。例如：

```
s = s1 | s2
```

【例 2-58】 使用|操作符计算两个集合的并集。

```
s1 = set([1, 2])
s2 = set([3, 4])
s = s1 | s2
print(s)
```

运行结果如下：

```
{1, 2, 3, 4}
```

也可以使用 union()方法计算两个集合的并集。例如：

```
s = s1.union(s2)
```

【例 2-59】 使用 union()方法计算两个集合的并集。

```
s1 = set([1, 2])
s2 = set([3, 4])
s = s1.union(s2)
print(s)
```

运行结果如下：

```
{1, 2, 3, 4}
```

10. 集合的交集

集合的交集由所有既属于集合 A 又属于集合 B 的元素组成。

可以使用&操作符计算两个集合的交集。例如：

```
s = s1 & s2
```

【例 2-60】 使用&操作符计算两个集合的交集。

```
s1 = set([1, 2, 3])
s2 = set([3, 4])
s = s1 & s2
print(s)
```

运行结果如下：

```
{3}
```

也可以使用 intersection ()方法计算两个集合的交集。例如：

```
s = s1. intersection (s2)
```

【例 2-61】 使用 intersection()方法计算两个集合的交集。

```
s1 = set([1, 2, 3])
s2 = set([3, 4])
s = s1.intersection(s2)
print(s)
```

11. 集合的差集

集合的差集由所有属于集合 A 但不属于集合 B 的元素组成。

可以使用–操作符计算两个集合的差集。例如：

```
s = s1 - s2
```

【例 2-62】 使用–操作符计算两个集合的差集。

```
s1 = set([1, 2, 3])
s2 = set([3, 4])
s = s1 - s2
print(s)
```

运行结果如下：

```
{1, 2}
```

也可以使用 difference ()方法计算两个集合的差集。例如：

```
s = s1. difference(s2)
```

【例 2-63】 使用 difference()方法计算两个集合的差集。

```
s1 = set([1, 2, 3])
s2 = set([3, 4])
s = s1. difference(s2)
print(s)
```

12. 集合的对称差分

集合的对称差分由所有属于集合 A 和集合 B，并且不同时属于集合 A 和集合 B 的元素组成。

可以使用^操作符计算两个集合的对称差分。例如：

```
s = s1 ^ s2
```

【例 2-64】 使用^操作符计算两个集合的对称差分。

```
s1 = set([1, 2, 3])
s2 = set([3, 4])
s = s1 ^ s2
print(s)
```

运行结果如下：

```
{1, 2, 4}
```

也可以使用 symmetric_difference ()方法计算两个集合的对称差分。例如：

```
s = s1. symmetric_difference (s2)
```

【例 2-65】 使用 symmetric_difference()方法计算两个集合的对称差分。

```
s1 = set([1, 2, 3])
```

```
s2 = set([3, 4])
s = s1.symmetric_difference(s2)
print(s)
```

极客学院
jikexueyuan.com

极客学院在线视频学习网址：
http://www.jikexueyuan.com/course/2528.html
手机扫描二维码

Python 集合

2.3　运算符和表达式

运算符是程序设计语言的最基本元素，是构成表达式的基础。本节将介绍 Python 语言运算符和表达式。

2.3.1　运算符

在 Python 中，有时候需要对一个或多个数字（或字符串）进行运算操作，运算符可以指定进行的运算操作类型。Python 支持算术运算符、赋值运算符、位运算符、比较运算符、逻辑运算符、字符串运算符、成员运算符和身份运算符等基本运算符。本节分别对这些运算符的使用情况进行简单的介绍。

1. 算术运算符

算术运算符可以实现数学运算。Python 的算术运算符如表 2-3 所列。

表 2-3　Python 的算术运算符

算术运算符	具体描述	例子
+	相加运算	1+2 的结果是 3
−	相减运算	100−1 的结果是 99
*	乘法运算	2*2 的结果是 4
/	除法运算	4/2 的结果是 2
%	求模运算	10 % 3 的结果是 1
**	幂运算。x**y 返回 x 的 y 次幂	2**3 的结果是 8
//	整除运算，即返回商的整数部分	9//2 的结果 4

2. 赋值运算符

赋值运算符的作用是将运算符右侧的常量或变量的值赋到运算符左侧的变量中。Python 的赋值运算符如表 2-4 所列。

表 2-4 Python 的赋值运算符

赋值运算符	具体描述	例子
=	直接赋值	x =3；将 3 赋到变量 x 中
+=	加法赋值	x +=3；等同于 x = x+3
−=	减法赋值	x −=3；等同于 x = x−3
*=	乘法赋值	x *=3；等同于 x = x*3
/=	除法赋值	x /=3；等同于 x = x/3
%=	取模赋值	x =3；等同于 x = x%3
**=	幂赋值	x **=3；等同于 x = x**3
//=	整除赋值	x //=3；等同于 x = x//3

【例 2-66】 赋值运算符的使用实例。

```
x =3
x += 3
print(x)
x -= 3
print(x)
x *= 3
print(x)
x /= 3
print(x)
```

运行结果如下：

```
6
3
9
3.0
```

3. 位运算符

位运算符允许对整型数中指定的位进行置位。Python 的位运算符如表 2-5 所列。

表 2-5 Python 的位运算符

位运算符	具体描述
&	按位与运算，运算符查看两个表达式的二进制表示法的值，并执行按位“与”操作。只要两个表达式的某位都为 1，则结果的该位为 1；否则，结果的该位为 0
|	按位或运算，运算符查看两个表达式的二进制表示法的值，并执行按位“或”操作。只要两个表达式的某位有一个为 1，则结果的该位为 1；否则，结果的该位为 0
^	按位异或运算。异或的运算法则为：0 异或 0=0，1 异或 0=1，0 异或 1=1，1 异或 1=0
～	按位非运算。0 取非运算的结果为 1，1 取非运算的结果为 0
<<	位左移运算，即所有位向左移
>>	位右移运算，即所有位向右移

4. 比较运算符

比较运算符是对两个数值进行比较，返回一个布尔值。Python 的比较运算符如表 2-6 所列。

表 2-6　Python 的比较运算符

比较运算符	具体描述
==	等于运算符（两个=）。例如 a==b，如果 a 等于 b，则返回 True；否则返回 False
!=	不等运算符。例如 a!=b，如果 a 不等于 b，则返回 True；否则返回 False
<>	不等运算符，与!=相同
<	小于运算符
>	大于运算符
<=	小于等于运算符
>=	大于等于运算符

5. 逻辑运算符

Python 支持的逻辑运算符如表 2-7 所列。

表 2-7　Python 的逻辑运算符

逻辑运算符	具体描述
and	逻辑与运算符。例如 a and b，当 a 和 b 都为 True 时等于 True；否则等于 False
or	逻辑或运算符。例如 a or b，当 a 和 b 至少有一个为 True 时等于 True；否则等于 False
not	逻辑非运算符。例如 not a，当 a 等于 True 时，表达式等于 False；否则等于 True

【例 2-67】　逻辑运算符的使用实例。

```
x =True
y = False
print("x and y = ", x and y)
print("x or y = ", x or y)
print("not x = ", not x)
print("not y = ", not y)
```

运行结果如下：

```
x and y =  False
x or y =  True
not x =  False
not y =  True
```

6. 字符串运算符

Python 支持的字符串运算符如表 2-8 所列。

表 2-8　Python 的字符串运算符

字符串运算符	具体描述
+	字符串连接
*	重复输出字符串
[]	获取字符串中指定索引位置的字符，索引从 0 开始
[start, end]	截取字符串中的一部分，从索引位置 start 开始到 end 结束
in	成员运算符，如果字符串中包含给定的字符则返回 True
not in	成员运算符，如果字符串中不包含给定的字符则返回 True
r 或者 R	指定原始字符串。原始字符串是指所有的字符串都是直接按照字面的意思来使用，没有转义字符、特殊字符或不能打印的字符。 原始字符串的第一个引号前加上字母"r"或"R"

【例 2-68】　字符串运算符的例子。

```
b = "hello ";
a = b + "world!";
print(a);
print (a*2);
print (r"hello\nworld!");
```

运行结果如下：

```
hello world!
hello world!hello world!
hello\nworld!
```

7. 运算符优先级

Python 支持的运算符的优先级如表 2-9 所列。

表 2-9　运算符的优先级

运算符	具体描述
**	指数运算的优先级最高
~ + -	逻辑非运算符和正数/负数运算符。注意，这里的+和-不是加减运算符
* / % //	乘、除、取模和取整除
+ -	加和减
>> <<	位右移运算和位左移运算
&	按位与运算
^ |	按位异或运算和按位或运算
> == !=	大于、等于和不等于
%= /= //= -= += *= **=	赋值运算符
is is not	身份运算符
in not in	成员运算符
not or and	逻辑运算符

极客学院
jikexueyuan.com

极客学院在线视频学习网址：
http://www.jikexueyuan.com/course/829_1.html
手机扫描二维码

Python 运算符简介

2.3.2 表达式

表达式由常量、变量和运算符等组成。在第 2.3.1 节中介绍运算符时，已经涉及了一些表达式，例如：

```
a = b + c;
a = b - c;
a = b * c;
```

```
a = b / c;
a = b % c;
a += 1;
b = a**2;
```

在本书后面章节中介绍的函数、对象等都可以成为表达式的一部分。

2.4　Python 对象

面向对象编程是 Python 采用的基本编程思想，它可以将属性和代码集成在一起，定义为类，从而使程序设计更加简单、规范、有条理。

Python 的内置对象类型主要有数字、字符串、列表、元祖、字典、集合等。其实，在 Python 中一切都是对象。本节将介绍如何在 Python 中使用类和对象。

2.4.1　面向对象程序设计思想概述

在传统的程序设计中，通常使用数据类型对变量进行分类。不同数据类型的变量拥有不同的属性，例如整型变量用于保存整数，字符串变量用于保存字符串。数据类型实现了对变量的简单分类，但并不能完整地描述事务。

在日常生活中，要描述一个事务，既要说明它的属性，也要说明它所能进行的操作。例如，如果将人看作一个事务，它的属性包含姓名、性别、生日、职业、身高、体重等，它能完成的动作包括吃饭、行走、说话等。将人的属性和能够完成的动作结合在一起，就可以完整地描述人的所有特征了，如图 2-5 所示。

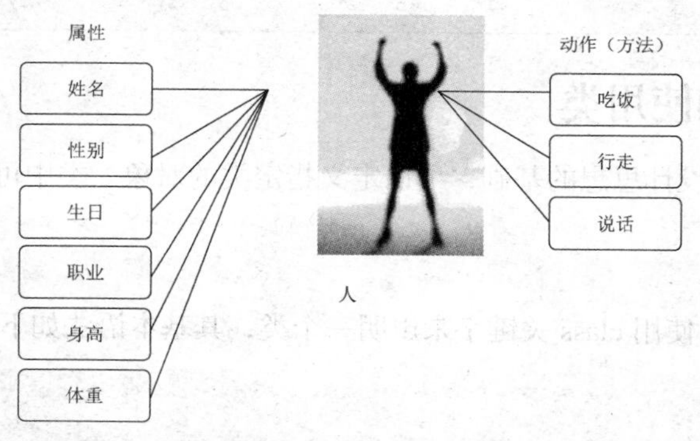

图 2-5　人的属性和方法

面向对象的程序设计思想正是基于这种设计理念，将事务的属性和方法都包含在类中，而对象则是类的一个实例。如果将人定义为类的话，那么某个具体的人就是一个对象。不同的对象拥有不同的属性值。

Python 提供对面向对象程序设计思想的全面支持，从而使应用程序的结构更加清晰。

下面介绍面向对象程序设计的一些基本概念。

（1）对象（Object）：面向对象程序设计思想可以将一组数据和与这组数据有关操作组装在一起，形成一个实体，这个实体就是对象。

（2）类（Class）：具有相同或相似性质的对象的抽象就是类。因此，对象的抽象是类，类的具体化就是对象。例如，如果人类是一个类，则一个具体的人就是一个对象。

（3）封装：将数据和操作捆绑在一起，定义一个新类的过程就是封装。

（4）继承：类之间的关系，在这种关系中，一个类共享了一个或多个其他类定义的结构和行为。继承描述了类之间的关系。子类可以对基类的行为进行扩展、覆盖、重定义。如果人类是一个类，则可以定义一个子类“男人”。“男人”可以继承人类的属性（例如姓名、身高、年龄等）和方法（即动作，例如吃饭和走路），在子类中就无需重复定义。从同一个类中继承得到的子类也具有多态性，即相同的函数名在不同子类中有不同的实现。就如同子女会从父母那里继承到人类共有的特性，同时子女又具有自己的特性。

（5）方法：也称为成员函数，是指对象上的操作，作为类声明的一部分来定义。方法定义了对一个对象可以执行的操作。

（6）构造函数：一种成员函数，用来在创建对象时初始化对象。构造函数一般与它所属的类完全同名。

（7）析构函数：析构函数与构造函数相反，当对象脱离其作用域时（例如声明对象的函数已调用完毕），系统自动执行析构函数。析构函数往往用来做“清理善后”的工作。

极客学院
jikexueyuan.com

极客学院在线视频学习网址：
http://www.jikexueyuan.com/course/1860.html
手机扫描二维码

Python 的面向对象程序设计

2.4.2 定义和使用类

类是面向对象程序设计思想的基础，可以定义指定类的对象。类中可以定义对象的属性（特性）和方法（行为）。

1. 声明类

在 Python 中，可以使用 class 关键字来声明一个类，其基本语法如下：

```
class 类名:
成员变量
成员函数
```

同样，Python 使用缩进标识类的定义代码。

【例 2-69】 定义一个类 Person，代码如下：

```
class Person:
    def SayHello(self):
    print("Hello!");
```

在类 Person 中，定义了一个成员函数 SayHello()，用于输出字符串"Hello!"。

可以看到，在成员函数 SayHello()中有一个参数 self。这也是类的成员函数（方法）与普通函数的主要区别。类的成员函数必须有一个参数 self，而且位于参数列表的开头。self 就代表类的实例（对象）自身，可以使用 self 引用类的属性和成员函数。本书的后续部分还将结合实际应用介绍 self 的使用方法。

2. 定义类的对象

对象是类的实例。如果人类是一个类的话，那么某个具体的人就是一个对象。只有定义了具体的对象，才能使用类。

Python 创建对象的方法如下：

```
对象名 = 类名()
```

例如，下面的代码定义了一个类 Person 的对象 p：

```
p = Person()
```

对象 p 实际上相当于一个变量，可以使用它来访问类的成员变量和成员函数。

【例 2-70】 下面是定义和使用对象的实例。

```
class Person:
    def SayHello(self):
        print("Hello!");
p = Person()
p.SayHello()
```

程序定义了类 Person 的一个对象 p，然后使用它来调用类 Person 的成员函数 SayHello()，运行结果如下：

```
Hello!
```

3. 成员变量

在类定义中，可以定义成员变量并同时对其赋初始值。

【例 2-71】 定义一个字符串类 MyString，定义成员变量 str，并同时对其赋初始值。

```
class MyString:
    str = "MyString";
    def output(self):
        print(self.str);
s = MyString()
s. output()
```

可以看到，在类的成员函数中使用 self 引用成员变量。注意，Python 使用下划线作为变量前缀和后缀来指定特殊变量，规则如下：

- __xxx__表示系统定义名字。
- __xxx 表示类中的私有变量名。

类的成员变量可以分为两种情况，一种是公有变量，一种是私有变量。公有变量可以在类的外部访问，它是类与用户之间交流的接口。用户可以通过公有变量向类中传递数据，也可以通过公有变量获取类中的数据。为了保证类的设计思想和内部结构并不完全对外公开，在类的外部都无法访问私有变量。在 Python 中除了__xxx 格式的成员变量外，其他的成员变量都是公有变量。

4. 构造函数

构造函数是类的一个特殊函数，它拥有一个固定的名称，即__init__（注意，函数名是以两个下划线开头和两个下划线结束的）。当创建类的对象实例时系统会自动调用构造函数，通过构造函数对类进行初始化操作。

【例 2-72】 在类 MyString 中使用构造函数的实例。

```
class MyString:
    def __init__(self):
        self.str = "MyString"
    def output(self):
        print(self.str);
s = MyString()
s. output()
```

在构造函数中，程序对公有变量 str 设置了初始值。可以在构造函数中使用参数，通常使用参数来设置成员变量（特别是私有变量）的值。

【例 2-73】 使用带参数的构造函数。

```
class UserInfo:
    def __init__(self, name, pwd):
        self.username = name
        self._pwd = pwd
    def output(self):
        print("用户: "+self.username +"\n 密码: "+ self._pwd);
u= UserInfo("admin", "123456")
u.output()
```

类 UserInfo 中定义了一个公有变量 username，一个私有变量_pwd，并在构造函数中对成员变量赋初始值。成员函数 output()用于输出类 UserInfo 的成员变量的值。本实例运行结果如下：

```
用户: admin
密码: 123456
```

5. 析构函数

Python 析构函数有一个固定的名称，即__del__ ()。通常在析构函数中释放类所占用的资源。使用 del 语句可以删除一个对象，释放它所占用的资源。

【例 2-74】 使用析构函数的一个实例。

```
class MyString:
    def __init__(self): #构造函数
        self.str = "MyString"
    def __del__(self):  #析构函数
        print("byebye~")
    def output(self):
        print(self.str);
s = MyString()
s.output()
del s  #删除对象
```

在例 2-74 中，析构函数只是简单地打印字符串"byebye～"。本例的输出结果如下：

```
MyString
byebye～
```

极客学院
jikexueyuan.com

极客学院在线视频学习网址：
http://www.jikexueyuan.com/course/1860_2.html?ss=1
手机扫描二维码

Python 的类

2.4.3 类的静态成员

静态变量和静态方法是类的静态成员。

1. 静态变量

在类中可以定义静态变量。与普通的成员变量不同，静态类成员与具体的对象没有关系，而是只属于定义它们的类。

Python 不需要显式定义静态变量，任何公有变量都可以作为静态变量使用。访问静态变量的方法如下：

```
类名.变量名
```

虽然也可以通过对象名访问静态变量，但是同一个变量，通过类名访问与通过对象名访问的实例不同，而且不互相干扰。

【例 2-75】 定义一个类 Users，使用静态变量 online_count 记录当前在线的用户数量，代码如下：

```
class Users (object):
        online_count = 0;
        def __init__(self):# 构造函数,创建对象时 Users.online_count 加 1
                Users.online_count+=1;
        def __del__(self):# 析构函数,释放对象时 Users.online_count 减 1
                Users.online_count-= 1;
a = Users();创建 Users 对象
a.online_count += 1
print(Users.online_count);
```

在构造函数中，使用 Users.online_count+=1 语句将计数器加 1；在析构函数中，使用 Users.online_count-= 1 语句将计数器函数减 1。因为静态变量 online_count 并不属于任何对象，所以当对象被释放后，online_count 中的值仍然存在。

程序首先创建一个 Users 对象 a，此时会执行一次构造函数，因此 Users.online_count 的值等于 1。然后程序执行 a.online_count += 1，使用对象调用 online_count，此时不会影响静态变量 Users.online_count 的值。因此，当最后打印 Users.online_count 的值时结果为 1。

2. **静态方法**

与静态变量相同，静态方法只属于定义它的类，而不属于任何一个具体的对象。静态方法具有如下特点：

（1）静态方法无需传入 self 参数，因此在静态方法中无法访问实例变量。

（2）在静态方法中不可以直接访问类的静态变量，但可以通过类名引用静态变量。

因为静态方法既无法访问实例变量，也不能直接访问类的静态变量，所以静态方法与定义它的类没有直接关系，而是起到了类似函数工具库的作用。

可以使用装饰符@staticmethod 定义静态方法，具体如下：

```
class 类名:
    @staticmethod
    def 静态方法名():
        方法体
```

可以通过对象名调用静态方法，也可以通过类名调用静态方法。这两种方法没有什么区别。

【例 2-76】 演示静态方法的实例。

```
class MyClass: #定义类
      var1 = 'String 1'
      @staticmethod #静态方法
      def staticmd():
            print("我是静态方法")

MyClass.staticmd();
c=MyClass();
c.staticmd();
```

程序定义了一个类 MyClass，其中一个静态方法 staticmd()。在 staticmd()方法中打印“我是静态方法”。

程序中分别使用类和对象调用静态方法 staticmd()，运行结果如下：

```
我是静态方法
我是静态方法
```

2.4.4 类方法

类方法是 Python 的一个新概念。类方法具有如下特性：

（1）与静态方法一样，类方法可以使用类名调用类方法。

（2）与静态方法一样，类成员方法也无法访问实例变量，但可以访问类的静态变量。

（3）类方法需传入代表本类的 cls 参数。

可以使用装饰符@classmethod 定义类方法，具体如下：

```
class 类名:
    @classmethod
    def 类方法名(cls):
        方法体
```

可以通过对象名调用类方法，也可以通过类名调用类方法。这两种方法没有什么区别。类方法有一个参数 cls，代表定义类方法的类，可以通过 cls 访问类的静态变量。

【例 2-77】 演示类方法的实例。

```
class MyClass: #定义类
        val1 = 'String 1' #静态变量
        def __init__(self):
             self.val2 = 'Value 2'
        @ classmethod #类方法
        def classmd(cls):
                print('类: ' + str(cls) + ', val1: ' + cls.val1 + ', 无法访问 val2 的值')

MyClass.classmd();
c=MyClass();
c.classmd();
```

程序定义了一个类 MyClass，其中包含一个类方法 classmd()。在 classmd()方法中打印 str(cls)，也就是类的信息和静态变量 cls.val1 的值。

程序中分别使用类和对象调用类方法 classmd()，运行结果如下：

```
类: <class '__main__.MyClass'>, val1: String 1, 无法访问 val2 的值
类: <class '__main__.MyClass'>, val1: String 1, 无法访问 val2 的值
```

Python 的方法

2.4.5　使用 isinstance()函数判断对象类型

使用 isinstance ()函数可以检测一个给定的对象是否属于（继承于）某个类或类型，如果是则返回 True，否则返回 False。其使用方法如下：

```
isinstance (对象名, 类名或类型名)
```

如果对象名属于指定的类名或类型名，则 isinstance ()函数返回 True，否则返回 False。

【例 2-78】　演示 isinstance 关键字的实例。

```
class MyClass: #定义类
        val1 = 'String 1' #静态变量
        def __init__(self):
             self.val2 = 'Value 2'

c=MyClass();
print(isinstance(c, MyClass))
l = [1, 2, 3, 4]
print(isinstance(l, list))
```

运行结果如下：

```
True
True
```

2.4.6 类的继承和多态

继承和多态是面向对象程序设计思想的重要机制。类可以继承其他类的内容，包括成员变量和成员函数。而从同一个类中继承得到的子类也具有多态性，即相同的函数名在不同子类中有不同的实现。就如同子女会从父母那里继承到人类共有的特性，同时子女又具有自己的特性。本节将介绍 Python 语言中继承和多态的机制。

1. 继承

通过继承机制，用户可以很方便地继承其他类的工作成果。如果有一个设计完成的类 A，可以从其派生出一个子类 B，类 B 拥有类 A 的所有属性和函数，这个过程叫作继承。类 A 称为类 B 的父类。

可以在定义类时指定其父类。例如，存在一个类 A，定义代码如下：

```
class A:
    def __init__(self, propertyA):   #构造函数
    self.propertyA = property        #类 A 的成员变量
    def functionA():                 # 类 A 的成员函数
```

从类 A 派生一个类 B，代码如下：

```
class B (A):
    propertyB;                  # 类 B 的成员变量
    def functionB():            # 类 B 的成员函数
```

从类 B 中可以访问到类 A 中的成员变量和成员函数，例如：

```
objB = B();                     # 定义一个类 B 的对象 objB
print(objB.propertyA);          # 访问类 A 的成员变量
objB.functionA();               # 访问类 A 的成员函数
```

因为类 B 是从类 A 派生出来的，所以它继承了类 A 的属性和方法。

【例 2-79】 一个关于类继承的实例。

```
import time
class Users:
        username =""
        def __init__(self, uname):
                self.username = uname
                print('(构造函数:'+self.username+')')
      #显示用户名
        def dispUserName(self):
                print(self.username);

class UserLogin(Users):
    def __init__(self, uname, lastLoginTime):
        Users.__init__(self, uname) #调用父类 Users 的构造函数
        self.lastLoginTime = lastLoginTime
    def dispLoginTime (self):
        print(" 登录时间为: " + self.lastLoginTime);
#获取当前时间
now = time.strftime('%Y-%m-%d %H:%M:%S',time.localtime(time.time()))
# 声明 3 个对象
myUser_1 = UserLogin('admin', now);
```

```
myUser_2 = UserLogin('lee', now);
myUser_3 = UserLogin('zhang', now);
#  分别调用父类和子类的函数
myUser_1.dispUserName();
myUser_1.dispLoginTime();
myUser_2.dispUserName();
myUser_2.dispLoginTime();
myUser_3.dispUserName();
myUser_3.dispLoginTime();
```

在上面的程序中，首先定义了一个类Users，用于保存用户的基本信息。类Users包含一个成员变量username和一个成员函数dispUserName()。dispUserName()用于显示成员变量username的内容。

类UserLogin是类Users的子类，它包含一个成员变量lastLoginTime，用于保存用户最后一次登录的日期和时间。类UserLogin还包含一个成员函数dispLoginTime()，用于显示变量lastLoginTime的内容。

在两个类的定义代码后面，程序中声明了3个UserLogin对象。然后分别使用这3个对象调用类Users的dispUserName()函数和类UserLogin的dispLoginTime()函数。运行结果如下：

```
(构造函数:admin)
(构造函数:lee)
(构造函数:zhang)
admin
 登录时间为: 2015-10-07 20:21:54
lee
 登录时间为: 2015-10-07 20:21:54
zhang
 登录时间为: 2015-10-07 20:21:54
```

2. 抽象类和多态

使用面向对象程序设计思想可以通过对类的继承实现应用程序的层次化设计。类的继承关系是树状的，从一个根类中可以派生出多个子类，而子类还可以派生出其他子类，以此类推。每个子类都可以从父类中继承成员变量和成员函数，实际上相当于继承了一套程序设计框架。

Python可以实现抽象类的概念。抽象类是包含抽象方法的类，而抽象方法不包含任何实现的代码，只能在其子类中实现抽象函数的代码。例如，在绘制各种图形时，都可以指定绘图使用的颜色（Color变量），也需要包含一个绘制动作（Draw()方法）。而在绘制不同图形时，还需要指定一些特殊的属性，例如在画线时需要指定起点和终点的坐标，在画圆时需要指定圆心和半径。可以定义一个抽象类Shape，包含所有绘图类所包含的Color变量和Draw()方法；分别定义画线类MyLine和画圆类MyCircle，具体实现Draw()方法。

（1）定义抽象类。

Python通过类库abc实现抽象类，因此在定义抽象类之前需要从类库abc导入ABCMeta类和abstractmethod类。

方法如下：

```
from abc import ABCMeta, abstractmethod
```

ABCMeta是Metaclass for defining Abstract Base Classes的缩写，也就是抽象基类的元类。所

谓元类，就是创建类的类。在定义抽象类时只需要在类定义中增加如下代码：

```
__metaclass__ = ABCMeta
```

即可指定该类的元类是 ABCMeta。例如：

```
class myabc(object):
    __metaclass__ = ABCMeta
    ......
```

在抽象类里面可以定义抽象方法。定义抽象方法时需要在前面加上下列代码：

```
@abstractmethod
```

因为抽象方法不包含任何实现的代码，所以其函数体通常使用 pass。例如，在抽象类 myabc 中定义一个抽象方法 abcmethod()，代码如下：

```
class myabc(object):
    __metaclass__ = ABCMeta
   @abstractmethod
   def abcmethod (self):pass
```

（2）实现抽象类。

可以从抽象类派生子类。方法与普通类的派生和继承一样，读者可以参照理解。

（3）多态。

所谓多态，是指抽象类中定义的一个方法，可以在其子类中重新实现，不同子类中的实现方法也不相同。

【例 2-80】 下面通过一个实例来演示抽象类和多态。首先创建一个抽象类 Shape，它定义了一个画图类的基本框架，代码如下：

```
class Shape(object):
  __metaclass__ = ABCMeta
  def __init__(self):
    self.color= 'black' #默认使用黑色

  @abstractmethod
  def draw(self):pass
```

例如，创建类 Shape 的子类 circle，代码如下：

```
class circle (Shape):
    def __init__(self, x, y, r): #定义圆心坐标和半径
        self.x = x
        self.y = y
        self.r = r
    def draw(self):
        print("Draw Circle: (%d, %d, %d)" %(self.x, self.y, self.r))
```

再从类 Shape 中派生出画直线的类 line，代码如下：

```
class line (Shape):
    def __init__(self, x1, y1, x2, y2): #定义起止坐标值
        self.x1 = x1
        self.y1 = y1
        self.x2 = x2
        self.y2 = y2
```

```
    def draw(self):
        print("Draw Line: (%d, %d, %d, %d)" %(self.x1, self.y1, self.x2, self.y2))
```

可以看到，在不同的子类中，抽象方法 draw()有不同的实现，这就是类的多态。

定义一个类 circle 的对象 c，然后调用 draw()方法，代码如下：

```
c = circle(10,10, 5)
c.draw()
```

定义一个类 line 的对象 l，然后调用 draw()函数，代码如下：

```
l = line(10,10, 20, 20)
l.draw()
```

输出结果如下：

```
Draw Circle: (10, 10, 5)
Draw Line: (10, 10, 20, 20)
```

因为抽象类的子类都实现抽象类中定义的抽象方法，所以可以把同一抽象类的各种子类对象定义成一个序列的元素，然后遍历列表，调用抽象方法。

【例 2-81】　将例 2-80 中类 circle 和类 line 的对象组成一个列表 list。然后通过遍历列表 list，调用抽象方法。类 Shape 及其子类 circle 和 line 的定义与例 2-80 中相同。定义对象列表和遍历列表调用抽象方法的代码如下：

```
c = circle(10,10, 5)
l = line(10,10, 20, 20)
list = []
list.append(c)
list.append(l)
for i in range(len(list)):
    list[i].draw()
```

输出结果如下：

```
Draw Circle: (10, 10, 5)
Draw Line: (10, 10, 20, 20)
```

2.4.7　对象的序列化

序列化（Serialization）是将对象的状态信息转换为可以存储或传输的形式的过程。在序列化期间，对象将其当前状态写入到临时或持久性存储区。以后，可以通过从存储区中读取或反序列化对象的状态，重新创建该对象。

在 Python 中，这种序列化过程称为 pickle（腌制），可以将对象 pickle 成字符串、磁盘上的文件或者任何类似于文件的对象，也可以将这些字符串、文件或类似于文件的对象 unpickle 成原来的对象。

可以通过 pickle 模块实现基本的数据序列和反序列化。引用 pickle 模块的方法如下：

```
import pickle
```

关于模块的概念将在本书第 5 章中介绍。

1. 将对象序列化成字符串

使用 pickle.dumps()方法可以将对象序列化成字符串，具体方法如下：

```
字符串 = pickle.dumps(被序列化的对象)
```

【例 2-82】 在内存中对列表对象进行序列化的例子。

```
import pickle
lista = ['C++', 'C#', 'Java', 'Python']
listb = pickle.dumps(lista)
print(listb)
```

输出结果如下：

```
(lp0
S'C++'
p1
aS'C#'
p2
aS'Java'
p3
aS'Python'
p4
a.
```

可以将序列化得到的字符串传递到其他程序中，也可以是另一台计算机中，然后再将其反序列化成对象。可以使用 pickle.loads()方法实现反序列化的功能，具体方法如下：

```
被序列化的对象 = pickle.loads(字符串)
```

【例 2-83】 将对象序列化成字符串的例子。

```
import pickle
lista = ['C++', 'C#', 'Java', 'Python']
listb = pickle.dumps(lista)
listc = pickle.loads(listb)
print(listc)
```

输出结果如下：

```
['C++', 'C#', 'Java', 'Python']
```

可以看到，使用 pickle.loads()方法可以将使用 pickle.dumps()方法得到的字符串反序列化成原来的对象。

2. 将对象序列化到文件

使用 pickle.dump()方法可以将对象序列化到文件，具体方法如下：

```
pickle.dump(被序列化的对象, 文件对象)
```

在序列化到文件之前，需要打开文件，并得到文件对象。调用 open()函数可以打开指定文件，语法如下：

```
文件对象 = open(文件名,访问模式,buffering)
```

参数文件名用于指定要打开的文件，通常需要包含路径，可以是绝对路径，也可以是相对路径。参数访问模式用于指定打开文件的模式，执行序列化操作时，通常使用'wb'作为访问模式参数，表示以二进制写模式打开文件。整型参数 buffering 是可选参数，用于指定访问文件所采用的缓冲方式。如果 buffering=0，表示不缓冲；如果 buffering=1，表示只缓冲一行数据；如果 buffering >1，表示使用给定值作为缓冲区大小。

【例 2-84】　将对象序列化到文件的例子。

```
import pickle
lista = ['C++', 'C#', 'Java', 'Python']
output = open('data.pkl','wb')
pickle.dump(lista, output)
output.close()
```

程序将列表序列化到文件 data.pkl，最后调用 close()方法关闭文件对象。运行程序，查看 data.pkl 的内容如下：

```
(lp0
S'C++'
p1
aS'C#'
p2
aS'Java'
p3
aS'Python'
p4
a.
```

可以将序列化得到的文件在其他程序中打开，也可以传递到另一台计算机中，然后再将其反序列化成对象。可以使用 pickle.loads()方法实现反序列化的功能，具体方法如下：

```
被序列化的对象 = pickle.load(文件对象)
```

在从文件反序列化之前，需要调用 open()函数以'wb'访问模式打开文件，并得到文件对象。可以打开指定文件，语法如下：

```
文件对象 = open(文件名,访问模式,buffering)
```

【例 2-85】　从文件 data.pkl 反序列化的例子。

```
import pickle
f  = open('data.pkl','rb')
list = pickle.load(f)
print(list)
f.close()
```

输出结果如下：

```
['C++', 'C#', 'Java', 'Python']
```

可以看到，使用 pickle.load()方法可以将使用 pickle.dump()方法得到的文件反序列化成原来的对象。

2.4.8 对象的赋值

与普通变量一样，对象也可以通过赋值操作和传递函数参数等方式进行复制。

可以通过赋值操作复制对象，方法如下：

```
新对象名 = 原有对象名
```

【例 2-86】 在例 2-80 的基础上，定义一个类 circle 的对象 mycircle，对其设置成员变量的值。然后再将其赋值到新的对象 newcircle 中，代码如下：

```
mycircle = circle(20,20, 5);
# 复制对象
newcircle = mycircle;
newcircle.draw();
```

使用 newcircle 对象调用 draw()方法，输出结果如下：

```
Draw Circle: (20, 20, 5)
```

可以看到，newcircle 对象和 mycircle 对象的内容完全相同。

本 章 练 习

一、选择题

1. 当需要在字符串中使用特殊字符时，Python 使用（　　）作为转义字符。

   A. \　　B. /　　C. #　　D. %

2. 下面（　　）不是有效的变量名。

   A. _score　　B. "banana"　　C. Number　　D. my-score

3. 幂运算的运算符为（　　）。

   A. *　　B. ++　　C. %　　D. **

4. 按位与运算的运算符为（　　）。

   A. &　　B. |　　C. ^　　D. ～

5. 关于 a or b 的描述错误的是（　　）。

   A. 如果 a=True，b=True，则 a or b 等于 True

   B. 如果 a=True，b=False，则 a or b 等于 True

   C. 如果 a=True，b=False，则 a or b 等于 False

   D. 如果 a= False，b=False，则 a or b 等于 False

6. 优先级最高的运算符为（　　）。

   A. &　　B. **　　C. /　　D. ～

7. 构造函数是类的一个特殊函数。在 Python 中，构造函数的名称为（　　）。

   A. 与类同名　　B. __construct　　C. __init__　　D. init

8. 在每个 Python 类中，都包含一个特殊的变量（　　）。它表示当前类自身，可以使用它来引用类中的成员变量和成员函数。

   A. this　　B. me　　C. self　　D. 与类同名

9. 在每个 Python 类中定义私有变量的方法为（　　）。

A. 使用 private 关键字　　　　B. 使用 public 关键字

C. 使用__xxx__定义变量名　　　　D. 使用__xxx 定义变量名

二、填空题

1. ________是内存中用于保存固定值的单元，在程序中________的值不能发生改变。

2. Python 包括________、________、________和________4 种类型的数字。

3. 可以使用________函数输出变量的地址。

4. 加法赋值运算符为________。

5. 在 Python 中，可以使用________关键字来声明一个类。

6. 集合由一组无序排列的元素组成，可以分为________集合和________集合。

7. 类的成员函数必须有一个参数________，而且位于参数列表的开头。它就代表类的实例（对象）自身。

8. 可以使用装饰符________定义类方法。

9. 使用________函数可以检测一个给定的对象是否属于（继承于）某个类或类型，如果是则返回 True，否则返回 False。

三、简答题

1. 简述 Python 的标识符命名规则。

2. 简述列表的特性。

3. 简述元组的特性。

4. 简述字典的概念。

第3章 常用 Python 语句

学前提示

本章将介绍 Python 语言的常用语句，包括赋值语句、分支语句、循环语句和异常处理语句等。使用这些语句就可以编写简单的 Python 程序了。

知识要点

- 赋值语句
- 条件分支语句
- 循环语句
- 异常处理语句

3.1 赋值语句

赋值语句是 Python 语言中最简单、最常用的语句。通过赋值语句可以定义变量并为其赋初始值。在第 2.3.1 节介绍赋值运算符时，已经涉及了赋值语句，例如：

```
a = 2;
b = a + 5;
```

除了使用=赋值外，还可以使用第 2.3.1 节中介绍的其他赋值运算符进行赋值。

【例 3-1】 赋值语句的例子。

```
a = 10;
a += 1;
print (a);
a*= 10;
print (a);
a**= 2;
print (a);
```

运行结果如下：

```
11
110
12100
```

3.1.1 通过赋值语句实现序列解包

Python 序列包括字符串、列表、元组。所谓序列解包，就是将序列中存储的值指派给各个变量，方法如下：

```
x,y,z = 序列
```

被解包的序列里的元素数量必须与=左侧的变量数量相同，否则会报异常。

【例 3-2】　通过赋值实现序列解包的例子。

```
x, y, z = (1, 2, 3)
print x
print y
print z
```

程序将一个包含 3 个元素的元组通过赋值解包到 x、y、z 这 3 个变量中。运行结果如下：

```
1
2
3
```

3.1.2　链式赋值

链式赋值可以一次性将一个值指派给多个变量，方法如下：

```
变量 1 = 变量 2 = 变量 3 = 值
```

执行此语句后，变量 1、变量 2 和变量 3 同时被赋值。

【例 3-3】　链式赋值的例子。

```
x = y = z = 100
print x
print y
print z
```

程序将一个包含 3 个元素的元组通过赋值解包到 x、y、z 这 3 个变量中。运行结果如下：

```
100
100
100
```

3.2　控制语句

程序代码的执行是有顺序的，有的程序会从上到下按顺序执行，有的程序代码会跳转执行，有的程序代码会选择不同分支去执行，有的程序代码会循环执行。那么，什么样的程序代码应该按顺序执行？什么样的程序应该选择分支执行？什么样的程序应该循环执行？Python 中有专门的控制语句来控制代码段的执行方式。可以把不同功能的控制语句称为控制流。

本节介绍 Python 控制语句的基本情况。

3.2.1　条件分支语句

条件分支语句指当指定表达式取不同的值时，程序运行的流程也发生相应的分支变化。Python 提供的条件分支语句包括 if 语句、else 语句和 elif 语句。

1. if 语句

if 语句是最常用的一种条件分支语句，其基本语法结构如下：

```
if 条件表达式:
    语句块
```

只有当“条件表达式”等于 True 时，才会执行“语句块”。if 语句的流程图如图 3-1 所示。

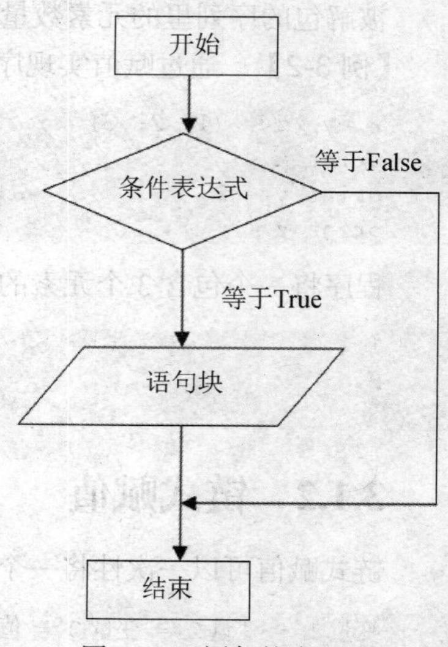

图 3-1　if 语句的流程图

【例 3-4】　if 语句的例子。

```
if a > 10:
    print("变量 a 大于 10");
```

如果语句块中包含多条语句，则这些语句必须拥有相同的缩进。例如：

```
if a > 10:
print("变量 a 大于 10");
a = 10;
```

if 语句可以嵌套使用。也就是说在<语句块>中还可以使用 if 语句。

【例 3-5】　嵌套 if 语句的例子。

```
if a > 10:
    print("变量 a 大于 10");
    if a > 100:
        print("变量\$a 大于 100");
}
```

2. else 语句

可以将 else 语句与 if 语句结合使用，指定不满足条件时所执行的语句。其基本语法结构如下：

```
if 条件表达式:
    语句块 1
else:
    语句块 2
```

当条件表达式等于 True 时，执行语句块 1，否则执行语句块 2。if…else…语句的流程图如图 3-2 所示。

【例 3-6】　if...else...语句的例子。

```
if a > 10:
    print("变量 a 大于 10");
else:
    print("变量\$a 小于或等于 10");
```

3. elif 语句

elif 语句是 else 语句和 if 语句的组合，当不满足 if 语句中指定的条件时，可以再使用 elif 语句指定另外一个条件，其基本语法结构如下：

```
if 条件表达式 1
    语句块 1
elif 条件表达式 2
    语句块 2
elif 条件表达式 3
    语句块 3
......
```

```
else
    语句块 n
```

在一个 if 语句中，可以包含多个 elif 语句。if…elif…else…语句的流程图如图 3-3 所示。

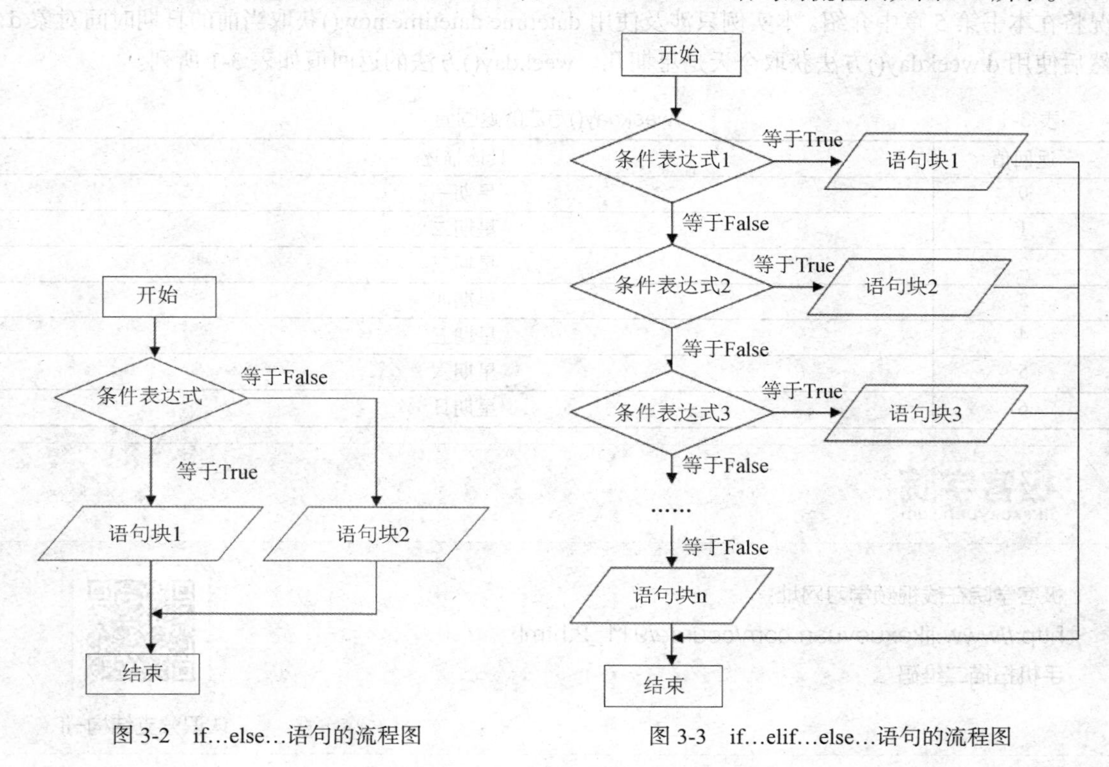

图 3-2　if…else…语句的流程图　　　　图 3-3　if…elif…else…语句的流程图

【例 3-7】　下面是一个显示当前系统日期的 Python 代码，其中使用到了 if 语句、elif 语句和 else 语句。

```
import datetime
str = "今天是";

d=datetime.datetime.now()
print(d.weekday())
if d.weekday()==0:
    str += "星期一";
elif d.weekday()==1:
    str += "星期二";
elif d.weekday()==2:
    str += "星期三";
elif d.weekday()==3:
    str += "星期四";
elif d.weekday()==4:
    str += "星期五";
elif d.weekday()==5:
    str += "星期六";
else:
    str += "星期日";
```

```
print(str)
```

datetime 是 Python 的日期时间模块，用于实现日期时间的相关操作。关于 time 模块的具体情况将在本书第 5 章中介绍。本实例只涉及使用 datetime.datetime.now()获取当前的日期时间对象 d，然后使用 d.weekday()方法获取今天是星期几。weekday()方法的返回值如表 3-1 所列。

表 3-1　weekday()方法的返回值

返回值	具体描述
0	星期一
1	星期二
2	星期三
3	星期四
4	星期五
5	星期六
6	星期日

3.2.2　循环语句

循环语句可以在满足指定条件的情况下循环执行一段代码。

Python 中的循环语句包括 while 语句和 for 语句。

1. while 语句

while 语句的基本语法结构如下：

```
while 条件表达式:
    循环语句体
```

当条件表达式等于 True 时，程序循环执行循环语句体中的代码。while 语句的流程图如图 3-4 所示。

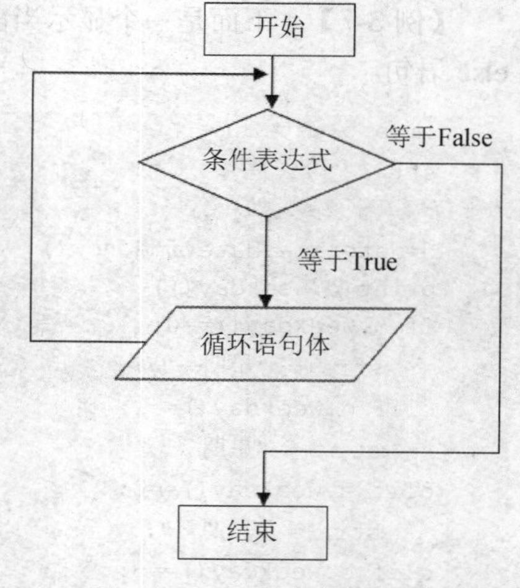

图 3-4　while 语句的流程图

注意　通常情况下，循环语句体中会有代码来改变条件表达式的值，从而使其等于 False 而结束循环。如果退出循环的条件一直无法满足，则会产生死循环。这是程序员不希望看到的。

【例 3-8】　下面通过一个实例来演示 while 语句的使用。

```
i = 1;
```

```
sum = 0;
while i<11:
    sum += i;
    i+= 1;
print(sum)
```

程序使用 while 循环计算从 1 累加到 10 的结果。每次执行循环体时，变量 i 都会增加 1，当变量 i 等于 11 时，退出循环。运行结果为 55。

2. for 语句

for 语句的基本语法结构如下：

```
for i in range(start, end):
    循环体
```

程序在执行 for 语句时，循环计数器变量 i 被设置为 start，然后执行循环体语句。i 依次被设置为从 start 开始至 end 结束的所有值，每设置一个新值都执行一次循环体语句。当 i 等于 end 时，退出循环。

【例 3-9】　下面通过一个实例来演示 for 语句的使用。

```
i = 1;
sum = 0;
for i in range(1, 11):
    print(i)
    sum+=i

print(sum)
```

程序使用 for 语句循环计算从 1 累加到 10 的结果。循环计数器 i 的初始值被设置为 1，每次循环变量 i 的值增加 1；当 i 等于 11 时退出循环。运行结果为 55。

for 语句还可以用于遍历元组、列表、字典和集合等序列对象，具体使用方法将在本章后半部分介绍。

3. continue 语句

在循环体中使用 continue 语句可以跳过本次循环后面的代码，重新开始下一次循环。

【例 3-10】　如果只计算 1～100 之间偶数之和，可以使用下面的代码：

```
i = 1;
sum = 0;
for i in range(1, 101):
    if i%2  == 1:
        continue
    sum+=i

print(sum)
```

如果 i % 2 等于 1，表示变量 i 是奇数。此时执行 continue 语句开始下一次循环，并不将其累加到变量 sum 中。

4. break 语句

在循环体中使用 break 语句可以跳出循环体。

【例 3-11】　将例 3-8 修改为使用 break 语句跳出循环体。

```
i = 1;
sum = 0;
```

```
while True:
    if i== 11:
        break;
    sum += i;
    i+= 1;
print(sum)
```

while 语句条件表达式为 True，也就是正常情况下程序会一直循环下去。在循环体内如果变量 i 的值等于 11，则执行 break 语句退出循环。

3.3　异常处理语句

程序在运行过程中可能会出现异常情况。使用异常处理语句可以捕获到异常情况，并进行处理，从而避免程序异常退出。

Python 的异常处理语句是 try-except，语法如下：

```
try:
    <try 语句块>
except [<异常处理类>, <异常处理类>,….] as <异常处理对象>:
    <异常处理代码>
finally:
    <最后执行的代码>
```

在程序运行过程中，如果<try 语句块>中的某一条语句出现异常，则程序将找到与异常类型相匹配的异常处理类，并执行 except 语句中的异常处理代码。在 try 语句块后面可以跟一个 except 块，指定一个或多个异常处理类。

【例 3-12】　下面的实例演示当发生除 0 错误时不进行异常处理的情况。

```
i = 10;
print(30 / (i - 10));
```

程序中存在一个 30/0 的错误，运行该程序会出现下面的报错信息。

```
Traceback (most recent call last):
  File "…\例 3-12.py", line 2, in <module>
    print(30 / (i - 10));
```

在没有异常处理代码的情况下运行程序，会出现下面的异常信息。这给用户的感觉很不友好。

```
ZeroDivisionError: integer division or modulo by zero
```

【例 3-13】　下面的实例演示当发生除 0 错误时进行异常处理的情况。

```
try:
    i = 10
    print(30 / (i - 10))
except Exception as e:
    print(e);
finally:
    print("执行完成");
```

在程序中增加了 try-except 语句后，运行结果如下：

```
integer division or modulo by zero
执行完成
```

在 except 语句块中，程序定义了一个 Exception 对象 e，用于接收异常处理对象。打印 e 可以输出异常信息。因为程序已经捕获到异常信息，所以不会出现异常情况而导致退出。

通常可以在 finally 块中释放资源。

极客学院
jikexueyuan.com

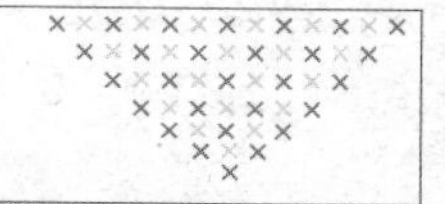

极客学院在线视频学习网址：
http://www.jikexueyuan.com/course/1983_1.html
手机扫描二维码

处理 Python 异常

本 章 练 习

一、选择题

1. 序列解包就是将序列中存储的值指派给各个变量。可以通过（　　）语句实现序列解包。

   A. 赋值　　B. while　　C. if　　D. try-except

2. 下面不属于条件分支语句的是（　　）。

   A. if 语句　　B. elif 语句　　C. else 语句　　D. while 语句

3. 下面程序的结果是（　　）。

```
i = 1;
sum = 0;
while i<11:
    sum += i;
    i+= 1;
```

```
print(sum)
```

A. 10　　B. 55　　C. 100　　D. 11

4. 在循环体中使用（　　）语句可以跳出循环体。

A. break　　B. continue　　C. while　　D. for

二、填空题

1. ________语句是 else 语句和 if 语句的组合。
2. 在 except 语句块中，需要定义一个________对象。
3. 在循环体中使用________语句可以跳过本次循环后面的代码，重新开始下一次循环。
4. 使用________语句可以返回函数值并退出函数。

三、简答题

1. 画出 if…elif…else…语句的流程图。
2. 画出 while 语句的流程图。

第4章 Python函数

学前提示

函数（Function）由若干条语句组成，用于实现特定的功能。函数包含函数名、若干参数和返回值。一旦定义了函数，就可以在程序中需要实现该功能的位置调用该函数，给程序员共享代码带来很大的方便。在Python语言中，除了提供丰富的内置函数（本书前面已经介绍了一些常用的内置函数）外，还允许用户创建和使用自定义函数。

知识要点

- 声明函数
- 在函数中传递参数
- 变量的作用域
- Python内置函数
- 调用函数
- 方法调用
- 函数的返回值
- 全局变量和局部变量
- 函数式编程

4.1 声明和调用函数

如果希望在Python中使用自定义函数，就得首先声明一个函数。首先函数包含两个部分的含义：第一个含义是声明这个指定的部分是函数，而不是其他的对象；第二个含义是要定义这个函数包含的功能，也就是要编写这个函数的功能。本节介绍声明和调用函数的方法。

4.1.1 声明函数

可以使用def关键字来创建Python自定义函数，其基本语法结构如下：

```
def 函数名 (参数列表):
    函数体
```

参数列表可以为空，即没有参数；也可以包含多个参数，参数之间使用逗号（,）分隔。函数体可以是一条语句，也可以由一组语句组成。

Python 函数体没有明显的开始和结束，没有标明函数开始和结束的花括号（{}）。唯一的分隔符是一个冒号（:），接着代码本身是缩进的。函数体比 def 关键字多一个缩进。开始缩进表示函数体的开始，取消缩进表示函数体的结束。

【例 4-1】 创建一个非常简单的函数 PrintWelcome，它的功能是打印字符串“欢迎使用 Python”，代码如下：

```
def PrintWelcome():
    print("欢迎使用 Python");
```

调用此函数，将在网页中显示“欢迎使用 Python”字符串。PrintWelcome()函数没有参数列表，也就是说，每次调用 PrintWelcome()函数的结果都是一样的。

可以通过参数将要打印的字符串通知自定义函数，从而可以由调用者决定函数工作的情况。

【例 4-2】 定义函数 PrintString()，通过参数决定要打印的内容。

```
def PrintString(str):
    print(str);
```

变量 str 是函数的参数。在函数体中，参数可以像其他变量一样被使用。

可以在函数中定义多个参数，参数之间使用逗号分隔。

【例 4-3】 定义一个函数 sum()，用于计算并打印两个参数之和。函数 sum()包含 num1 和 num2 两个参数，代码如下：

```
def sum(num1, num2):
    print(num1 + num2);
```

4.1.2 调用函数

可以直接使用函数名来调用函数，无论是系统函数还是自定义函数，调用函数的方法都是一致的。如果函数存在参数，则在调用函数时，也需要使用参数。例如调用 len()函数，可以返回字符串的长度。len()函数有一个参数，即计算长度的字符串。

【例 4-4】 调用 len()函数，返回字符串 student 的长度，代码如下：

```
print(len("student"));
```

程序得到运行结果为 7。

如果函数中定义了多个参数，则在调用函数时也需要使用多个参数，参数之间使用逗号分隔。

如果函数有参数，则在调用函数时也需要按照规定的顺序和格式传递参数。

【例 4-5】 调用例 4-3 中声明的函数 sum()，计算 100+200 之和，代码如下：

```
sum(100, 200);
```

程序得到运行结果为 300。

4.2　参数和返回值

可以通过参数和返回值与函数交换数据，本节将介绍具体情况。

4.2.1　在函数中传递参数

在函数中可以定义参数，可以通过参数向函数内部传递数据。在例 4-5 中已经演示了在函数中传递参数的方法。

1．普通参数

Python 实行按值传递参数。值传递指调用函数时将常量或变量的值（通常称为实参）传递给函数的参数（通常称为形参）。值传递的特点是实参与形参分别存储在各自的内存空间中，是两个不相关的独立变量。因此，在函数内部改变形参的值时，实参的值一般是不会改变的。例 4-5 介绍的程序都属于按值传递参数的情况。

【例 4-6】　在函数中按值传递参数的例子。

```
def func(num):
    num += 1;
a = 10
func(a);
print(a);
```

函数 func()定义了一个参数 num，在函数体中对参数 num 执行了加 1 操作。在函数外面定义了一个变量 a，并赋值 10。以 a 为参数调用函数 func()，然后打印变量 a 的值，结果为 10。可见，虽然在函数 func()中改变了形参 num 的值，但这并不影响实参 a 的值。

【例 4-7】　分别打印形参和实参的地址。

```
def func(num):
        print "address of num: ", id(num)
a = 10
func(a);
print"address of a: ", id(a);
运行结果如下：
address of num:  37844516
address of a:  37844516
```

可以看到，在调用函数 func()后形参 num 和实参 a 并不相同，因此改变形参 num 的值，不会影响实参 a 的值。

2. 列表和字典参数

除了使用普通变量作为参数外，还可以使用列表、字典变量向函数内部批量传递数据。

【例 4-8】 使用列表作为函数参数的例子。

```
def sum(list):
    total = 0;
    for x in range(len(list)):
        print str(list[x])+"+";
        total+= list[x];
    print "=" + str(total);
list = [10, 20, 30, 40]
sum(list);
```

函数 sum()以列表 list 为参数。在函数体内对 list 中的元素进行遍历，打印元素的值和+号，然后将元素之和累加到变量 total 中。最后打印变量 total 的值，运行结果如下：

```
10+
20+
30+
40+
=100
```

【例 4-9】 使用字典作为函数参数的例子。

```
def print_dict(dict):
    for (k, v) in dict.items():
        print "dict[%s] =" % k, v
dict = {"a" : "apple", "b" : "banana", "g" : "grape", "o" : "orange"}
print_dict(dict);
```

函数 print_dict ()以列表 dict 为参数。在函数体内对 dict 中的元素进行遍历，打印元素的键和值。运行结果如下：

```
dict[o] = orange
dict[g] = grape
dict[a] = apple
dict[b] = banana
```

当使用列表或字典作为函数参数时，在函数内部对列表或字典的元素所进行的操作会影响调用函数的实参。

【例 4-10】 在函数中修改列表参数的例子。

```
def swap(list):
      temp = list[0]
      list[0] = list[1]
      list[1] = temp
list = [10,20]
print(list)
swap(list)
print(list)
```

swap()函数以列表为参数，函数中交换列表 list 的前 2 个元素。在函数外定义一个包含 2 个元素的列表，以它为参数调用 swap()函数，调用前后分别打印列表 list 的内容，运行结果如下：

```
[10, 20]
[20, 10]
```

可以看到，调用swap()函数后，实参的值发生了交换。

【例4-11】 在函数中修改字典参数的例子。

```
def changeA(dict):
        dict['a'] = 1

d = {'a': 10, 'b': 20, 'c': 30}
changeA(d)
print(d)
```

changeA()函数以字典dict为参数，函数中将键为a的元素的值设置为1。在函数外定义一个字典d，以它为参数调用changeA ()函数，调用前后分别打印字典d的内容，运行结果如下：

```
{'a': 1, 'c': 30, 'b': 20}
```

可以看到，调用changeA()函数后，实参的值发生了变化。

3. 参数的默认值

在Python中，可以为函数的参数设置默认值。可以在定义函数时，直接在参数后面使用“=”为其设置默认值。在调用函数时，可以不指定拥有默认值的参数的值，此时在函数体中以默认值作为该参数。

【例4-12】 设置参数默认值的例子。

```
def say(message, times = 1):
   print(message * times)
say('hello')
say('Python', 3)
```

函数say()有message和times共2个参数。其中times的默认值为1。运行结果如下：

```
hello
PythonPythonPython
```

程序中2次调用say()函数。第1次调用使用一个参数，因为没有为参数times传值，所以在函数体中使用默认值1作为参数times的值，因此打印一次'hello'；第2次调用使用2个参数，为参数times传值3，因此打印一次'Python'。

注意，有默认值的参数只能出现在没有默认值的参数的后面。例如，下面的定义是错误的。

```
def func1(a = 1,  b, c=10):
    函数体
```

因为这种定义会造成调用函数的歧义。如果使用下面的语句调用func1()函数，Python将不知道实参100是传递给哪个形参的。

```
func1(100, 200)
```

第1种情况是将100传递给参数a，将200传递给参数b，参数c使用默认值10。第2种情况是参数a使用默认值1，将100传递给参数b，将200传递给参数c。

既然存在不确定性，就不应该这么定义函数。事实上，这么定义函数Python也是不会答应的。

【例4-13】 有默认值的参数出现在没有默认值的参数的前面时报错的例子。

```
def func1(a = 1,  b, c=10):
    d = a + b * c;
func(10, 20, 30)
```

运行此程序会弹出如图 4-1 所示的报错对话框。提示没有默认值的参数出现在有默认值的参数的后面，程序不能运行。

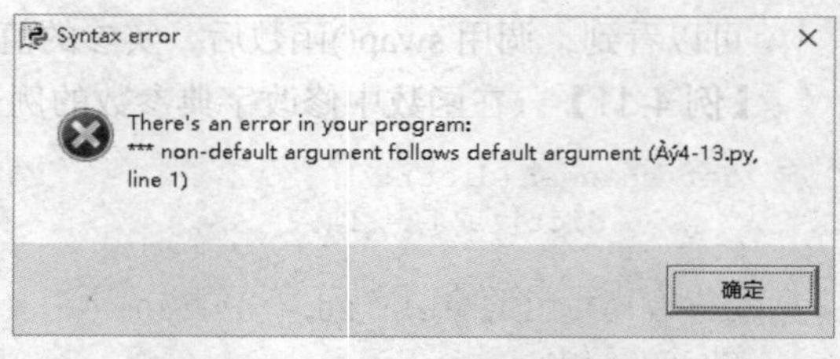

图 4-1　例 4-13 的运行结果

4. 可变长参数

Python 还支持可变长度的参数列表。可变长参数可以是元组或字典。当参数以*开头时，表示可变长参数将被视为一个元组，格式如下：

```
def func(*t):
```

在 func ()函数中 t 被视为一个元组，使用 t[index]获取每一个可变长参数。

可以使用任意多个实参调用 func()函数，例如：

```
func(1,2,3,4)
```

【例 4-14】　以元组为可变长参数的实例。

```
def func1(*t):
    print("可变长参数数量如下：")
    print(len(t))
    print("依次为：")
    for x in range(len(t)):
        print(t[x]);

func1(1,2,3,4);
```

运行结果如下：

```
可变长参数数量如下：
4
依次为：
1
2
3
4
```

【例 4-15】　使用可变长参数计算任意一个指定数字之和。

```
def sum(*t):
    sum=0;
    for x in range(len(t)):
        print(str(t[x])+"+");
        sum += t[x];
    print("="+str(sum));
sum(1,2);
sum(1,2,3,4);
sum(11,22,33,44,55);
```

程序依次使用 2 个参数、4 个参数和 5 个参数调用 sum()函数，结果如下：

```
1+
2+
=3
1+
2+
```

```
3+
4+
=10
11+
22+
33+
44+
55+
=165
```

在调用函数时，也可以不指定可变长参数，此时可变长参数是一个没有元素的元组或字典。

【例 4-16】 调用函数时不指定可变长参数。

```
def sum(*t):
    sum=0;
    for x in range(len(t)):
        print(str(t[x])+"+");
        sum += t[x];
    if len(t)>0:
        print("="+str(sum));
sum();
```

调用 sum()函数时没有指定参数，因此元组 t 没有元素，运行程序没有输出。

当参数以**开头时，表示可变长参数将被视为一个字典，格式如下：

```
def func(**t):
```

可以使用任意多个实参调用 func()函数，实参的格式如下：

```
键=值
```

例如：

```
sum(a=1,b=2,c=3);
```

【例 4-17】 以字典为可变长参数的实例。

```
def sum(**t):
    print(t);

sum(a=1,b=2,c=3);
```

运行结果如下：

```
{'a': 1, 'c': 3, 'b': 2}
```

4.2.2 函数的返回值

可以为函数指定一个返回值，返回值可以是任何数据类型，使用 return 语句可以返回函数值并退出函数。

【例 4-18】 对例 4-3 中的 sum()函数进行改造，通过函数的返回值返回相加的结果，代码如下：

```
def sum(num1, num2):
    return num1 + num2;
print(sum(1, 3));
```

运行结果为 4。

也可以把列表或字典作为函数的返回值。

【例 4-19】 下面程序返回指定列表中的偶数。

```
def filter_even(list):
   list1 = [];
   for i in range(len(list)):
      if list[i] %2 ==0:
         list1.append(list[i])
         i -=1;
   return list1;
list=[1,2,3,4,5,6,7,8,9,10]
list2 = filter_even(list)
print(list2);
```

filter_even()函数有一个列表 list 作为参数，在函数体中定义了一个空列表 list1。程序遍历列表 list，然后将其中的偶数参数添加到列表 list1 中，再将列表 list1 作为函数的返回值。使用 print()函数打印 filter_even ()函数的返回结果，内容如下：

```
[2, 4, 6, 8, 10]
```

极客学院
jikexueyuan.com

极客学院在线视频学习网址：

http://www.jikexueyuan.com/course/971_4.html?ss=1

手机扫描二维码

函数的使用与返回值

4.3 全局变量和局部变量

在函数中也可以定义变量。在函数中定义的变量称为局部变量，在函数体之外定义的变量是全局变量。本节介绍全局变量和局部变量的使用情况。

4.3.1 变量的作用域

局部变量只在定义它的函数内部有效，在函数体之外，即使使用同名的变量，也会被看作是另一个变量。全局变量在定义后的代码中都有效，包括它后面定义的函数体内。如果局部变量和全局变量同名，则在定义局部变量的函数中，只有局部变量是有效的。

【例 4-20】　局部变量和全局变量作用域的例子。

```
a = 100;       # 全局变量
def setNumber():
    a = 10;  # 局部变量
    print(a);     # 打印局部变量 a
setNumber();
print(a);     # 打印全局变量$a
```

在函数 setNumber()外部定义的变量 a 是全局变量，它在整个程序中都有效。在 setNumber()函数中也定义了一个变量 a，它只在函数体内部有效。因此在 setNumber()函数中修改变量 a 的值，只是修改了局部变量的值，并不影响全局变量 a 的内容。运行结果如下：

```
10
100
```

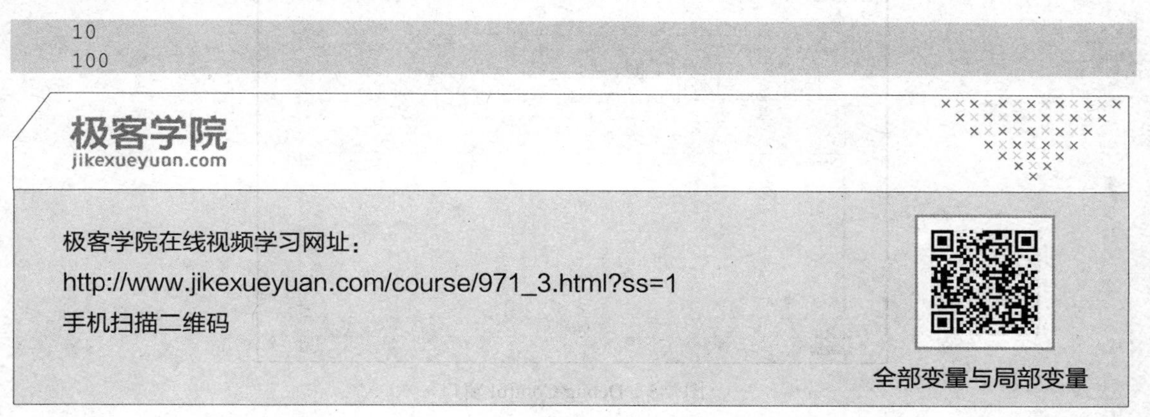

4.3.2　在 IDLE 的调试窗口中查看变量的值

在程序中使用 print()函数输出变量的值，是了解程序运行情况的常用方法。也可以在 IDLE 的调试窗口中查看变量的值，这种方法查看更直观。

1．设置断点

断点是调试器的功能之一，可以让程序中断在需要的地方，从而方便对其进行分析。用鼠标右键单击要设置断点的程序行，在快捷菜单里选择 Set Breakpoint 菜单项，会在当前行设置断点，该行代码会显示黄色背景，如图 4-2 所示。

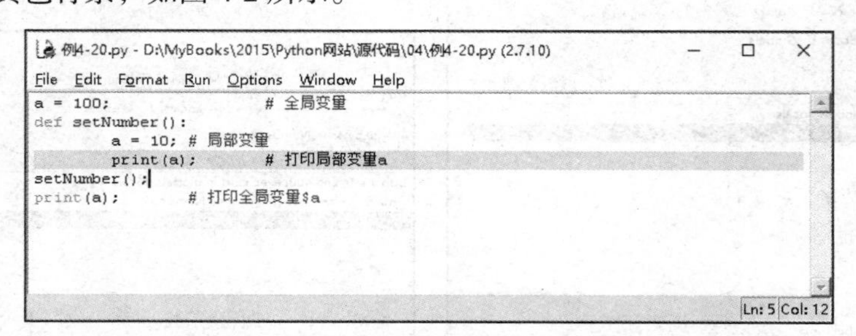

图 4-2　在 IDLE 窗口中设置断点

右键单击有断点的程序行，在快捷菜单里选择 Clear Breakpoint 菜单项，会清除当前行的断点。

2. 单步调试

设置断点后，运行程序，可以停在断点处，然后一条语句一条语句地单步运行。单步调试可以看到程序的运行过程，同时可以查看在某一时刻某个变量的值。下面介绍在 IDLE 中单步调试程序的方法。

例如，在 IDLE 中打开例 4-20.py，然后在菜单中选择 Run / Python Shell，打开 Python Shell 窗口。在 Python Shell 的菜单中，选择 Debug/ Debugger，Python Shell 窗口中会出现下面的文字。

```
[DEBUG ON]
```

同时打开 Debug Control 窗口，如图 4-3 所示。

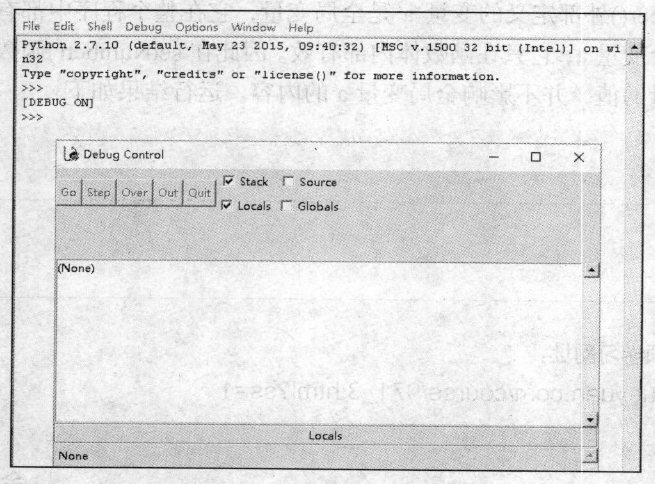

图 4-3 Debug Control 窗口

在 IDLE 主窗口中按 F5 键运行程序，可以看到在 Debug Control 窗口中显示程序停留在第 1 行，如图 4-4 所示。单击 Out 按钮，程序会继续执行，并停在断点处，如图 4-5 所示。因为断点位于 setNumber()函数内，所以在 Debug Control 窗口的 Local 窗格中可以看到局部变量 a 的当前值。

在 Debug Control 窗口中，单击 Step 按钮和 Over 按钮都可以单步调试程序。它们的区别在于：当程序停留在调用函数的语句处时，单击 Step 按钮会进入函数内部，停留在函数的第 1 行语句处；单击 Over 按钮会越过函数，停留在函数后面的第 1 行语句处。

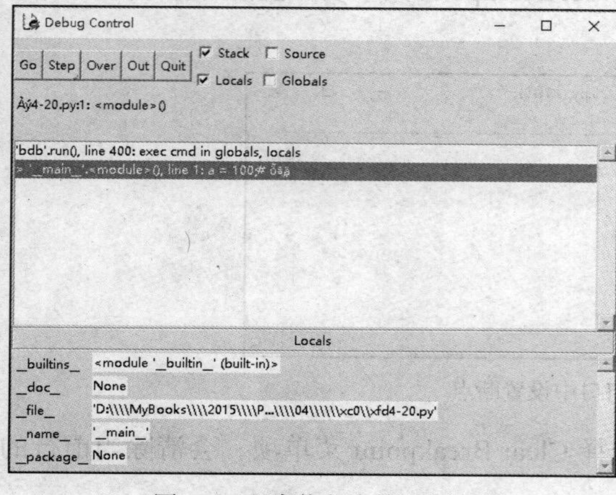

图 4-4 程序停留在第 1 行

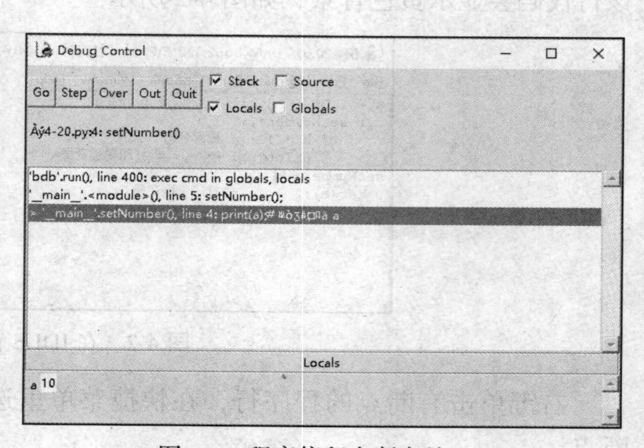

图 4-5 程序停留在断点处

4.3.3 在 PyCharm 的调试窗口中查看变量的值

在 PyCharm 中可以更方便地调试 Python 程序。调试程序可以在运行程序时查看大多数源代码信息（例如行数、变量信息和函数等）。

1. 设置和应用断点

将光标移至要设置断点的程序行，选择“Run”→“Toggle Line Breakpointer”菜单项，会在当前行设置断点。该行代码前会出现一个红色的圆点图标，代表断点，如图 4-6 所示。

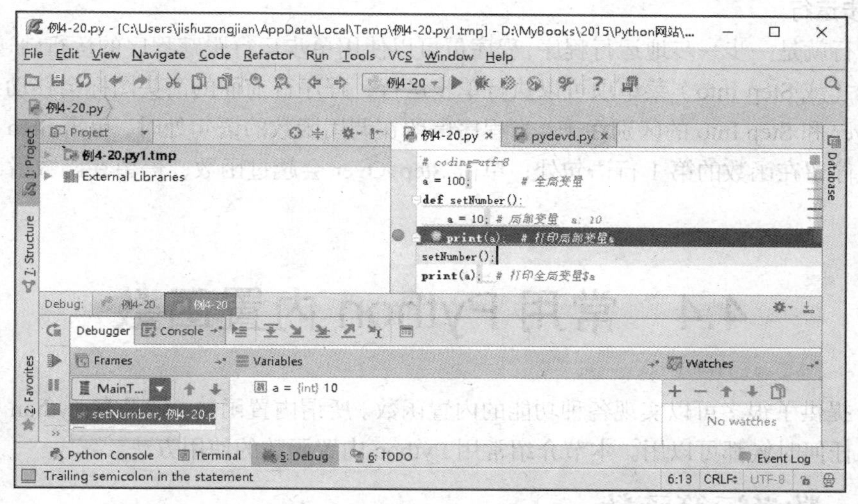

图 4-6 在 PyCharm 中设置断点

再次选择“Run”→“Toggle Line Breakpointer”菜单项，则会取消当前行的断点。双击断点的圆点图标位置，也可以切换断点。

2. 调试 Python 程序

在 PyCharm 中打开 Python 程序，单击工具栏上调试按钮（ ），即可调试当前的 Python 程序。程序会暂停在断点代码处，并在下方的 Debug 窗格中显示变量的值，如图 4-7 所示。

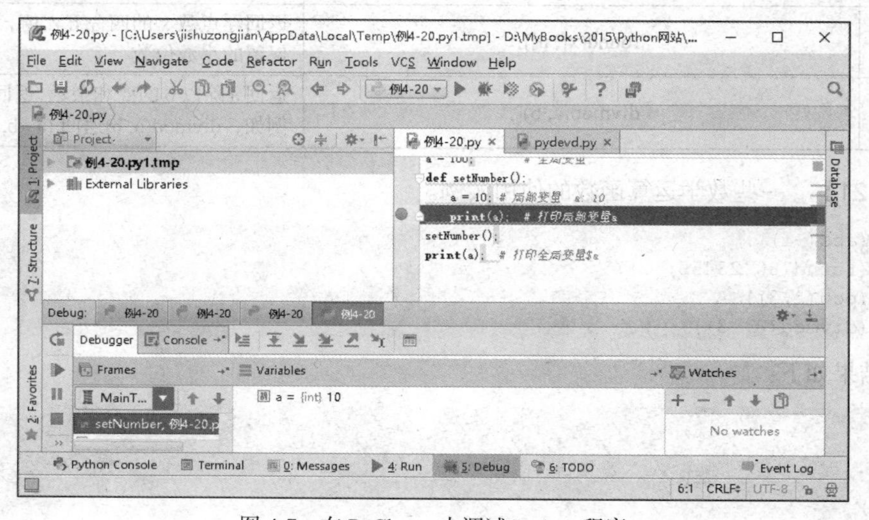

图 4-7 在 PyCharm 中调试 Python 程序

当前中断运行的程序行显示为淡绿色背景条，并且该行代码前会出现一个箭头图标（▣）。单击调试工具栏上的继续按钮（▶）可以继续运行程序，单击调试工具栏上的终止按钮（■）可以终止运行程序。

结束调试后，可以选择“窗口”→“打开透视图”→“PHP”菜单项，切换回编辑 PHP 程序的 PHP 视图。

也可以将鼠标移至变量上面，通过弹出的提示查看变量的值，如图 4-8 所示。

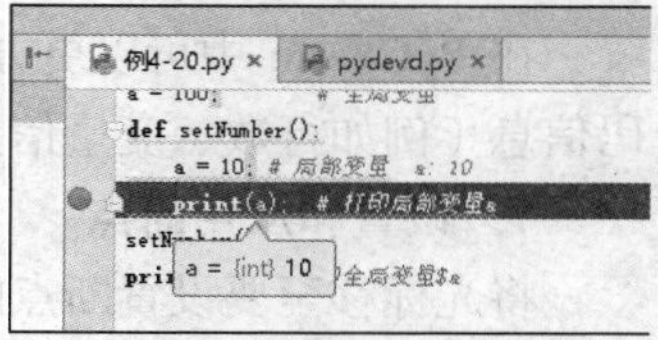

图 4-8 查看变量的值

3. 单步运行

单步运行就是一步一步地运行程序，程序员可以使用单步运行跟踪程序的运行轨迹。选择 Run→Step Over（或 Step Into）菜单项可以执行单步运行，程序行前面的箭头图标会移动到下一行程序。Step Over 和 Step Into 的区别在于：当程序停留在调用函数的语句处时，单击 Step Into 会进入函数内部，停留在函数的第 1 行语句处；单击 Step Over 会越过函数，停留在函数后面的第 1 行语句处。

4.4 常用 Python 内置函数

Python 提供了很多可以实现各种功能的内置函数。所谓内置函数，就是在 Python 中被自动加载的函数，任何时候都可以用。本节介绍常用 Python 内置函数的使用方法。

4.4.1 数学运算函数

与数学运算有关的常用 Python 内置函数如表 4-1 所列。

表 4-1 数学运算函数

函数	原型	具体说明
abs()	abs(x)	返回 x 的绝对值
pow()	pow(x, y)	返回 x 的 y 次幂
round()	round(x[, n])	返回浮点数 x 的四舍五入值，参数 n 指定保留的小数位数
divmod()	divmod(a, b)	返回 a 除以 b 的商和余数，返回一个元组。例如，divmod(a, b)返回 (a / b, a % b)

【例 4-21】 一些数学运算函数的使用实例。

```
print(abs(-1));
print(round(80.23456, 2))
print(pow(2,3))
print(divmod(8, 3));
```

运行结果如下：

```
1
80.23
8
(2, 2)
```

4.4.2 字符串处理函数

字符串处理是一个程序设计语言的基本功能。Python 提供了很多字符串处理函数。

1. 字符串中字符大小写的变换

用于实现字符串中字符大小写变换的 Python 内置函数如表 4-2 所列。

表 4-2 用于实现字符串中字符大小写变换的 Python 内置函数

函数	原型	具体说明
lower()	str.lower()	将字符串 str 中的字母转换为小写字母
upper()	str.upper()	将字符串 str 中的字母转换为大写字母
swapcase()	str.swapcase()	将字符串 str 中的字母大小写互换
capitalize()	str.capitalize ()	将字符串 str 中的首字母大写
title()	str. title()	将字符串 str 中的首字母大写，其余为小写

【例 4-22】 字符大小写变换函数的使用实例。

```
str1 ="hello world";
str2 ="HELLO WORLD";
str3 ="Hello world";
print(str1.upper());
print(str2.lower());
print(str3.swapcase())
print(str3.swapcase())
print(str1.capitalize());
print(str2.title());
```

运行结果如下：

```
HELLO WORLD
hello world
hELLO WORLD
hELLO WORLD
Hello world
Hello World
```

2. 指定输出字符串时的对齐方式

指定输出字符串时对齐方式的 Python 内置函数如表 4-3 所列。

表 4-3 指定输出字符串时对齐方式的 Python 内置函数

函数	原型	具体说明
ljust()	str.ljust(width,[fillchar])	左对齐输出字符串 str，总宽度为参数 width，不足部分以参数 fillchar 指定的字符填充，默认使用空格填充
rjust()	str.rjust(width,[fillchar])	右对齐输出字符串 str，总宽度为参数 width，不足部分以参数 fillchar 指定的字符填充，默认使用空格填充
center()	str.center(width,[fillchar])	居中对齐输出字符串 str，总宽度为参数 width，不足部分以参数 fillchar 指定的字符填充，默认使用空格填充
zfill ()	str. zfill(width)	将字符串 str 变成 width 长，并且右对齐，不足部分使用 0 补足

【例 4-23】 指定输出字符串对齐方式的函数的使用方法。

```
str1 ="hello world";
print(str1.ljust(30, "*"));
print(str1.rjust(30, "*"));
print(str1.center(30, "*"))
print(str1. zfill (30))
```

运行结果如下：

```
hello world*******************
*******************hello world
*********hello world**********
0000000000000000000hello world
```

3. 搜索和替换

搜索和替换字符串的 Python 内置函数如表 4-4 所列。

表 4-4 搜索和替换字符串的 Python 内置函数

函数	原型	具体说明
find()	str.find(substr, [start, [end]])	返回字符串 str 中出现子串 substr 的第一个字母的位置，如果 str 中没有 substr，则返回−1。搜索范围从 start 至 end
index()	str.index(substr, [start, [end]])	与 find()函数相同，只是在 str 中没有 substr 时，index()函数会返回一个运行时错误
rfind()	str.rfind(substr, [start, [end]])	返回从右侧算起字符串 str 中出现子串 substr 的第一个字母的位置，如果 str 中没有 substr，则返回−1。搜索范围从 start 至 end
rindex()	str.rindex (substr, [start,[end]])	与 rfind()函数相同，只是在 str 中没有 substr 时，rindex()函数会返回一个运行时错误
count()	str.count(substr, [start,[end]])	计算 substr 在 str 中出现的次数。统计范围从 start 至 end
replace()	str.replace(oldstr, newstr, [count])	把 str 中的 oldstr 替换为 newstr，count 为替换次数
strip()	str.strip([chars])	把字符串 str 中前后 chars 中有的字符全部去掉。如果不指定参数 chars，则会去掉空白符（包括'\n', '\r', '\t'和' '）
lstrip()	str.lstrip([chars])	把字符串 str 中前面包含的 chars 中有的字符全部去掉。如果不指定参数 chars，则会去掉空白符（包括'\n', '\r', '\t'和' '）
rstrip()	str.rstrip([chars])	把字符串 str 中后面包含的 chars 中有的字符全部去掉。如果不指定参数 chars，则会去掉空白符（包括'\n', '\r', '\t'和' '）
expandtabs()	str. expandtabs([tabsize])	把字符串 str 中的 tab 字符替换为空格，每个 tab 替换为 tabsize 个空格，默认是 8 个

【例 4-24】 搜索和替换字符串函数的使用实例。

```
str1 ="hello world";
print(str1.find("l"));
print(str1.index("o"));
print(str1.rfind("l"))
print(str1.rindex("o"))
print(str1.count("o"))
str2 ="    Hello";
print(str2.replace(" ", "*"))
print(str2.strip())
```

运行结果如下：

```
2
4
9
7
2
*****Hello
Hello
```

4. 分割和组合

分割和组合字符串的 Python 内置函数如表 4-5 所列。

表 4-5　　分割和组合字符串的 Python 内置函数

函数	原型	具体说明
split()	str.split([sep, [maxsplit]])	以 sep 为分割符，把 str 分割成一个列表。参数 maxsplit 表示分割的次数
splitlines()	str.splitlines([keepends])	把 str 按照行分割符分为一个列表。参数 keepends 是一个布尔值，如果为 True，则每行后面会保留行分割符
join()	str.join(seq)	把 seq 代表的序列——字符串序列，用 str 连接起来

【例 4-25】　分割和组合字符串函数的使用实例。

```
str1 ="hello world Python";
list1 = str1.split(" ");
print(list1);
str1 ="hello world\nPython";
list1 = str1.splitlines();
print(list1);
list1 = ["hello",  "world", "Python"]
str1="#"
print(str1.join(list1))
```

运行结果如下：

```
['hello', 'world', 'Python']
['hello world', 'Python']
hello#world#Python
```

5. 字符串判断相关

与字符串判断相关的 Python 内置函数如表 4-6 所列。

表 4-6　　与字符串判断相关的 Python 内置函数

函数	原型	具体说明
startswith()	str. startswith(substr)	判断 str 是否以 substr 开头
endswith()	str.endswith(substr)	判断 str 是否以 substr 为结尾
isalnum()	str.isalnum()	判断 str 是否全为字母或数字
isalpha()	str.isalpha()	判断 str 是否全为字母
isdigit()	str.isdigit()	判断 str 是否全为数字
islower()	str.islower()	判断 str 是否全为小写字母
isupper()	str.isupper()	判断 str 是否全为大写字母

【例 4-26】 与字符串判断相关函数的使用实例。

```
# coding=gb2312
str='python String function'
print(str+".startwith('t') 的结果 ")

print(str.startswith('t'))
print(str+ ".endwith('d') 的结果 ")
print(str.endswith('d'))
print(str+ ".isalnum() 的结果")
print(str.isalnum())
str='pythonStringfunction'
print(str+ ".isalnum() 的结果")
print(str.isalnum())
print(str+ ".isalpha() 的结果 ")
print(str.isalpha())
print(str+ ".isupper() 的结果")
print(str.isupper())
print(str+ ".islower() 的结果")
print(str.islower())
print(str+ ".isdigit() 的结果")
print(str.isdigit())
str='3423'
print(str+ ".isdigit() 的结果")
print(str.isdigit())
```

运行结果如下：

```
python String function.startwith('t') 的结果
False
python String function.endwith('d') 的结果
False
python String function.isalnum() 的结果
False
pythonStringfunction.isalnum() 的结果
True
pythonStringfunction.isalpha() 的结果
True
pythonStringfunction.isupper() 的结果
False
pythonStringfunction.islower() 的结果
False
pythonStringfunction.isdigit() 的结果
False
3423.isdigit() 的结果
True
```

4.5 函数式编程

函数式编程是一种典范。本节首先介绍函数式编程的基本概念，然后介绍 Python 语言是如何实现函数式编程的。

4.5.1 函数式编程概述

尽管面向对象是目前最流行的编程思想，但是很多人不了解，在面向对象思想产生之前，函数式编程是非常流行的主流编程思想。本节介绍函数式编程的概念和优势，让读者看看为什么这种古老的编程思想又恢复了活力，重新走进人们的视线。

1. 什么是函数式编程

函数式编程一种编程的基本风格，也就是构建程序的结构和元素的方式。函数式编程将计算过程看作是数学函数，也就是可以使用表达式编程。在函数的代码中，函数的返回值只依赖传入函数的参数，因此使用相同的参数调用函数 2 次，会得到相同的结果。

下面介绍几个与函数式编程有关的概念。

（1）头等函数（First-class Function）。

如果一个编程语言把函数视为头等函数，则可以称其拥有头等函数。拥有头等函数的编程语言可以将函数作为其他函数的参数，也可以将函数作为其他函数的返回值。可以把函数赋值给变量或存储在元组、列表、字典、集合和对象等数据结构中。有的语言还支持匿名函数。

在拥有头等函数的编程语言中，函数名没有任何特殊的状态，而是将函数看作是 function 类型的二进制类型。

（2）高阶函数（Higher-order Function）。

高阶函数是头等函数的一种实践，它是可以将其他函数作为参数或返回结果的函数。例如，定义一个高阶函数 map()，有 2 个参数，一个是函数 func()，一个是列表 list，map()函数将 list 里面的所有元素应用函数 func()，并将处理结果组成一个列表 list1，最后将 list1 作为 map()函数的返回结果。

（3）纯函数。

纯函数具有如下特性：

- 纯函数与外界交换数据只有唯一渠道——参数和返回值。
- 纯函数不操作全局变量，没有状态、无 I/O 操作，不改变传入的任何参数的值。理想情况下，不会给它传入任何外部数据。
- 很容易把一个纯函数移植到一个新的运行环境。最多只需要修改类型定义即可。
- 纯函数具有引用透明性（Referential Transparency）。也就是说，对于同一个输入值，它一定得到相同的输出值，而与在什么时候、在什么情况下执行该函数无关。

（4）递归。

在函数式编程语言中，循环通常通过递归来实现。递归就是在函数里调用自身；在使用递归策略时，必须有一个明确的递归结束条件，这个递归结束条件称为递归出口。

2. 函数式编程的优点

函数式编程具有如下优点：

（1）便于进行单元测试。

所谓单元测试，是指对软件中的最小可测试单元进行检查和验证。函数正是最小可测试单元的一种。

（2）便于调试。

如果一个函数式编程风格的程序运行时没有达到预期的效果，可以很容易地对其进行调试。

因为在函数式编程中使用相同的参数调用函数 2 次，会得到相同的结果，所以 bug 将很容易重现，有利于找到造成 bug 的原因。

（3）适合并行执行。

所谓并行，通常指程序的不同部分可以同时运行而不互相干扰。程序并行执行的最大问题是可能造成死锁。死锁指两个或两个以上的进程（线程）在执行过程中，因争夺资源而造成的一种互相等待的现象。如果没有外力作用，形成死锁的进程（线程）都将无法推进下去。

在函数式程序里没有任何数据被同一线程修改两次，更不用说两个不同的线程了。因此并行执行时不会有死锁的情况出现。

函数式编程还有其他一些优点，这里不一一介绍了。与其抽象地空谈不如亲自见识一下传说中的函数式编程吧。

4.5.2 Python 函数式编程常用的函数

本节介绍 Python 函数式编程中的几个常用函数，让读者来体验函数式编程的风格。

1. lambda 表达式

Lambda 表达式是一种匿名函数，是从数学里的 λ 演算得名的。λ 演算可以用来定义什么是一个可计算函数。

（1）Python 匿名函数。

Python 的 Lambda 表达式的函数体只能有唯一的语句，也就是返回值表达式语句。其语法如下：

```
返回函数名 = lambda 参数列表 : 函数返回值表达式语句
```

例如，下面的 Lambda 表达式可以计算 x、y 和 z3 个参数的和：

```
sum = lambda x,y,z : x+y+z
```

可以使用 sum(x,y,z)调用上面的 Lambda 表达式。

【例 4-27】 使用 Lambda 表达式的例子。

```
sum = lambda x,y,z : x+y+z
print(sum(1,2,3));
```

运行结果为 6。

例 4-27 中的 Lambda 表达式相当于下面的函数。

```
def sum(x,y,z):
    return x+y+z;
```

（2）Lambda 表达式数组。

可以将 Lambda 表达式作为数组（也可以是列表或字典，这里以数组为例）元素。Lambda 表达式数组的定义方法如下：

```
数组名 = [(Lambda 表达式 1), (Lambda 表达式 2), …]
```

调用数组中 Lambda 表达式的方法如下：

```
数组名[索引]( Lambda 表达式的参数列表)
```

【例 4-28】 定义一个 Lambda 表达式数组。第 1 个元素用于计算参数的平方，第 2 个元素用于计算参数的立方，第 3 个元素用于计算参数的四次方。代码如下：

```
Arr= [(lambda x: x**2), (lambda x: x**3), (lambda x: x**4)]
print(Arr[0](2), Arr[1](2), Arr[2](2))
```

程序分别计算并打印 2 的平方、立方和四次方。运行结果如下：

```
4 8 16
```

（3）将 Lambda 表达式作为函数的返回值。

可以在普通函数中返回 Lambda 表达式。

【例 4-29】 定义一个函数 math。当参数 o 等于 1 时返回计算加法的 Lambda 表达式；当参数 o 等于 2 时返回计算减法的 Lambda 表达式；当参数 o 等于 3 时返回计算乘法的 Lambda 表达式；当参数 o 等于 4 时返回计算除法的 Lambda 表达式。代码如下：

```
def math(o):
    if(o==1):
        return lambda x,y : x+y
    if(o==2):
        return lambda x,y : x-y
    if(o==3):
        return lambda x,y : x*y
    if(o==4):
        return lambda x,y : x/y

action = math(1)#返回加法 Lambda 表达式
print("10+2", action(10,2))
action = math(2)#返回减法 Lambda 表达式
print("10-2=",action(10,2))
action = math(3)#返回乘法 Lambda 表达式
print("10*2,=",action(10,2))
action = math(4)#返回除法 Lambda 表达式
print("10/2,=",action(10,2))
```

程序调用 math()函数分别计算 10+2、10−2、10*2 和 10/2，结果如下：

```
10+2 12
10-2= 8
10*2,= 20
10/2,= 5.0
```

2. 使用 map()函数

map()函数用于将指定序列中的所有元素作为参数调用指定函数，并将结果构成一个新的序列返回。map 函数的语法如下：

```
结果序列 = map(映射函数, 序列1[, 序列2,…])
```

在 map()函数的参数中，可以有多个序列，这取决于映射函数的参数数量。序列 1、序列 2 等序列中元素会按顺序作为映射函数的参数，映射函数的返回值将作为 map()函数的返回序列的元素。

【例 4-30】 使用 map()函数依次计算 2、4、6、8 和 10 的平方。

```
arr = map(lambda x: x ** 2, [2, 4, 6, 8, 10])
for e in enumerate(arr):
    print(e)
```

本例中映射函数是一个 Lambda 表达式，用于计算参数的平方。因为映射函数只有一个参数，所以 map()函数中只有一个序列参数。map()对序列参数应用 Lambda 表达式，将计算结果作为数组返回。然后，打印返回数组的元素。运行结果如下：

```
(0, 4)
(1, 16)
(2, 36)
(3, 64)
(4, 100)
```

【例 4-31】 在 map()函数中对两个序列进行处理。

```
arr = map(lambda x,y: x + y, [1, 3, 5, 7, 9] ,[2, 4, 6, 8, 10])
for e in enumerate(arr):
    print(e)
```

本例中映射函数是一个有 2 个参数的 Lambda 表达式，用于计算参数之和。因为映射函数有 2 个参数,所以 map()函数中有 2 个序列参数。map()对 2 个序列参数中对应位置的元素应用 Lambda 表达式，将计算结果作为数组返回。然后，打印返回数组的元素。运行结果如下：

```
(0, 3)
(1, 7)
(2, 11)
(3, 15)
(4, 19)
```

3. filter()函数

filter()函数可以对指定序列执行过滤操作，具体定义如下：

```
filter(函数 function, 序列 sequence)
```

函数 function 接受一个参数，返回布尔值 True 或 False。序列 sequence 可以是列表、元祖或字符串。

filter()函数以序列参数 sequence 中的每个元素为参数调用 function 函数，调用结果为 True 的元素最后将作为 filter()函数的结果返回。

【例 4-32】 使用 filter()函数的例子。

```
def is_even(x):
    return x %2 == 0

arr = filter(is_even, [1, 2, 3, 4, 5, 6, 7, 8, 9, 10])
for e in enumerate(arr):
   print(e)
```

本例中定义了一个 is_even()函数,如果指定参数 x 为偶数,则返回 True;否则返回 False。filter()函数以 is_even()函数和一个包含 1～10 整数的数组为参数，用于从 1～10 的整数中筛选出所有偶数，结果保存在数组 arr 中。程序最后打印数组 arr 的元素。运行结果如下：

```
(0, 2)
(1, 4)
(2, 6)
(3, 8)
(4, 10)
```

4. reduce()函数

reduce()函数用于将指定序列中的所有元素作为参数按一定的规则调用指定函数。reduce 函数的语法如下：

```
计算结果= reduce(映射函数, 序列)
```

映射函数的必须有 2 个参数。reduce()函数首先以序列的第 1 个和第 2 个元素为参数调用映射函数，然后将返回结果与序列的第 3 个元素为参数调用映射函数。以此类推，直至应用到序列的最后一个元素，将计算结果作为 reduce()函数的返回结果。

从 Python 3.0 开始，reduce()函数不再被集成在 Python 内置函数中，需要使用下面的语句引用 functools 模块，才能调用 reduce()函数。

【例 4-33】　使用 reduce ()函数计算 2、4、6、8、10 的和。

```
def add(x,y): return x + y
sum = reduce(add, range(1, 11))
print(sum)
```

本例中映射函数是 myadd(),用于计算 2 个参数的和。因为映射函数只有一个参数，所以 reduce ()函数中只有一个序列参数。程序的运行过程如下：

（1）reduce()函数首先使用序列第 1 个元素 1 和第 2 个元素 2 为参数调用 add()函数，得到结果 3。

（2）使用结果 3 和序列的第 3 个元素 3 为参数调用 add()函数，得到结果 6。

（3）以此类推，运行结果为 55。

5. zip()函数

zip()函数以一系列列表作为参数，将列表中对应的元素打包成一个个元组，然后返回由这些元组组成的列表。

【例 4-34】　使用 zip ()函数的例子。

```
a = [1,2,3]
b = [4,5,6]
z = [7, 8, 9]
zipped = zip(a,b,z)
for element in zipped:
    print(element)
```

程序使用 zip()函数将列表 a 和列表 b 对应位置的元素打包成元组，然后返回由这些元组组成的列表到 zipped。运行结果如下：

```
(1, 4, 7)
(2, 5, 8)
(3, 6, 9)
```

如果传入参数的长度不等，则返回列表的长度与参数中长度最短的列表相同。

【例 4-35】　使用 zip ()函数时传入参数长度不等的例子。

```
a = [1,2,3]
b = [4,5,6,7,8,9]
zipped = zip(a,b)
for element in zipped:
    print(element)
```

虽然列表 b 比列表 a 多了 3 个元素，但是在调用 zip ()函数时以列表 a（长度最短的列表）的长度为基准进行压缩。运行结果如下：

```
(1, 4, 7)
(2, 5, 8)
(3, 6, 9)
```

将打包结果前面加上操作符*，并以此为参数调用 zip ()函数，可以将打包结果解压。

【例 4-36】 使用 zip ()函数将打包结果解压的例子。

```
a = [1,2,3]
b = [4,5,6]
zipped = zip(a,b)
unzipped = zip(*zipped)
for element in unzipped:
   print(element)
```

程序使用 zip()函数将列表 a 和列表 b 对应位置的元素打包成元组，然后返回由这些元组组成的列表到 zipped。运行结果如下：

```
(1, 2, 3)
(4, 5, 6)
```

可以看到，解压后输出原来的列表 a 和列表 b 对应的元组。

4.5.3 普通编程方式与函数式编程的对比

本节通过一个实例来比较普通编程方式与函数式编程的区别，从而让读者直观地理解函数式编程的特点。

【例 4-37】 以普通编程方式计算列表元素中正数之和。

```
list =[2, -4, 9, -5, 6, 13, -12, -3, 8, -11, 16]
sum = 0
for i in range(len(list)):
   if list [i]>0:
      sum += list [i]
print(sum)
```

运行结果如下：

```
54
```

【例 4-38】 以函数式编程方式实现例 4-37 的功能。

```
list =[2, -4, 9, -5, 6, 13, -12, -3, 8, -11, 16]
sum = filter(lambda x: x>0, list)
s = reduce(lambda x,y: x+y, sum)
print(s)
```

在第 2 行代码中，lambda x: x>0 定义了一个匿名函数，当 x>0 时返回 True，否则返回 False。filter()函数过滤列表 list 中的正数到列表 sum 中。在第 3 行代码中，使用 reduce()函数对列表 sum 中的元素进行累加。

相比较而言，函数式编程具有如下特点：

（1）代码更简单。

（2）数据、操作、返回值都放在一起。

（3）没有循环体，几乎没有临时变量，所以也就不用去分析程序的流程行尾数据变化过程了。

（4）代码用来定义需要做什么，而不是怎么去做。

4.6　闭包和递归函数

本节介绍函数式编程中的闭包和递归函数。

4.6.1　闭包

在 Python 中，闭包（Closure）指函数的嵌套。可以在函数内部定义一个嵌套函数，将嵌套函数视为一个对象，所以可以将嵌套函数作为定义它的函数的返回结果。

【例 4-39】　使用闭包的例子。

```
#coding=utf-8
def func_lib():
    def add(x, y):
        return x+y
    return add          # 返回函数对象

fadd = func_lib()
print(fadd(1, 2))
```

在函数 func_lib()中定义了一个嵌套函数 add，并作为函数 func_lib()的返回值。

运行结果为 3。

4.6.2　递归函数

递归函数是指直接或间接调用函数自身的函数。

【例 4-40】　使用递归函数计算阶乘。

```
def fact(n):
    if n==1:
        return 1
    return n * fact(n - 1)
print(fact(5))
```

阶乘的计算公式如下：

```
n! = 1 * 2 * 3 * ... * (n-1) * n
```

运行结果为 120。

根据 fact()函数的定义，可以知道 fact(5)等同于：

```
5 * fact(4)
```

继续递归，等同于：

```
5 * 4 * fact(3)
```

继续递归，等同于：

```
5 * 4 * 3 * fact(2)
```

继续递归，等同于：

```
5 * 4 * 3 * 2 * fact(1)
```

继续递归，等同于：

```
5 * 4 * 3 * 2 * 1
```

4.7 迭代器和生成器

本节介绍函数式编程中的另外 2 个常用概念——迭代器和生成器。

4.7.1 迭代器

迭代器是访问集合内元素的一种方式。迭代器对象从序列（列表、元组、字典、集合）的第一个元素开始访问，直到所有的元素都被访问一遍后结束。迭代器不能回退，只能往前进行迭代。

1. iter()函数

使用内建的工厂函数 iter(iterable)可以获取序列的迭代器对象，方法如下：

```
迭代器对象 = iter(序列对象)
```

使用 next()函数可以获取迭代器的下一个元素，方法如下：

```
next(迭代器对象)
```

【例 4-41】 使用 iter()函数的例子。

```
list = ['C++', 'C#', 'Java', 'Python']
it = iter(list)
print(next(it))
print(next(it))
print(next(it))
print(next(it))
```

运行结果如下：

```
C++
C#
Java
Python
```

2. enumerate ()函数

使用 enumerate ()函数可以将列表或元组生成一个有序号的序列。

【例 4-42】 使用 enumerate ()函数的例子。

```
#coding=utf-8
list = ['C++', 'C#', 'Java', 'Python']
for index , val in enumerate(list):
    print("第%d 个元素是%s" %(index+1, val))
```

运行结果如下：

```
第 1 个元素是 C++
第 2 个元素是 C#
第 3 个元素是 Java
第 4 个元素是 Python
```

4.7.2 生成器

生成器（Generator）是一个特殊的函数，它具有如下特点：

（1）生成器函数都包含一个 yield 语句，当执行到 yield 语句时函数返回。

（2）生成器函数可以记住上一次返回时在函数体中的位置，对生成器函数的下一次调用跳转至该函数中间，而上次调用的所有局部变量都保持不变。

【例 4-43】 使用生成器的例子。

```
def addlist(alist):
    for i in alist:
        yield i + 1
alist = [1, 2, 3, 4]
for x in addlist(alist):
    print(x)
```

addlist()是一个生成器，它会遍历列表参数 alist 中的每一个元素，然后将其加 1，并使用 yield 语句返回。

程序遍历并打印 addlist()的所有返回值。每次调用 addlist()函数都会从上次返回时的位置继续遍历列表参数 alist。运行结果如下：

```
2
3
4
5
```

生成器的返回值有一个__next__()方法，它可以恢复生成器执行，并直到下一个 yield 表达式处。

【例 4-44】 使用__next__()方法实现例 4-43 的功能。

```
def addlist(alist):
    for i in alist:
        yield i + 1
alist = [1, 2, 3, 4]
x = addlist(alist)
x= x._next__();
print(x);
x= x.__next__();
print(x);
x= x.__next__();
print(x);
x= x.__next__();
print(x);
```

本 章 练 习

一、选择题

1. 可以使用（　　）关键字来创建 Python 自定义函数。

   A. function　　B. func　　C. procedure　　D. def

2. 下面程序的运行结果为（　　）。

```
a = 10;       # 全局变量
def setNumber():
    a = 100; # 局部变量
setNumber();
print(a);     # 打印全局变量$a
```

A. 10　　B. 100　　C. 10100　　D. 10010

3. 关于函数参数传递中，形参与实参的描述错误的是（　　）。

A. Python 实行按值传递参数。值传递指调用函数时将常量或变量的值（通常称其为实参）传递给函数的参数（通常称其为形参）

B. 实参与形参分别存储在各自的内存空间中，是两个不相关的独立变量

C. 在函数内部改变形参的值时，实参的值一般是不会改变的

D. 实参与形参的名字必须相同

4. 下面程序的运行结果为（　　）。

```
def swap(list):
        temp = list[0]
        list[0] = list[1]
        list[1] = temp
list = [1,2]
swap(list)
print(list)
```

A. [1,2]　　B. [2,1]　　C. [1,1]　　D. [2,2]

5.（　　）表达式是一种匿名函数，是从数学里的 λ 演算得名的。λ 演算可以用来定义什么是一个可计算函数。

A. Lambda　　B. map　　C. filter　　D. zip

6.（　　）函数用于将指定序列中的所有元素作为参数调用指定函数，并将结果构成一个新的序列返回。

A. Lambda　　B. map　　C. filter　　D. zip

7.（　　）函数以一系列列表作为参数，将列表中对应的元素打包成一个个元组，然后返回由这些元组组成的列表。

A. Lambda　　B. map　　C. filter　　D. zip

8.（　　）函数是指直接或间接调用函数自身的函数。

A. 递归　　B. 闭包　　C. Lambda　　D. 匿名

9. 返回数字绝对值的函数为（　　）。

A. abs　　B. pow　　C. round　　D. divmod

二、填空题

1. 函数可以包含多个参数，参数之间使用________分隔。

2. Python 实行按值传递参数。值传递指调用函数时将常量或变量的值（通常称为________）传递给函数的参数（通常称为________）。

3. 使用________语句可以返回函数值并退出函数。

4. 返回 x 的 y 次幂的函数是________。

5. 将字符串 str 中的字母转换为小写字母的函数是________。

6. ________函数用于将指定序列中的所有元素作为参数按一定的规则调用指定函数。

7. ________是访问集合内元素的一种方式。
8. 使用________函数可以将列表或元组生成一个有序号的序列。

三、简答题

1. 试述全局变量和局部变量的区别。
2. 试述函数式编程的概念。
3. 简述函数式编程的优点。
4. 简述生成器的特点。

第 5 章 Python 模块

学前提示

模块是 Python 语言的一个重要概念，它可以将函数按功能划分到一起，以便日后使用或共享给他人。可以使用 Python 标准库中的模块，也可以下载和使用第三方模块。

知识要点

- 模块的基本概念
- sys 模块
- math 模块
- decimal 模块
- 自定义模块
- random 模块
- fractions 模块
- time 模块
- platform 模块

5.1 模块的基本概念

首先介绍模块的基本概念，为进一步学习模块编程奠定基础。

5.1.1 什么是模块

第 4 章介绍了函数，函数是可以实现一项或多项功能的一段程序。模块是很多功能的扩展，是可以实现一项或多项功能的程序块。从定义可以看到，函数是一段程序，模块是一项程序块。也就是说函数和模块都是用来实现功能的，但是模块的范围比函数要广。在模块里可以重用多个函数。下面通过实例来看一下什么是模块。

Python 的模块以.py 文件的形式存储，保存在 Python 主目录下的 Lib 目录下，例如，C:\Python27\Lib。Python 的模块文件如图 5-1 所示。

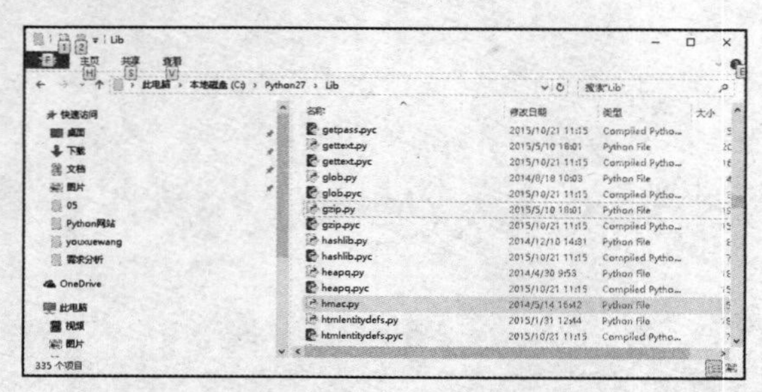

图 5-1 Python 的模块文件

使用 IDLE 打开一个模块文件，可以看到模块文件中定义了一些函数。例如，gzip.py 的内容如图 5-2 所示。

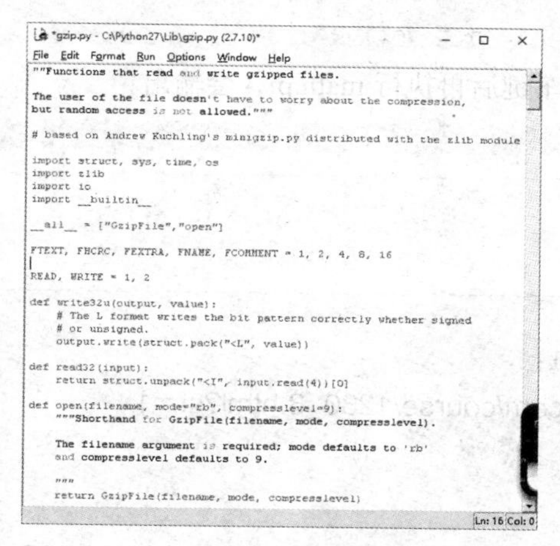

图 5-2　gzip.py 的内容

极客学院
jikexueyuan.com

极客学院在线视频学习网址：

http://www.jikexueyuan.com/course/1230_1.html

手机扫描二维码

Python 模块

5.1.2　如何导入模块

在 Python 中，如果要在程序中使用某个模块，必须先导入模块。使用 import 语句可以导入模块，语句如下：

```
import 模块名
```

可以使用下面的方式访问模块中的函数：

```
模块名.函数名(参数列表)
```

可以使用下面的方式访问模块中的变量：

```
模块名.变量
```

例如，使用 Math 模块中的 pi 常量可以返回数学中的常数 π。下面做一个实验。打开 IDLE，在 Shell 窗口中直接输入 pi，然后按回车键，结果如下：

```
Traceback (most recent call last):
  File "<pyshell#0>", line 1, in <module>
    pi
NameError: name 'pi' is not defined
```

可以看到，Python 没有找到 pi 的定义。

输入 math.pi，然后按回车键，结果如下：

```
Traceback (most recent call last):
  File "<pyshell#0>", line 1, in <module>
    math.pi
NameError: name 'math' is not defined
```

输入 import math，按回车键后再执行 math.pi，会输出：

```
3.141592653589793
```

极客学院
jikexueyuan.com

极客学院在线视频学习网址：

http://www.jikexueyuan.com/course/1230_3.html?ss=1

手机扫描二维码

from…import 详解

5.2 Python 标准库中的常用模块

Python 标准库是 Python 自带的开发包，是 Python 的组成部分，它会随 Python 解释器一起安装在系统中。Python 的标准库中包含很多模块，本节将介绍其中的一些常用模块。

5.2.1 sys 模块

sys 模块是 Python 标准库中最常用的模块之一。通过它可以获取命令行参数，从而实现从程序外部向程序传递参数的功能；通过它也可以获取程序路径和当前系统平台等信息。

1. 获取当前的操作系统平台

Python 是支持跨平台的语言。因此，在程序中经常需要获取当前的操作系统平台，以便针对不同的操作系统编写对应的程序。

使用变量 sys.platform 可以获取当前的操作系统平台。

【例 5-1】 使用变量 sys.platform 打印当前的操作系统平台。

```
import sys
print(sys.platform)
```

sys.platform 只返回操作系统的平台信息，并不包含操作系统的具体信息。在 Windows 操作系统上运行例 5-1 的结果如下：

```
win32
```

2. 使用命令行参数

所谓命令行参数，是指在运行程序时命令行中给定的参数。例如，以下面的命令运行 command.py：

```
python command.py a b c
```

a、b、c 连同脚本文件 command.py 本身都是命令行参数。通过命令行参数，可以向程序中传递数据。

使用 sys 模块的 argv 数组可以在 Python 中获取命令行参数。sys.arg[0]是当前运行的脚本文件的文件名，sys.arg[1]是第 1 个命令行参数，sys.arg[2]是第 2 个命令行参数，以此类推。

【例 5-2】 打印命令行参数。

```
import sys
print("Argument count:"+str(len(sys.argv)));

for i in range(0, len(sys.argv)):
    print(""+ str(i+1)+": "+ sys.argv[i])
```

程序首先打印命令行参数的数量，然后使用 for 语句依次打印命令行参数的内容。打开命令行窗口，切换到例 5-2.py 所在的目录，执行下面的命令：

```
python 例 5-2.py a b c
```

结果如下：

```
Argument count:4
1: 例 5-2.py
2: a
3: b
4: c
```

3. 退出应用程序

使用 sys.exit()函数可以退出应用程序。语法如下：

```
sys.exit(n);
```

n=0 时，程序无错误退出；n=1 时，程序有错误退出。

【例 5-3】 使用 sys.exit()函数的例子。

```
#coding=utf-8
import sys
if len(sys.argv)<2:
    print("请使用命令行参数");
    sys.exit(1)
for i in range(0, len(sys.argv)):
    print(""+ str(i+1)+": "+ sys.argv[i])
```

如果命令行参数的数量小于 2，则程序提示“请使用命令行参数”后退出。

4. 字符编码

在计算机中，字母、各种控制符号、图形符号等都以二进制编码的方式存入计算机并进行处理。这种对字母和符号进行编码的二进制代码称为字符代码。常用的字符编码为 ASCII 码（美国标准信息交换码）。ASCII 码使用 7 个或 8 个二进制位进行编码的方案，最多可以表示 256 个字符，包括字母、数字、标点符号、控制字符及其他符号。

常用的处理中文的字符编码包括 GB2312、GBK 和 BIG5 等。

- GB2312 编码：中华人民共和国国家汉字信息交换用编码，全称《信息交换用汉字编码字符集——基本集》，1980 年由国家标准总局发布。GB2312 编码使用 2 个字节表示一个汉字，所以理论上最多可以表示 256×256=65536 个汉字。但实际上 GB2312 编码基本集共收入汉字 6763 个和非汉字图形字符 682 个。GB2312 编码通行于中国大陆。新加坡等地也使用此编码。
- GBK 编码：汉字内码扩展规范，K 为“扩展”的汉语拼音中“扩”字的声母。英文全称 Chinese Internal Code Specification。GBK 编码标准兼容 GB2312，共收录 21003 个汉字、

883 个符号，并提供 1894 个造字码位，简、繁体字融于一库。

- BIG5 编码：一种繁体中文汉字字符集，其中繁体汉字 13053 个，808 个标点符号、希腊字母及特殊符号。因为 Big5 的字符编码范围同 GB2312 字符的存储码范围存在冲突，所以在同一正文不能对两种字符集的字符同时支持。

还有一种通用的字符编码——UTF-8。UTF-8 是 8-bit Unicode Transformation Format 的缩写，它是一种针对 Unicode 的可变长度字符编码，又称万国码。Unicode 是为了解决传统的字符编码方案的局限而产生的，它为每种语言中的每个字符设定了统一并且唯一的二进制编码，以满足跨语言、跨平台进行文本转换、处理的要求。

在编写程序时需要考虑字符编码，否则可能会出现乱码的情况。例如出现类似“бЇ Я А з Ъ С Я”和“□????????”等字符。

使用 sys.getdefaultencoding()函数可以获取系统当前编码。

【例 5-4】 打印系统当前编码。

```
import sys
print(sys.getdefaultencoding());
```

在中文 Windows 10 下运行结果为：

```
ascii
```

5. 搜索模块的路径

当使用 import 语句导入模块时，Python 会自动搜索模块文件。那么，Python 会到哪些路径去搜索模块文件呢?可以通过 sys.path 获取搜索模块的路径。

【例 5-5】 打印 Python 搜索模块的路径。

```
import sys
print(sys.path);
```

笔者的环境是 Windows 8.1+ Python 3.4.2，运行结果为：

```
    ['D:\\MyBooks\\2015\\Python\xcd\xf8\xd5\xbe\\\xd4\xb4\xb4\xfa\xc2\xeb\\05',
'C:\\Python27\\Lib\\idlelib', 'C:\\WINDOWS\\SYSTEM32\\python27.zip', 'C:\\Python27\\DLLs',
'C:\\Python27\\lib', 'C:\\Python27\\lib\\plat-win',
'C:\\Python27\\lib\\lib-tk',
'C:\\Python27','C:\\Python27\\lib\\site-packages']
```

sys.path 实际上是个列表，第 1 个元素是当前程序所在的目录。如果希望 Python 到指定的目录搜索模块文件，则可以向 sys.path 中添加指定的目录，方法如下：

```
sys.path.append(指定的目录);
```

5.2.2 platform 模块

platform 模块可以获取操作系统的详细信息和与 Python 有关的信息。

1. 获取操作系统名称及版本号

使用 platform.platform()函数可以获取操作系统名称及版本号信息。

【例 5-6】 打印当前操作系统名称及版本号。

```
import platform
print(platform.platform());
```

2. 获取操作系统类型

使用 platform.system()函数可以获取操作系统类型。

【例 5-7】　打印当前操作系统类型。

```
import platform
print(platform.system());
```

3. 获取操作系统版本信息

使用 platform.version()函数可以获取操作系统的版本信息。

【例 5-8】　打印当前操作系统的版本信息。

```
import platform
print(platform.version());
```

4. 获取计算机类型信息

使用 platform.architecture()函数可以获取计算机类型信息。

【例 5-9】　打印当前计算机的类型信息。

```
import platform
print(platform. machine());
```

5. 获取计算机的网络名称

使用 platform.node()函数可以获取计算机的网络名称。

【例 5-10】　打印当前计算机的网络名称。

```
import platform
print(platform.node());
```

在笔者的计算机上运行此程序结果如下：

```
home-pc
```

6. 获取计算机的处理器信息

使用 platform.processor()函数可以获取计算机的处理器信息。

【例 5-11】　打印当前计算机的处理器信息。

```
import platform
print(platform.processor());
```

在笔者的计算机上运行此程序结果如下：

```
Intel64 Family 6 Model 61 Stepping 4, GenuineIntel
```

7. 获取计算机的综合信息

使用 platform.uname()函数可以获取计算机的以上所有综合信息。

【例 5-12】　打印当前计算机的综合信息。

```
import platform
print(platform.uname());
```

在笔者的计算机上运行此程序结果如下：

```
    ('Windows', ' home-pc ', '8', '6.2.9200', 'AMD64', 'Intel64 Family 6 Model 61 Stepping
4, GenuineIntel')
```

8. 获取 Python 版本信息

使用 platform.python_build()函数可以获取 Python 的完整版本信息，包括 Python 的主版本、编译版本号和编译时间等信息。

【例 5-13】　打印 Python 版本信息。

```
import platform
print(platform.python_build());
```

调用 platform.python_version()函数可以获取 Python 的主版本信息。调用 platform.python_version_tuple()函数可以元组格式返回 Python 的主版本信息。

【例 5-14】 打印 Python 主版本信息。

```
import platform
print(platform.python_version());
print(platform.python_version_tuple());
```

在笔者的计算机上运行此程序结果如下：

```
2.7.10
('2', '7', '10')
```

使用 platform. python_revision()函数可以获取 Python 的修订版本信息。

修订版本就是版本库的一个快照（也就是每次修改的备份），当版本库不断扩大时，必须有手段来识别这些快照。因此需要为每个修订版本定义修订版本号。

【例 5-15】 打印 Python 修订版本信息。

```
import platform
print(platform.python_revision());
```

9. 获取 Python 编译器信息

使用 platform. python_compiler ()函数可以获取 Python 的编译器信息。

【例 5-16】 打印 Python 的编译器信息。

```
import platform
print(platform.python_compiler());
```

在笔者的计算机上运行此程序结果如下：

```
MSC v.1500 32 bit (Intel)
```

10. 获取 Python 分支信息

使用 platform.python_branch()函数可以获取 Python 的分支（Branch）信息。分支是软件版本控制中的一个概念，一个分支是某个开发主线的一个拷贝，分支可以为特定客户实现特定需求。分支存在的意义在于，在不干扰开发主线的情况下，和主线并行开发，待开发结束后合并回主线中。在分支和主线各自开发的过程中，它们都可以不断地提交自己的修改，从而使得每次修改都有记录。主线与分支的关系如图 5-3 所示。

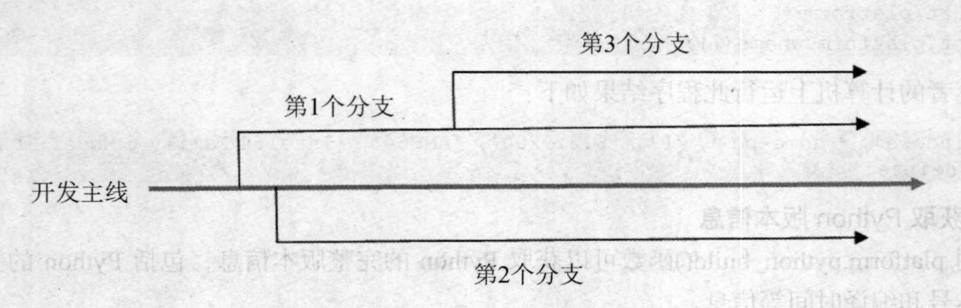

图 5-3 主线与分支的关系

可以看到，可以在主线上创建分支，也可以在分支上再创建分支。

【例 5-17】 打印 Python 的分支信息。

```
import platform
print(platform.python_branch());
```

11．获取 Python 解释器的实现版本信息

Python 的解释器有很多种实现方式，具体如下。

- CPython：默认的 Python 实现。脚本大多数情况下运行在这个解释器中。CPython 是官方的 Python 解释器，完全按照 Python 的规格和语言定义来实现，所以被当作其他版本实现的参考版本。CPython 是用 C 语言写的，当执行代码的时候 Python 代码会被转化成字节码。因此 CPython 是个字节码解释器。
- PyPy：由 Python 写成的解释器。很多地方都与 CPython 很像地实现。这个解释器的代码先转化成 C，然后再编译。PyPy 比 CPython 性能更好，因为 CPython 会把代码转化成字节码，而 PyPy 会把代码转化成机器码。
- Psyco：类似 PyPy 的解释器。现在已经被 PyPy 取代。
- Jython：使用 Java 实现的一个解释器，可以把 Java 的模块加载在 Python 的模块中使用。
- IronPython：使用 C#语言实现，是可以使用在.NET 和 Mono 平台的解释器。
- CLPython：使用 Common Lisp 实现的解释器，它允许 Python 和 Common Lisp 的代码混合使用。
- PyS60：诺基亚 S60 平台的实现版本。
- ActivePython：基于 CPython 然后添加一系列拓展的一个实现。是由 ActiveState 发布的。
- Cython：一个允许把 Python 代码转化成 C/C++代码或者使用各种 C/C++模块或文件的实现。
- QPython：CPython 解释器的一个 Android 接口。
- Kivy：一个开源的框架。可以运行在 Android, iOS, Windows, Linux, MeeGo, Android SDK 和 OS X 平台上。支持 Python 3。
- SL4A(Scripting Layer for Android)：是一个允许 Android 上执行各种脚本语言的兼容层。SL4A 有很多的模块，与 Python 有关的是“Py4A”(Python for Android)。Py4A 是 Android 平台上的一种 CPython。

使用 platform.python_implementation ()函数可以获取 Python 解释器的实现版本信息。

【例 5-18】 打印 Python 解释器的实现版本信息。

```
import platform
print(platform.python_implementation());
```

在笔者的计算机上运行此程序结果如下：

```
CPython
```

5.2.3 与数学有关的模块

本节介绍几个与数学有关的 Python 标准库模块，包括 math 模块、random 模块、decimal 模块和 fractions 模块。

1. math 模块

math 模块用于数学处理，可以实现基本的学运算。首先需要使用 import 语句导入模块，语句如下：

```
import math
```

math 模块定义了 e（自然对数）和 pi（π）两个常量。

【例 5-19】 打印 e（自然对数）和 pi（π）的值。

```
import math
print(math.e);
print(math.pi);
```

运行结果如下：

```
2.71 8281828459045
3.14 1592653589793
```

math 模块的常用方法如表 5-1 所列。

表 5-1 math 模块的常用方法

方法	原型	具体说明
asin	math.asin (x)	返回 x 的反正弦
asinh	math.asinh(x)	返回 x 的反双曲正弦
atan	math.atan(x)	返回 x 的反正切
atan2	math.atan2(y,x)	返回 y/x 的反正切
atanh	math.atanh(x)	返回 x 的反双曲正切
ceil	math.ceil(x)	返回大于等于 x 的最小整数
copysign	math.copysign(x,y)	返回与 y 同号的 x 值
cos	math.cos(x)	返回 x 的余弦
cosh	math.cosh(x)	返回 x 的双曲余弦
degrees	math.degrees(x)	将 x（弧长）转成角度，与 radians 为反函数
exp	math.exp(x)	返回 ex
fabs	math.fabs(x)	返回 x 的绝对值
factorial	math.factorial(x)	返回 x!
floor	math.floor(x)	返回小于等 x 的最大整数
fmod	math.fmod(x,y)	返回 x 对 y 取模的余数
fsum	math.fsum(x)	返回 x 阵列值的各项和
hypot	math.hypot(x,y)	返回 $\sqrt{x^2+y^2}$
isinf	math.isinf(x)	如果 x 等于正负无穷大，则返回 True；否则，返回 False
isnan	math.isnan(x)	如果 x 不是数字，则返回 True；否则，返回 False
log	math.log(x,a)	返回 $\log_a x$，如果不指定参数 a，则默认使用 e
log10	math.log10(x)	返回 $\log_a x$
pow	math.pow(x,y)	返回 xy
radians	math.radians(c)	将 x（角度）转成弧长，与 degrees 为反函数

续表

方法	原型	具体说明
sin	math.sin(x)	返回 x 的正弦
sinh	math.sinh(x)	返回 x 的双曲正弦
sqrt	math.sqrt(x)	返回 $\sqrt{x}$
tan	math.tan(x)	返回 x 的正切
tanh	math.tanh(x)	返回 x 的双曲正切
trunc	math.trunc(x)	返回 x 的整数部分

【例 5-20】 使用 math 模块的实例。

```
import math
print('math.ceil(3.4)=')
print(math.ceil(3.4))
print('math.fabs(-3)=')
print(math.fabs(-3))
print('math.floor(3.4)=')
print(math.floor(3.4))
print('math.sqrt(4)=')
print(math.sqrt(4))
print('math.trunc(3.4)=')
print(math.trunc(3.4))
```

运行结果如下：

```
math.ceil(3.4)=
4
math.fabs(-3)=
3.0
math.floor(3.4)=
3
math.sqrt(4)=
2.0
math.trunc(3.4)=
3
```

2. random 模块

random 模块用于生成随机数。random 模块的常用方法如表 5-2 所列。

表 5-2　random 模块的常用方法

方法	原型	具体说明
random()	random.random()	生成一个 0 到 1 的随机浮点数: 0 <= n < 1.0
uniform	random.uniform(a, b)	用于生成一个指定范围内的随机浮点数，两个参数中的一个是上限，另一个是下限。如果 a > b，则生成的随机数 n 满足 a <= n <= b；。如果 a <b， 则 b <= n <= a
randint	random.randint(a, b)	用于生成一个指定范围内的整数。其中参数 a 是下限，参数 b 是上限，生成的随机数 n 满足: a <= n <= b

续表

方法	原型	具体说明
randrange	random.randrange ([start], stop[, step])	从指定范围内，按指定基数递增的集合中获取一个随机数。如 random.randrange(1, 10, 2)，结果相当于从[2, 4, 6, 8]序列中获取一个随机数
choice	random.choice(sequence)	从序列中获取一个随机元素。参数 sequence 表示一个有序类型，可以是列表、元祖或字符串
shuffle	random.shuffle (x[, random])	用于将一个列表中的元素打乱。x 是一个列表
sample	random.sample(sequence, k)	从指定序列中随机获取指定长度（k）的片断。原有序列不会被修改

【例 5-21】 随机生成一个 0～100 的整数。

```
import random
print(random.randint(0,99))
```

每次运行的结果不同，但都是介于 0～100 的整数，否则就不是随机数了。后面的随机数实例也是一样。

【例 5-22】 随机选取一个 0～100 间的偶数。

```
import random
print(random.randrange(0, 101, 2))
```

【例 5-23】 随机选取一个浮点数。

```
import random
print(random.random())
```

【例 5-24】 从指定字符集合里随机选取一个字符。

```
import random
print(random.choice('jklhgy&#&*()%^@'))
```

【例 5-25】 将一个列表中的元素打乱。

```
import random
list = [1, 2, 3, 4, 5, 6]
random.shuffle(list)
print(list)
```

【例 5-26】 从指定序列中随机获取指定长度的片断。

```
import random
list = [1, 2, 3, 4, 5, 6]
print(random.sample(list,3))
```

3. decimal 模块

浮点数缺乏精确性，decimal 模块提供了一个 Decimal 数据类型用于浮点数计算。与内置的二进制浮点数实现 float 相比，Decimal 数据类型更适用于金融应用和其他需要精确十进制表达的情况。

首先需要使用 import 语句导入模块 decimal，语句如下：

```
from decimal import Decimal
```

使用下面的方法可以定义 Decimal 类型的数据：

```
Decimal(数字字符串)
```

【例 5-27】　使用 Decimal 数据类型的例子。

```
from decimal import Decimal
print(Decimal("1.0") / Decimal("3.0"))
```

运行结果如下：

```
0.333333333333333333333333333
```

Decimal 在一个独立的上下文环境下工作，可以通过 getcontext()方法来获取当前环境。例如，可以通过 decimal.getcontext().prec 来设定小数点精度（默认为 28）。在调用 getcontext()方法之前，需要使用下面的语句导入 getcontext()方法。

```
from decimal import getcontext
```

【例 5-28】　使用 Decimal 数据类型的例子。

```
from decimal import Decimal
from decimal import getcontext
getcontext().prec = 6
print(Decimal("1.0") / Decimal("3.0"))
```

运行结果如下：

```
0.333333
```

4. fractions 模块

fractions 模块用于表现和处理分数。首先需要使用 import 语句导入模块 fractions，语句如下：

```
import fractions
```

使用下面的方法可以定义分数数据：

```
x = fractions.Fraction(分子, 分母)
```

【例 5-29】　使用 fractions 模块定义分数的例子。

```
import fractions
x = fractions.Fraction(1, 3)
print(x)
```

运行结果如下：

```
1/3
```

Fraction 对象将会自动进行约分。

```
from decimal import getcontext
```

【例 5-30】　Fraction 对象自动进行约分的例子。

```
import fractions
x = fractions.Fraction(1, 6)
print(x*4)
```

运行结果如下：

```
2/3
```

1/6 乘以 4 应该等于 4/6，经过自动约分后输出 2/3。

5.2.4 time 模块

time 模块是 Python 标准库中最常用的模块之一，time 模块可以提供各种操作时间的函数。

1. 时间的表示方式

计算机可以使用时间戳和 struct_time 数组两种方式表示时间。

Unix 时间戳(Unix Timestamp)，或称 Unix 时间(Unix Time)、POSIX 时间(POSIX Time)，是一种时间表示方式，定义为从格林尼治时间 1970 年 01 月 01 日 00 时 00 分 00 秒(北京时间 1970 年 01 月 01 日 08 时 00 分 00 秒)起至当前的总秒数。Unix 时间戳不仅被使用在 Unix 系统、类 Unix 系统(比如 Linux 系统)中，也在许多其他操作系统中被广泛采用。

struct_time 数组包含 9 个元素，具体如下：

- year，4 位数的年份，例如 2015。
- month，月份，1～12 的整数。
- day，日期，1～31 的整数。
- hours，小时，0～23 的整数。
- minutes，分钟，0～59 的整数。
- seconds，秒，0～59 的整数。
- weekday，星期，0～6 的整数，星期一位 0。
- Julian day，一年有几天，1～366 的整数。
- DST，表示是否为夏令时。如果 DST 等于 0，则给定的时间属于标准时区；如果 DST 等于 1，则给定的时间属于夏令时时区。

2. 获取当前时间

调用 time.time()函数可以获取当前时间的时间戳。

【例 5-31】 使用 time.time()函数的例子。

```
import time
print(time.time())
```

运行结果如下：

```
1419225087.673277
```

可以看到，时间戳只是一个大的浮点数，很难看得出具体的时间。

3. 将一个时间戳转换成一个当前时区的 struct_time

调用 time.localtime()函数可以将一个时间戳转换成一个当前时区的 struct_time。

【例 5-32】 使用 time.localtime()函数的例子。

```
import time
print(time.localtime(time.time()))
```

运行结果如下：

```
time.struct_time(tm_year=2014, tm_mon=12, tm_mday=22, tm_hour=13, tm_min=26, tm_sec=50,
tm_wday=0, tm_yday=356, tm_isdst=0)
```

虽然可以看出当前的时间，但是输出的结果与人们的习惯还是不同。

4. 格式化输出 struct_time 时间

调用 time.strftime ()函数可以按照指定的格式输出 struct_time 时间，具体方法如下：

```
time.strftime(格式字符串, struct_time时间)
```

格式字符串中可以使用的日期和时间符号如下：

- %y 两位数的年份表示（00-99）；
- %Y 四位数的年份表示（000-9999）；
- %m 月份（01-12）；
- %d 月内中的一天（0-31）；
- %H 24 小时制小时数（0-23）；
- %I 12 小时制小时数（01-12）；
- %M 分钟数（00=59）；
- %S 秒数（00-59）；
- %a 本地简化的星期名称；
- %A 本地完整的星期名称；
- %b 本地简化的月份名称；
- %B 本地完整的月份名称；
- %c 本地相应的日期表示和时间表示；
- %j 年内的一天（001-366）；
- %p 本地 A.M.或 P.M.；
- %U 一年中的星期数（00-53），星期日为一星期的开始；
- %w 星期（0-6），星期日为一星期的开始；
- %W 一年中的星期数（00-53），星期一为一星期的开始；
- %x 本地相应的日期表示；
- %X 本地相应的时间表示；
- %Z 当前时区的名称；
- %% %号本身。

【例 5-33】 使用 time.strftime()函数的例子。

```
import time
print(time.strftime('%Y-%m-%d',time.localtime(time.time())))
```

运行结果如下：

```
2014-12-22
```

5. 直接获取当前时间的字符串

使用 time.ctime()可以返回当前时间的字符串。

【例 5-34】 使用 time.ctime()函数的例子。

```
import time
print(time.ctime())
```

运行结果如下：

```
Mon Dec 22 14:09:54 2014
```

5.3 自定义和使用模块

本节介绍定义模块和使用模块的基本方法。

5.3.1 创建自定义模块

可以把函数组织到模块中。在其他程序可以引用模块中定义的函数。这样可以使程序具有良好的结构，增加代码的重用性。

模块是一个.py 文件，其中包含函数的定义。

【例 5-35】 创建一个模块 mymodule.py，其中包含 2 个函数 PrintString()和 sum()，代码如下：

```
#coding=utf-8
# 打印字符串
def PrintString(str):
    print(str);
#求和
def sum(num1, num2):
    print(num1 + num2);
```

一个应用程序中可以定义多个模块，通常使用易读的名字来标识它们。例如，将与数学计算相关的模块命名为 mymath.py，将与数据库操作相关的模块命名为 mydb.py。

5.3.2 使用自定义模块

前面已经介绍过使用 import 语句导入模块的方法。导入自定义模块的方法与导入 Python 标准库中模块的方法相同。

【例 5-36】 假定例 5-35 中创建的模块 mymodule.py 与例 5-36.py 保存在同一目录下，引用其中包含的函数 PrintString()和 sum()，代码如下：

```
#coding=utf-8
import mymodule # 导入 mymodule 模块
mymodule.PrintString("Hello Python")#调用 PrintString()函数
mymodule.sum(1,2)  #调用 sum()函数
```

运行结果如下：

```
Hello Python
3
```

极客学院
jikexueyuan.com

极客学院在线视频学习网址：

http://www.jikexueyuan.com/course/1230_5.html

手机扫描二维码

自定义模块

本章练习

一、选择题

1. (　　) 模块是 Python 标准库中最常用的模块之一。通过它可以获取命令行参数，从而实现从程序外部向程序传递参数的功能；通过它也可以获取程序路径和当前系统平台等信息。

   A. sys　　B. platform　　C. math　　D. time

2. (　　) 不是用于处理中文的字符编码。

   A. GB2312　　B. GBK　　C. BIG5　　D. ASCII

3. (　　) 可以返回 x 的整数部分。

   A. math.ceil(x)　　B. math.fabs(x)　　C. math.pow(x,y)　　D. math.trunc(x)

二、填空题

1. ________模块可以提供各种操作时间的函数。
2. 可以使用________语句导入模块。
3. 使用 platform.________()函数可以获取操作系统的版本信息。
4. 使用 platform.________()函数可以获取计算机的处理器信息。

三、简答题

1. 简述模块的概念。
2. 简述导入模块的方法。

第 6 章 I/O 编程

学前提示

I/O 是 Input/Output 的缩写，即输入输出接口。I/O 接口的功能是负责实现 CPU 通过系统总线把 I/O 电路和外围设备联系在一起。I/O 编程是一个程序设计语言的基本功能，常用的 I/O 操作包括通过键盘输入数据、在屏幕上打印信息和读写硬盘等。本章介绍 Python I/O 编程的方法。

知识要点

- 输入数据
- 打开文件
- 读取文件内容
- 文件指针
- 文件属性
- 移动文件
- 重命名文件
- 获取目录内容
- 关闭文件
- 写入文件
- 截断文件
- 复制文件
- 删除文件
- 获取当前目录
- 创建目录
- 删除目录

6.1 输入和显示数据

最基本的 I/O 操作就是通过键盘输入数据并在屏幕上显示数据。本节就介绍如何在 Python 中实现这两个功能。

6.1.1 输入数据

在 Python 中可以使用 input()函数接受用户输入的数据，语法如下：

```
用户输入的数据 = input( 提示字符串)
```

【例 6-1】 使用 input()函数接受用户输入的数据。

```
#coding utf-8
name = input("请输入您的姓名: ");
print("=================");
print("您好, "+name);
```

程序使用 input()函数提示用户输入姓名，并将用户输入的姓名字符串赋值到变量 name，最后打印欢迎信息。运行界面如图 6-1 所示。注意，在 Python 2.7 中，使用 input()函数输入字符串时需要输入引号（单引号或双引号），否则会报错。

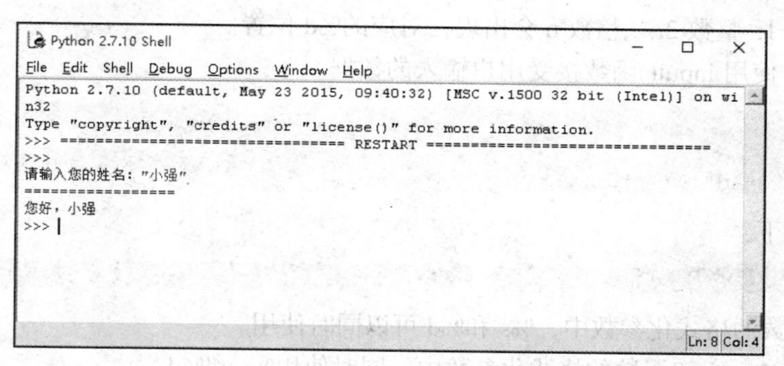

图 6-1 例 6-1 的运行界面

6.1.2 输出数据

前面已经介绍过使用 print()函数输出数据的基本方法。下面详细介绍 print()函数的使用。

1. 输出字符串

print()函数最简单的应用就是输出字符串，方法如下：

```
print(字符串常量或字符串变量)
```

关于这种使用方法，前面已经有过很多应用实例，这里介绍以格式化参数的形式输出字符串的方法。在输出字符串中可以%s 作为参数，代表后面指定要输出的字符串。具体用法如下：

```
print("…%s…" %(string))
```

输出时字符串 string 会出现在%s 的位置。

【例 6-2】 以格式化参数的形式输出字符串。

```
name="Python";
print("您好，%s! " %(name));
```

运行结果如下：

```
您好，Python!
```

print()函数的参数列表可以有多个参数，格式如下：

```
print("…%s…%s…" %(string1, string2,…stringn))
```

输出时 string1, string2,…,stringn 会出现在对应的%s 位置。

【例 6-3】 在 print()函数中使用多个参数。

```
yourname="小李";
myname="小张";
print("您好，%s! 我是%s。" %(yourname,myname));
```

运行结果如下：

```
您好，小李! 我是小张。
```

2. 格式化输出整数

print()函数支持以格式化参数的形式输出整数，方法如下：

```
print("…%d…%d…" %(整数 1, 整数 2,…,整数 n))
```

输出时整数 1，整数 2,…,整数 n 会出现在对应的%d 位置。

【例 6-4】 使用 input()函数接受用户输入的数据。

```
i=1;
j=2;
print("%d+%d=%d" %(i,j,i+j));
```

运行结果如下：

```
1+2=3
```

在 print()函数的格式化参数中，%s 和%d 可以同时使用。

【例 6-5】 在 print()函数的格式化参数中，同时使用%s 和%d。

```
strHello = 'Hello World';
print("the length of (%s) is %d" %(strHello,len(strHello)));
```

运行结果如下：

```
the length of (Hello World) is 11
```

%d 用于输出十进制整数。在格式化参数中可以指定输出十六和八进制整数，体如下：

- %x，用于输出十六整数。
- %o，用于输出八进制整数。

【例 6-6】 使用 print()函数输出 255 对应的十六和八进制整数。

```
print("255 对应的十六整数是%x，对应的八进制整数是%o" %(255,255));
```

运行结果如下：

```
255 对应的十六整数是 ff，对应的八进制整数是 377
```

3. 格式化输出浮点数

在 print()函数的格式化参数中，使用%f 输出浮点数。

【例 6-7】 使用 print()函数输出 100 除以 3 的值。

```
print("100.0/3=%f" %(100.0 / 3));
```

运行结果如下：

```
100.0/3=33.333333
```

在%f 中还可以指定浮点数的总长度和小数部分位数，格式如下：

```
%总长度.小数部分位数 f
```

浮点数的总长度为数部分、小数点和小数部分的长度之和。如果整数部分、小数点和小数部分的长度之和小于指定的总长度，则输出时会在浮点数前面以空格补齐。

【例 6-8】 使用 print()函数输出 100 除以 3 的值，总长度为 10，小数部分位数为 3。

```
print("100.0/3=%10.3f" %(100.0 / 3));
```

运行结果如下：

```
100.0/3=    33.333
```

因为 33.333 的长度不足 10，所以在输出时前面补了 4 空格。

6.2　文件操作

文件系统是操作系统的重要组成部分，它用于明确磁盘或分区上文件的组织形式和保存方法。在应用程序中，文件是保存数据的重要途径之一。经常需要创建文件保存数据，或从文件中读取数据。本节介绍在 Python 中操作文件的方法。

极客学院
jikexueyuan.com

极客学院 Wiki 网址：
http://www.jikexueyuan.com/course/202_4.html
手机扫描二维码

定义函数

6.2.1　打开文件

在读写文件之前，需要打开文件。调用 open()函数可以打开指定文件，语法如下：

```
文件对象 = open(文件名,访问模式,buffering)
```

参数文件名用于指定要打开的文件，通常需要包含路径。路径对路径，也可以是相对路径。参数访问模式用于指定打开文件的模式，可取值如表 6-1 所列。

表 6-1　访问模式参数的可取值

可取值	含义
r	以读方式打开
w	以写方式打开，此时文件内容会被清空。如果文件不存在，会创建新文件
a	以追加的模式打开，从文件末尾开始，必要时创建新文件
r+	以读写模式打开
w+	以读写模式打开
a+	以追加的读写模式打开
rb	以二进制读模式打开
wb	以二进制写模式打开
ab	以二进制追加模式打开
rb+	以二进制读写模式打开
wb+	以二进制读写模式打开
ab+	以二进制读写模式打开

整型参数 buffering 是可选参数，用于指定访问文件所采用的缓冲方式。如果 buffering=0，表示冲；如果 buffering=1，表示只缓冲一行数据；如果 buffering＞1，表示给定值作为缓冲区大小。

也可以使用 file()函数打开文件。ile()函数和 open()函数的用法完全相同。

打开文件只是访问文件的准备工作，open()函数的具体使用方法将在稍后结合读写文件的实例进行介绍。

6.2.2 关闭文件

打开文件后，可以对文件进行读写操作。操作完成后，应该调用 close()方法关闭文件，释放文件资源。具体方法如下：

```
f = open(文件名,访问模式,buffering)
使用对象 f 进行读写操作…
f.close()
```

6.2.3 读取文件内容

Python 提供了一组与读取文件内容有关的方法。

1. read()方法

使用 read()方法可以读取文件内容，具体方法如下：

```
str = f.read([b])
```

参数说明如下。

- f：是读取内容的文件对象。
- b：可选参数，指定读取的字节数。如果不指定，则读取全部内容。
- 读取的内容返回到字符串 str 中。

【例 6-9】 使用 read()方法读取文件内容的例子。在本实例同目录下创建一个 test.txt 文件，编辑其内容如下：

```
Hello Python
read file
```

读取文件内容的代码如下：

```
f = open("test.txt")                    #打开文件,返回一个文件对象
str = f.read()                # 调用文件的 read()方法读取文件内容
f.close()                     #关闭文件
print(str);
```

【例 6-10】 使用 read()方法读取文件内容的例子。每次读取 10 个字节。读取的文件是例 6-9 中创建的 test.txt 文件。

读取文件内容的代码如下：

```
f = open("test.txt")                    #打开文件,返回一个文件对象
while True:                             #循环读取
    chunk = f.read(10)                  #每次读取 10 个字节到 chunk
    if not chunk:                       #如果没有读取到内容，则退出循环
        break
    print(chunk)                        #打印 chunk
f.close()                     #关闭文件
```

运行结果如下：

```
Hello Pyth
on
read fi
le
```

输出的每一行就是每次调用 read()方法读取的内容。

2. readlines()方法

使用 readlines()方法可以读取文件中的所有行，具体方法如下：

```
list= f.readreadlines()
```

参数说明如下。

- f：是读取内容的文件对象。
- 读取的内容返回到字符串列表 list 中。

【例 6-11】　使用 readlines()方法读取文件内容的例子。读取的文件是例 6-9 中创建的 test.txt 文件。读取文件内容的代码如下：

```
f = open("test.txt")                  #打开文件,返回一个文件对象
list= f. readlines()                  # 调用文件的 readlines()方法读取文件内容
f.close()                    #关闭文件
print(list);
```

运行结果如下：

```
['Hello Python\n', 'read file\n']
```

3. readline()方法

readlines()方法是一次性读取文件中的所有行。如果文件很大，就会占用大量的内存空间，读取的过程也会较长。使用 readline()方法可以逐行读取文件的内容，具体方法如下：

```
str= f.readline()
```

参数说明如下。

- f：是读取内容的文件对象。
- 读取的内容返回到字符串 str 中。

【例 6-12】　使用 readline()方法读取文件内容的例子。读取的文件是例 6-9 中创建的 test.txt 文件。读取文件内容的代码如下：

```
f = open("test.txt")                  #打开文件,返回一个文件对象
while True:                           #循环读取
    chunk = f.readline()                #每次读取一行
    if not chunk:                     #如果没有读取到内容，则退出循环
        break
    print(chunk)                      #打印 chunk
f.close()                    #关闭文件
```

运行结果如下：

```
Hello Python

read file
```

读入的结果会带有换行符，如'\n'，因为 print()函数会自动输出换行，所以打印结果里会包含空行。如果不希望看到这种情况，只需要过滤掉每行数据末尾的换行符即可。

4. 使用 in 关键字

使用 in 关键字可以遍历文件中的所有行，方法如下：

```
for line in 文件对象:
    处理行数据 line
```

【例 6-13】 使用 in 关键字方法读取文件内容的例子。读取的文件是例 6-9 中创建的 test.txt 文件。读取文件内容的代码如下：

```
f = open("test.txt")                 #打开文件,返回一个文件对象
for line in f:
    print(line)                      #打印 line
f.close()                            #关闭文件
```

6.2.4 向文件中写入数据

本节介绍向文件中写入数据的方法。

1. write()方法

使用 write ()方法可以向文件中写入内容，具体方法如下：

```
f. write(写入的内容)
```

参数 f 是写入内容的文件对象。

【例 6-14】 使用 write()方法写入文件内容的例子。

```
fname = input("请输入文件名: ");
f = open(fname, 'w')                 #打开文件,返回一个文件对象
content = input("请输入要写入的内容: ");
f.write (content)
f.close()                            #关闭文件
```

程序首先使用 input()函数要求用户输入要写入的文件名，然后调用 open()函数以写入方式打开用户输入的文件。再次使用 input()函数要求用户输入要写入的内容。最后调用 write()方法写入文件内容，并调用 close()方法关闭文件。

例如，输入文件名为 test.txt，写入的内容为 Hello Python，运行结果如图 6-2 所示。

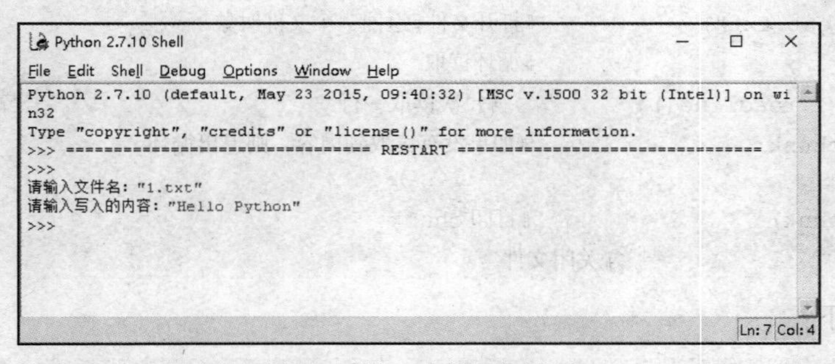

图 6-2 例 6-14 的运行界面

运行后，会在脚本同目录下创建一个“1.txt”文件，其内容为“Hello Python”。

2. 追加写入

以 w 为参数调用 open()方法时，如果写入文件，则会覆盖文件的内容。如果希望在文件中追加内容，可以 a 或 a+为参数调用 open()方法打开文件。

【例 6-15】 追加写入文件内容的例子。

```
fname = input("请输入文件名: ");
f = open(fname, 'w')              #打开文件,返回一个文件对象
content = input("请输入要写入的内容: ");
f.write (content)
f.close()                    #关闭文件
f = open(fname, 'a')              #以追加模式打开文件,返回一个文件对象
f.write ("这是追加写入的内容，原文件内容应该被保留")
f.close()                    #关闭文件
```

在第一次写入文件内容并关闭文件后，再次以追加模式打开文件，写入"这是追加写入的内容，原文件内容应该被保留"字符串。执行后，打开创建的文件，确认输入的内容还在文件中，并且后面有追加的内容。

3. writelines()方法

使用 writelines()方法可以向文件中写入字符串序列，具体方法如下：

```
f.writelines(seq)
```

参数 f 是写入内容的文件对象，参数 seq 是个返回字符串的序列（列表、元组、集合、字典等)。注意，写入时序列元素后面不会被追加换行符。

【例 6-16】 使用 writelines()方法写入文件内容的例子。

```
menulist = ['红烧肉', '熘肝尖', '西红柿炒鸡蛋', '油焖大虾']
fname = input("请输入文件名: ");
f = open(fname, 'w')              #打开文件,返回一个文件对象
f. writelines(menulist)           #向文件中写入列表 menulist 的内容
f.close()                    #关闭文件
```

6.2.5 文件指针

文件指针是指向一个文件的指针变量，用于标识当前读写文件的位置，通过文件指针就可对它所指的文件进行各种操作。

1. 获取文件指针的位置

调用 tell()方法可以获取文件指针的位置，具体用法如下：

```
pos = 文件对象.tell()
```

tell()方法返回一个整数，表示文件指针的位置。打开一个文件时，文件指针的位置为0。当读写文件时，文件指针的位置会前移至读写的最后位置。

【例 6-17】 使用 tell()方法获取文件指针位置的例子。

```
f = open('test.txt','w') #以写入方式打开文件
print(f.tell())    # 输出 0
f.write('hello')      #加入一个长为 5 的字符串[0-4]
print(f.tell())    #输出 5
```

```
f.write('Python')       #加入一个长为 6 的字符串[5-10]
print (f.tell())    #输出 11
f.close()              #关闭文件，为重新测试读取文件时文件指针的位置做准备
f = open('test.txt','r')#以读取方式打开文件
str= f.read(5)   #读取 5 个字节的字符串[0-4]
print (f.tell())    #输出 5
f.close()              #关闭文件，为重新测试读取文件时文件指针的位置做准备
```

输出结果如下：

```
0
5
11
5
```

请参照注释理解。

2. 移动文件指针

除了通过读写文件操作自动移动文件指针外，还可以调用 seek()方法手动移动文件指针的位置，具体用法如下：

```
文件对象.seek((offset,where))
```

参数说明如下。

- offset：移动的偏移量，单位为字节。等于正数时，向文件尾方向移动文件指针；等于负数时，向文件头方向移动文件指针。
- where：指定从何处开始移动。等于 0 时，从起始位置移动；等于 1 时，从当前位置移动；等于 2 时，从结束位置移动。

【例 6-18】 使用 seek()方法移动文件指针的例子。

```
f = open('test.txt','w+') # 以读写模式打开文件
print(f.tell())    # 打印文件指针，0
f.write('Hello')      #加入一个长为 5 的字符串[0-4]
print(f.tell())    #打印文件指针，5
f.seek(0,0)               # 移动文件指针至开始
print(f.tell())    #打印文件指针，0
str = f.readline()
print(str)    #打印读取的文件数据'Hello'
f.close()      #关闭文件
```

输出结果如下：

```
0
5
0
Hello
```

请参照注释理解。通过 write()方法向文件中写入数据时，文件指针被自动移至 5，然后调用 f.seek(0,0)方法可以将文件指针移至文件头，再调用 f.readline()方法则是从头开始读取了。

6.2.6 截断文件

使用 truncate()方法可以从文件头开始截取文件，具体用法如下：

```
文件对象.truncate([size])
```

参数 size 指定要截取的文件大小，单位为字节，size 字节后面的文件内容将被丢弃。

【例 6-19】　使用 truncate ()方法截断文件的例子。

```
f = open('test.txt','w')      # 以写模式打开文件
f.write('Hello Python')       # 写入一个字符串
f.truncate(5)    #截断文件
```

程序首先以写模式打开 test.txt 文件，然后向文件中写入一个字符串'Hello Python'。最后调用 f.truncate(5)方法截断文件，值保留 5 个字节。执行程序后，文件 test.txt 中的内容应该为 Hello，因为后面的内容被丢弃了。

6.2.7　文件属性

使用 os 模块的 stat()函数可以获取文件的创建时间、修改时间、访问时间、文件大小等文件属性，语法如下：

```
文件属性元组 = os.stat(文件路径)
```

【例 6-20】　打印指定文件的属性信息。

```
import os
fileStats = os.stat('test.txt')                         #获取文件/目录的状态
print(fileStats)
```

运行结果如下：

```
nt.stat_result(st_mode=33206, st_ino=0L, st_dev=0L, st_nlink=0, st_uid=0, st_gid=0,
st_size=5L, st_atime=1454139777L, st_mtime=1454160143L, st_ctime=1454139777L)
```

返回的文件属性元组元素的含义如表 6-2 所列。

表 6-2　os.stat()返回的文件属性元组元素的含义

索引	含义
0	权限模式
1	inode number，记录文件的存储位置。inode 是指在许多“类 Unix 文件系统”中的一种数据结构。每个 inode 保存了文件系统中的一个文件系统对象（包括文件、目录、设备文件、socket、管道等）的元信息数据，但不包括数据内容或者文件名
2	存储文件的设备编号
3	文件的硬链接数量。硬链接是 Linux 中的概念，指为文件创建的额外条目。使用时，与文件没有区别；删除时，只会删除链接，不会删除文件
4	文件所有者的用户 ID（user id）
5	文件所有者的用户组 ID（user id）
6	文件大小，单位为字节
7	最近访问的时间
8	最近修改的时间
9	创建的时间

可以用索引访问返回的文件属性元组元素。在 stat 模块中定义了文件属性元组索引对应的常量，其中常用的常量如表 6-3 所列。

表 6-3　　stat 模块中定义的文件属性元组索引对应的常用常量

索引	常量
0	stat.ST_MODE
6	stat.ST_SIZE
7	stat.ST_MTIME
8	stat.ST_ATIME
9	stat.ST_CTIME

【例 6-21】　打印指定文件的属性信息。

```
import os, stat
fileStats = os.stat('test.txt')                          #获取文件/目录的状态
print(fileStats[stat.ST_SIZE])
print(fileStats[stat.ST_MTIME])
print(fileStats[stat.ST_ATIME])
print(fileStats[stat.ST_CTIME])
```

运行结果如下：

```
5
1418533932
1419091200
1419127464
```

可以看到，stat()函数返回的文件时间都是一个长整数。可以使用 time 模块的 ctime()函数将它们转换成可读的时间字符串。

【例 6-22】　打印指定文件的创建时间。

```
import os, stat, time
fileStats = os.stat('test.txt')                          #获取文件/目录的状态
print( time.ctime(fileStats[stat.ST_CTIME]))
```

6.2.8　复制文件

使用 shutil 模块的 copy()函数可以复制文件，函数原型如下：

```
copy(src, dst)
```

copy ()函数的功能是将源文件 src 复制到 dst。

【例 6-23】　编写程序，将 C:\Python27\LICENSE.txt 复制到 D:\，代码如下：

```
import shutil
shutil.copy("C:\\Python27\\LICENSE.txt", "D:\\LICENSE.txt")
```

6.2.9　移动文件

使用 shutil 模块的 move()函数可以移动文件，函数原型如下：

```
move(src, dst)
```

move()函数的功能是将源文件 src 移动到 dst 中去。

【例 6-24】　编写程序，将 C:\Python27\LICENSE.txt 移动到 D:\，代码如下：

```
import shutil
shutil.move("C:\\Python27\\LICENSE.txt", "D:\\LICENSE.txt")
```

6.2.10 删除文件

使用 os 模块的 remove()函数可以移动文件，函数原型如下：

```
os.remove(src)
```

src 指定要删除的文件。

【例 6-25】 编写程序，删除 D:\ LICENSE.txt，代码如下：

```
import os
os.remove("D:\\LICENSE.txt")
```

6.2.11 重命名文件

使用 os 模块的 rename()函数可以重命名文件，函数原型如下：

```
os. rename(原文件名, 新文件名)
```

【例 6-26】 编写程序，将 C:\Python27\LICENSE.txt 重命名为 LICENSE1.txt，代码如下：

```
import os
os. rename("C:\\Python27\\LICENSE.txt", "C:\\Python27\\LICENSE1.txt")
```

6.3 目录编程

目录，也称为文件夹，是文件系统中用于组织和管理文件的逻辑对象。在应用程序中，常见的目录操作包括创建目录、重命名目录、删除目录、获取当前目录和获取目录内容等。

6.3.1 获取当前目录

使用 os 模块的 getcwd()函数可以获取当前目录，函数原型如下：

```
os.getcwd()
```

【例 6-27】 编写程序，打印当前目录，代码如下：

```
import os
print(os.getcwd())
```

6.3.2 获取目录内容

使用 os 模块的 listdir()函数可以获得指定目录中的内容，函数原型如下：

```
os.listdir(path)
```

参数 path 指定要获得内容目录的路径。

【例 6-28】 编写程序，打印目录 C:\Python27 的内容，代码如下：

```
import os
print(os.listdir("C:\\Python27"))
```

运行结果如下：

```
['DLLs', 'Doc', 'include', 'Lib', 'libs', 'LICENSE1.txt', 'NEWS.txt', 'python.exe', 'pythonw.exe', 'README.txt', 'Scripts', 'tcl', 'Tools', 'w9xpopen.exe']
```

6.3.3　创建目录

使用 os 模块的 mkdir()函数可以创建目录，函数原型如下：

```
os.mkdir(path)
```

参数 path 指定要创建的目录。

【例 6-29】　编写程序，创建目录 C:\mydir 的内容，代码如下：

```
import os
os.mkdir("C:\\ mydir")
```

6.3.4　删除目录

使用 os 模块的 mkdir()函数可以删除目录，函数原型如下：

```
os.rmdir(path)
```

参数 path 指定要创建的目录。

【例 6-30】　编写程序，删除 C:\mydir 的内容，代码如下：

```
import os
os.rmdir("C:\\mydir")
```

本 章 练 习

一、选择题

1. 使用（　　）函数可以接受用户输入的数据。

   A. accept　　B. input()
   C. readline()　　D. login()

2. 在 print()函数的输出字符串中可用（　　）作为参数，代表后面指定要输出的字符串。

   A. %d　　B. %c
   C. %s　　D. %t

3. 调用 open()函数可以打开指定文件，在 open()函数中访问模式参数使用（　　）表示只读。

   A. 'a'　　B. 'w+'
   C. 'r'　　D. 'w'

二、填空题

1. I/O 是________/________的缩写，即输入输出接口。
2. 打开文件后，可以对文件进行读写操作。操作完成后，应该调用________()方法关闭文件，释放文件资源。
3. 使用________()方法可以读取文件中的所有行。
4. 调用________()方法可以获取文件指针的位置。
5. 使用________模块的 copy()函数可以复制文件。
6. 使用 os 模块的________()函数可以获取当前目录。

三、简答题

简述文件指针的概念。

第二部分

高级篇

第7章 使用Python程序控制计算机

学前提示

在Python程序中可以通过执行CMD命令和调用Windows API对计算机进行控制。本章介绍通过Python程序远程控制计算机的具体方法。

知识要点

- CMD命令
- Python程序执行CMD命令
- Windows API
- Python程序调用Windows API
- 远程控制计算机

7.1 远程控制实例的需求分析

在市场中，需求分析是指对供求关系的分析，也就是这个市场的需求大不大等。而在软件项目中，需求分析是指我们这个软件的定位，也就是客户希望我们帮其开发软件，客户对这个软件有怎样的功能需求等。本节对本章介绍的Python程序远程控制计算机实例进行需求分析。

本实例要实现一个远程通过网络控制计算机重启或关机的Python项目。简单地说，需求分析如下：

（1）范围。用Python开发一个远程控制计算机重启或关机的项目。

（2）总体功能要求。能够通过该软件远程控制该软件所在的计算机的重启或关机操作。

（3）系统要求。开发语言使用Python，并且开发出来的程序能在Windows上运行。

本实例的实现原理如图7-1所示。

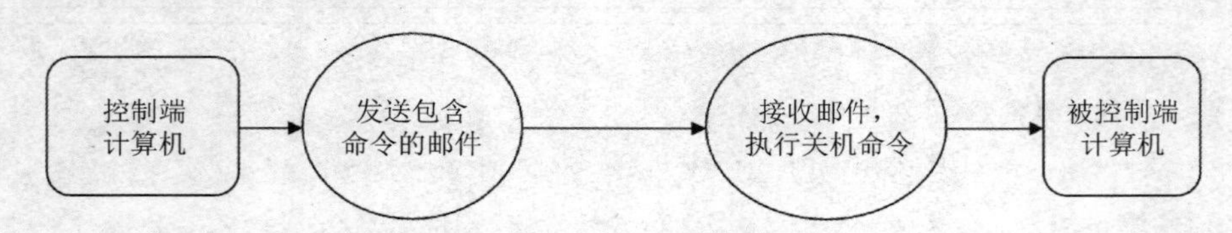

图7-1　本章实例的实现原理

要实现本实例，首先要知道在本地如何通过Python控制计算机的重启和关机，然后需要知道如何远程发送消息给Python程序。可以通过在Python程序中执行CMD命令控制计算机的重启和关机，把发送电子邮件作为远程控制的渠道。Python程序定期自动登录邮箱检测邮件，当我们发送关机指令给这个邮箱的时候，则执行关机命令。

..代表上级目录。例如，执行下面的命令，会显示当前上级目录的目录结构。

```
cd ..
dir
```

4. ver 命令

ver 命令用于显示当前 Windows 的版本。执行 ver 命令的结果如图 7-9 所示。

图 7-9　使用 ver 命令显示当前 Windows 的版本

5. copy 命令

copy 命令用于将文件复制到指定的位置。copy 命令的格式如下：

```
copy 要复制的文件 目标路径
```

例如，执行下面的命令可以将 uninstall.log 复制到 d:盘。

```
copy uninstall.log d:\
```

6. shutdown 命令

shutdown 命令用于完成关机操作。例如，执行下面的命令可以关闭计算机：

```
shutdown -s
```

使用-t 选项可以将关闭前的超时时间设置为指定的秒数。例如，执行下面的命令可以在 1 秒后关闭计算机：

```
shutdown-s-t 1
```

使用-r 选项可以重新启动计算机。

7. 运行可执行文件

Windows 的可执行文件包括.exe、.com 和.bat 等，在命令窗口中输入可执行文件名然后回车，可以在当前目录下运行该文件。也可以在命令窗口中输入包含绝对路径的可执行文件名运行该文件。例如，运行下面的命令可以打开 Windows 计算器程序。

```
calc
```

运行下面的命令可以打开 Windows 记事本程序。

```
notepad
```

运行下面的命令可以打开 Windows 画图程序。

```
mspaint
```

7.2.2　在 Python 程序中执行 CMD 命令

在 Python 程序中可以通过 os 模块的 system()函数执行 CMD 命令，也可以使用 subprocess.Popen()函数创建进程执行系统命令。

1. 通过 os.system()函数执行 CMD 命令

使用 os 模块中的 system()函数可以方便地运行其他程序或者脚本。其函数原型如下所示。

```
os.system(command)
```

【例 7-1】 使用 os.system()函数执行下面的 CMD 命令。

```
ping www.baidu.com
```

代码如下：

```
import os
os.system('ping www.sohu.com')
```

运行程序，会打开一个命令窗口执行 ping 命令。

【例 7-2】 使用 os.system()函数实现在 1 秒后关闭计算机，代码如下：

```
import os
os.system(' shutdown /s /t 1')
```

【例 7-3】 使用 os.system()函数实现重启计算机，代码如下：

```
import os
os.system(' shutdown /r')
```

2. 通过 subprocess.Popen()函数执行 CMD 命令

subprocess.Popen()函数也可以创建进程执行系统命令，但是它有更多的选项，函数原型如下：

```
进程对象 = subprocess.Popen(args, bufsize=0, executable=None, stdin=None, stdout=None,
stderr=None, preexec_fn=None, close_fds=False, shell=False, cwd=None, env=None,
universal_newlines=False, startupinfo=None, creationflags=0)
```

参数说明如下。

- args：可以是字符串或者序列类型（例如列表和元组），用于指定进程的可执行文件及其参数。
- bufsize：指定缓冲区的大小。
- executable：用于指定可执行程序。一般通过 args 参数来设置所要运行的程序。如果将参数 shell 设为 True，则 executable 用于指定程序使用的 shell。在 Windows 平台下，默认的 shell 由 COMSPEC 环境变量来指定，即命令窗口。
- stdin：指定程序的标准输入，默认是键盘。
- stdout：指定程序的标准输出，默认是屏幕。
- stderr：指定程序的标准错误输出，默认是屏幕。
- preexec_fn：只在 Unix 平台下有效，用于指定一个可执行对象，它将在子进程运行之前被调用。
- close_fds：在 Windows 平台下，如果 close_fds 被设置为 True，则新创建的子进程将不会继承父进程的输入、输出和错误管道。
- shell：如果 shell 被设为 true，程序将通过 shell 来执行。
- cwd：指定进程的当前目录。
- env：指定进程的环境变量。
- universal_newlines：指定是否使用统一的文本换行符。在不同操作系统下，文本的换行符是不一样的。例如，在 Windows 下用'/r/n '表示换行，而 Linux 下用' /n '表示换行。如果将此参数设置为 True，则 Python 统一把这些换行符当作' /n '来处理。
- startupinfo 和 creationflags：只在 Windows 下用效，它们将被传递给底层的 CreateProcess()函数，用于设置进程的一些属性，例如主窗口的外观和进程的优先级等。

【例 7-4】 调用 subprocess. Popen()函数运行 dir 命令，列出当前目录下的文件，代码如下：

```
import subprocess
p = subprocess.Popen("dir", shell=True)
p.wait()
```

p.wait()函数用于等待进程结束。注意，此程序需要在命令行窗口中使用 Python 命令运行才能看到运行如果，运行命令如下：

```
python 例 7-4.py
```

运行结果如图 7-10 所示。

图 7-10　例 7-4 的运行结果

【例 7-5】　调用 subprocess. Popen()函数运行 ping 命令，代码如下：

```
import subprocess
import datetime
print (datetime.datetime.now())
p=subprocess.Popen("ping localhost > nul",shell=True)
print ("程序执行中...")
p.wait()
print(datetime.datetime.now())
```

ping localhost > nul 命令用于 ping 本机，目的在于拖延时间，运行结果如下：

```
2016-01-11 21:48:58.379000
程序执行中...
2016-01-11 21:49:01.767000
```

可以看到，程序拖延了 3 秒多。

极客学院
jikexueyuan.com

极客学院在线视频学习网址：

http://www.jikexueyuan.com/course/1962_3.html

手机扫描二维码

Python 执行 CMD 命令

7.3　电子邮件编程

本节介绍使用 Python 编写程序发送和接收电子邮件的方法。

7.3.1 SMTP 编程

SMTP（Simple Mail Transfer Protocol，简单邮件传输协议）是一组用于由源地址到目的地址传送邮件的规则，可以控制信件的中转方式。SMTP 属于 TCP/IP 协议簇，通过 SMTP 所指定的服务器，可以把 E-mail 寄到收信人的服务器上。本节介绍 Python SMTP 编程的方法。

通过 SMTP 发送 E-mail，通常需要提供如下信息：

（1）SMTP 服务器，不同的邮件提供商有不同的 SMTP 服务器，例如新浪的 SMTP 服务器为 smtp.sina.com。

（2）发件人 E-mail 账号。

（3）收件人 E-mail 账号。

（4）发件人用户名（通常与 E-mail 账号是对应的。例如，如果发件人 E-mail 账号为 myemail@sina.com，则发件人用户名 myemail）。

（5）发件人 E-mail 密码。

可以使用 smtplib 模块实现 SMTP 编程，因此在使用 Python 发送 E-mail 时需要首先导入 smtplib 模块，代码如下：

```
import smtplib
```

1. 连接到 SMTP 服务器

在发送 E-mail 之前首先需要连接到 SMTP 服务器，方法如下：

```
s = smtplib.SMTP(server)
```

server 是要连接的 SMTP 服务器。返回值 s 是 SMTP 服务器对象，以后即可以通过 s 与 SMTP 服务器交互。

2. 执行 EHLO 命令

在发送 E-mail 时，客户应该以 EHLO 命令开始 SMTP 会话。如果命令成功，则服务器返回代码 250（通常在 200～299 之间都是正确的返回值）。

执行 EHLO 命令的方法如下：

```
s.ehlo()
```

s 是 SMTP 服务器对象。ehlo()方法返回一个元组，其内容为 SMTP 服务器的响应。元组的第 1 个元素是服务器返回的代码。

【例 7-6】 演示使用 ehlo()方法执行 EHLO 命令的方法，代码如下：

```
import smtplib
s = smtplib.SMTP("smtp.sina.com")      #连接到服务器
msg = s.ehlo()
code = msg[0]              #返回服务器的特性
print(msg)
print("SMTP 的返回代码为 %d"  %(code))
```

程序首先连接到新浪的 SMTP 服务器为 smtp.sina.com，得到服务器对象 s，然后调用 s.ehlo()方法执行 EHLO 命令，并打印返回结果。运行结果如下：

```
(250, b'smtp682-32.sinamail.sina.com.cn\nAUTH LOGIN PLAIN\nAUTH=LOGIN PLAIN\nSTARTTLS\n8BITMIME')
SMTP 的返回代码为 250
```

如果服务器没有正常回应 EHLO 命令（比如，返回代码不在 200～299 之间），则可以报出 SMTPHeloError 异常，方法如下：

```
raise SMTPHeloError(code,resp)
```

code 是返回代码，resp 是对应的响应信息。

3. 判断 SMTP 服务器是否支持指定属性

使用 has_extn()方法可以判断 SMTP 服务器是否支持指定属性，语法如下：

```
SMTP 服务器对象.has_extn(属性名)
```

常用的属性如下：

（1）size，获得服务器允许发送邮件的大小。

（2）starttls，获得服务器是否支持 TLS。

（3）auth，获得服务器是否支持认证。

不过，出于安全考虑，很多 SMTP 服务器屏蔽了该指令。

【例 7-7】　演示使用 has_extn()方法判断 SMTP 服务器是否支持指定属性的方法，代码如下：

```
import smtplib
s = smtplib.SMTP("smtp.sina.com")      #连接到服务器
print("服务器允许发送邮件的大小： %s"  %(s.has_extn('size')))
print("服务器是否支持 TLS： %s"  %(s.has_extn('starttls')))
print("服务器是否支持认证： %s"  %(s.has_extn('auth')))
```

程序首先连接到新浪的 SMTP 服务器为 smtp.sina.com，得到服务器对象 s，然后调用 s. has_extn()方法判断 SMTP 服务器是否支持 size、starttls 和 auth 等属性。运行结果如下：

```
服务器允许发送邮件的大小：False
服务器是否支持 TLS：False
服务器是否支持认证：False
```

可见，新浪 SMTP 服务器屏蔽了.has_extn 指令。

4. 发送邮件

调用 sendmail()方法可以发送邮件，方法如下：

```
SMTP 服务器对象.sendmail(发件人地址，收件人地址，邮件内容)
```

【例 7-8】　演示使用 sendmail ()方法发送邮件的方法。

本实例通过命令行参数指定 SMTP 服务器、发件人 E-mail 账号和收件人 E-mail 账号。执行的方法如下：

```
python 例 7-8.py server fromaddr toaddr
```

其中 server 指定 SMTP 服务器，fromaddr 指定发件人 E-mail 账号，toaddr 指定收件人 E-mail 账号。接收命令行参数的代码如下：

```
if len(sys.argv) < 4:
    print("[*]usage:%s server fromaddr toaddr " % sys.argv[0])
    sys.exit(1)

server = sys.argv[1] #第 1 个参数是 SMTP 服务器
```

```
fromaddr = sys.argv[2]#第 2 个参数是发件人地址
toaddr = sys.argv[3]#第 3 个参数是收件人地址
```

定义邮件的内容，代码如下：

```
#邮件内容
message = """
TO: %s
From: %s
Subject: Test Message from 例 7-8.py

Hello ,This a simple SMTP_mail example.
""" % (toaddr,fromaddr)
```

定义 auth_login()函数，用于登录邮件服务器并发送邮件，代码如下：

```
def auth_login():
    print u"input your username: "
    username = input()
    password = getpass("input password: ")
    try:
        s = smtplib.SMTP(server)      #连接到服务器
        print(s.ehlo())
        code = s.ehlo()[0]        #返回服务器的特性
        usesesmtp = 1
        if not (200 <= code <=299):           #在 200 到 299 之间都是正确的返回值
            usesesntp = 0
            code = s.helo()[0]
            if not (200 <= code <=299):
                raise SMTPHeloError(code,resp)
        if usesesmtp and s.has_extn('size'):      #获得服务器允许发送邮件的大小
            print(u"允许发送邮件的大小为 " + s.esmtp_features['size'])
            if len(message) > int(s.esmtp_features['size']):
                print(u"邮件内容太大。程序中断")
                sys.exit(2)

        if usesesmtp and s.has_extn('auth'):          #查看服务器是否支持认证
            print(u"\r\n 使用认证连接.")
            try:
                s.login(username,password)  #登录服务器
            except smtplib.SMTPException as e:
                print(u"认证失败:" , e)
                sys.exit(1)
        else:
            print(u"服务器不支持认证，使用普通连接")
        s.sendmail(fromaddr,toaddr,message)           #如果支持认证则输入用户名密码进行认证；
不支持则使用普通形式进行传输
    except(socket.gaierror,socket.error,socket.herror,smtplib.SMTPException) as e:
        print(u"***邮件成功发送**")
        print(e)
        sys.exit(1)
    else:
        print(u"***邮件成功发送**")
```

程序使用 getpass()函数要求用户输入邮箱密码。getpass()函数包含在 getpass 模块中。

在主程序里调用 auth_login()函数，代码如下：

```
if __name__ == "__main__":
    auth_login()
```

打开命令窗口，切换到例 7-8.py 所在的目录下。然后执行如下的命令，运行程序：

```
python 例 7-8.py smtp.sina.com youremail@sina.com youremail@sina.com
```

这里假定 youremail@sina.com 既是发件人邮箱，又是收件人邮箱。实际应用时请改成自己的邮箱。执行后，请根据提示输入邮箱账号和密码（注意，输入用户名时是请使用双引号）。看到“***邮件成功发送**”的提示后，登录邮箱确认是否收到邮件。

7.3.2　POP 编程

POP（Post Office Protocol，邮局协议）用于使用客户端远程管理在服务器上的电子邮件。最流行的 POP 版本是 POP3。POP 属于 TCP/IP 协议簇，通常使用 POP 接收 E-mail。本节介绍 Python SMTP 编程的方法。

通过 POP 接收 E-mail，通常需要提供如下信息：

（1）POP 服务器，不同的邮件提供商有不同的 POP 服务器，例如新浪的 POP 服务器为 pop3.sina.com。

（2）收件人 E-mail 账号。

（3）收件人 E-mail 密码。

使用 poplib 模块实现 POP 编程，因此在使用 Python 接收 E-mail 时需要首先导入 poplib 模块，代码如下：

```
from poplib import POP3
```

1. 连接到 POP3 服务器

在接收 E-mail 之前首先需要连接到 POP3 服务器，方法如下：

```
s = smtplib.POP3(server)
```

server 是要连接的 POP3 服务器。返回值 s 是 POP3 服务器对象，以后即可以通过 s 与 POP3 服务器交互。

2. 执行 USER 命令

在接收 E-mail 时，客户端应该以 USER 命令开始 POP 会话。USER 命令用于向 POP 服务器发送用户名。

执行 USER 命令的方法如下：

```
p. user(username)
```

p 是 POP3 服务器对象。参数 username 指定要发送的用户名。

3. 执行 PASS 命令

在接收 E-mail 时，客户端发送 USER 命令后，应该执行一个 PASS 命令。PASS 命令用于向 POP 服务器发送用户密码。

调用 pass_()方法可以执行 PASS 命令，具体方法如下：

```
p.pass_(password)
```

p 是 POP3 服务器对象。参数 password 指定要发送的用户密码。

4. 执行 STAT 命令

STAT 命令可以处理请求的 POP3 服务器返回的邮箱统计资料，如邮件数、邮件总字节数等。调用 stat()方法可以执行 STAT 命令，具体方法如下：

```
ret = p.stat()
```

p 是 POP3 服务器对象。stat()方法的返回值就是服务器返回的邮箱统计资料。

【例 7-9】 演示使用 stat()方法获取 POP3 服务器的邮箱统计资料的方法，代码如下：

```
import sys
from poplib import POP3
import socket
from getpass import getpass

#POP3 服务器
POP3SVR='pop3.sina.com'
print("输入 Email: ")
username = input()
password = getpass("输入密码: ")
try:
    recvSvr=POP3(POP3SVR)
    recvSvr.user(username)
    recvSvr.pass_(password)
    # 获取服务器上信件信息，返回是一个列表，第一项是一共有多少封邮件，第二项是共有多少字节
    ret = recvSvr.stat()
    print(ret)
    # 退出
    recvSvr.quit()
except(socket.gaierror,socket.error,socket.herror) as e:
    print(e)
    sys.exit(1)
```

本例以新浪邮箱为例，演示 stat()方法的使用方法。新浪的 POP 服务器为 pop3.sina.com。程序首先要求用户输入 E-mail 账号和密码，然后调用 stat()方法，并打印返回结果。运行结果是一个元组，类似如下：

```
(41, 1335573)
```

不同邮箱账号的返回结果会不同。第一个数字代表邮箱一共有多少封邮件，第二个数字代表邮件共有多少字节。

5. 执行 TOP 命令

TOP 命令可以返回 n 号邮件的前 m 行内容。调用 top()方法可以执行 TOP 命令，具体方法如下：

```
list = p.top(n, m)
```

p 是 POP3 服务器对象。top()方法的返回值就是服务器返回的 n 号邮件的前 m 行内容。n 从 1 开始计数，m 从 0 开始计数。

【例 7-10】 演示使用 top ()方法获取 POP3 服务器的邮件信息的方法，代码如下：

```
import sys
from poplib import POP3
```

```
import socket
from getpass import getpass

#POP3 服务器
POP3SVR='pop3.sina.com'
print("input Email: ")
username = input()
password = getpass("input password: ")
try:
    recvSvr=POP3(POP3SVR)
    recvSvr.user(username)
    recvSvr.pass_(password)
    # 获取服务器上信件信息，返回是一个列表，第一项是一共有多少封邮件，第二项是共有多少字节
    ret = recvSvr.stat()
    # 取出信件头部。注意：top 指定的行数是以信件头为基数的，也就是说应当取 0 行，
    # 其实是返回头部信息，取 1 行其实是返回头部信息之外再多 1 行。
    mlist = recvSvr.top(1, 0)
    print( mlist)
    # 退出
    recvSvr.quit()
except(socket.gaierror,socket.error,socket.herror) as e:
    print(e)
    sys.exit(1)
```

本例以新浪邮箱为例，演示 top()方法的使用方法。程序首先要求用户输入 E-mail 账号和密码，然后调用 top()方法获取第 1 个邮件的第 1 行，并打印返回结果。运行结果类似如下：

```
    ('+OK ', ['X-Mda-Received: from <mx3-24.sinamail.sina.com.cn>([<202.108.3.242>])', ' by
<mda113-93.sinamail.sina.com.cn> with LMTP id <2518547>', ' May 14 2012 11:26:28 +0800 (CST)',
'X-Sina-MID:02B2A6462E15C549DB87DF9B4CF5BB38BC00000000000001', 'X-Sina-Attnum:0', 'Received:
from irxd5-171.sinamail.sina.com.cn (unknown [10.55.5.171])', '\tby mx3-24.sinamail.sina.com.cn
(Postfix) with ESMTP id 39C402940AA', '\tfor <johney2008@sina.com>; Mon, 14 May 2012 11:26:27
+0800  (CST)',  'X-Sender:  zouwenbo@ptpress.com.cn',  'Received:  from  regular1.263xmail.com
([211.150.99.131])',' by irxd5-171.sinamail.sina.com.cn with ESMTP; 14 May 2012 11:26:25 +0800',
'Received: from zouwenbo?ptpress.com.cn (unknown [211.150.64.22])', '\tby regular1.263xmail.com
(Postfix) with SMTP id ED149576ED', '\tfor <johney2008@sina.com>; Mon, 14 May 2012 11:26:23 +0800
(CST)', 'X-ABS-CHECKED:1', 'X-KSVirus-check:0', 'Received: from localhost.localdomain (localhost.
localdomain [127.0.0.1])', '\tby smtpcom.263xmail.com (Postfix) with ESMTP id A9BE34B20', '\tfor
<johney2008@sina.com>; Mon, 14 May 2012 11:26:22 +0800 (CST)', 'X-SENDER-IP:211.150.64.18',
'X-LOGIN-NAME:wmsendmail@net263.com', 'X-ATTACHMENT-NUM:0', 'X-DNS-TYPE:0', 'Received: from
localhost.localdomain (unknown [211.150.64.18])', '\tby smtpcom.263xmail.com (Postfix) whith
ESMTP id 20074LE0HE2;', '\tMon, 14 May 2012 11:26:22 +0800 (CST)', 'Date: Mon, 14 May 2012 11:26:24
+0800 (CST)', 'From: =?UTF-8?B?6YK55paH5rOi?= <zouwenbo@ptpress.com.cn>', 'To: =?UTF-8?B?InNpbm
EiIA==?=  <johney2008@sina.com>', 'Message-ID: <565219495.269180. 1336965984308.JavaMail.
root@e2-newwm6>', 'Subject: =?UTF-8?B?UmU65ZCI5ZCM5pS25Yiw?=', 'MIME-Version: 1.0', 'Content-
Type: text/html; charset=utf-8', 'Content-Transfer- Encoding: base64', 'X-Priority: 3', '', ''], 1698)
```

不同邮箱账号的返回结果会不同。

6. 执行 LIST 命令

LIST 命令可以返回邮件的 ID 和大小。调用 list()方法可以执行 LIST 命令，具体方法如下：

```
ret = p.list()
```

p 是 POP3 服务器对象。list()方法的返回值是一个元组，其中包含邮件服务器上邮件的 ID 和大小。

【例 7-11】 演示使用 list()方法获取 POP3 服务器上邮件大小的方法，代码如下：

```
import sys
from poplib import POP3
import socket
from getpass import getpass

#POP3 服务器
POP3SVR='pop3.sina.com'
print("输入 Email: ")
username = input()
password = getpass("输入密码: ")
try:
    recvSvr=POP3(POP3SVR)
    recvSvr.user(username)
    recvSvr.pass_(password)
    # 列出服务器上邮件信息，这个会对每一封邮件都输出 id 和大小。不像 stat 输出的是总的统计信息
    ret = recvSvr.list()
    print(ret)
    # 退出
    recvSvr.quit()
except(socket.gaierror,socket.error,socket.herror) as e:
    print(e)
    sys.exit(1)
```

程序首先要求用户输入 E-mail 账号和密码，然后调用 list()方法，并打印返回结果。运行结果类似如下：

```
('+OK ', ['1 4255', '2 18780', '3 572515', '4 24139', '5 32230', '6 36684', '7 18457',
'8 28863', '9 20380', '10 7954', '11 19744', '12 10583', '13 33610', '14 10524', '15 6724',
'16 8673', '17 27659', '18 25407', '19 9459', '20 19135', '21 12080', '22 50763', '23 31974',
'24 34800', '25 40843', '26 2212', '27 33885', '28 23029', '29 7366', '30 6908', '31 10883',
'32 12837', '33 51660', '34 9436', '35 2905', '36 3002', '37 2950', '38 2922', '39 3013',
'40 26067', '41 30263', '42 1031'], 397)
```

不同邮箱账号的返回结果会不同。

7. 执行 RETR 命令

RETR 命令可以返回邮件的全部文本。调用 retr ()方法可以执行 RETR 命令，具体方法如下：

```
ret = p.retr(n)
```

p 是 POP3 服务器对象。参数 n 表示读取邮件的序号，从 1 开始。retr ()方法返回邮件的文本信息。

【例 7-12】 演示使用 retr ()方法返回邮件的文本信息的方法，代码如下：

```
import sys
from poplib import POP3
import socket
from getpass import getpass

#POP3 服务器
POP3SVR='pop3.sina.com'
print("输入 Email: ")
username = input()
password = getpass("输入密码: ")
try:
```

```
    recvSvr=POP3(POP3SVR)
    recvSvr.user(username)
    recvSvr.pass_(password)
    # 列出服务器上邮件信息，这个会对每一封邮件都输出 id 和大小。不像 stat 输出的是总的统计信息
    ret = recvSvr. retr(1)
    print(ret)
    # 退出
    recvSvr.quit()
except(socket.gaierror,socket.error,socket.herror) as e:
    print(e)
    sys.exit(1)
```

程序首先要求用户输入 E-mail 账号和密码，然后调用 retr()方法，并打印返回结果。

不同邮箱账号的返回结果会不同。返回的邮件内容中包含很多字节数据，可以使用 str()函数将它们转换为字符串后再显示。

7.4　Python 远程操控计算机的实例

本节介绍一个 Python 远程操控计算机的实例的实现过程。本实例分为 2 个部分，一个是发送指令端程序，一个是接收指令的被控制端程序。

7.4.1　发送指令端程序

本实例的发送指令端程序通过向指定邮箱发送一个包含关机（Shutdown）指令的邮件。首先需要有一个邮箱，这里假定是一个 sohu 邮箱（******@sohu.com）。假定发送指令端程序的文件名为 sender.py，代码如下：

```
import email
import smtplib
import time
import os,sys
import random

def send_mail():
      try:
              s = smtplib.SMTP('smtp.sina.com')
              s.login('xxxxxx','*******')
              msg = "To: johney2008@sina.com\r\nFrom: johney2008@sina.com\r\nSubject:
shutdown \r\n\r\nshutdown\r\n"
```

```
            s.sendmail('johney2008@sina.com','johney2008@sina.com', msg)
            s.close()
            return 1
        except (smtplib.SMTPException) as e:
            print e
            return 0


if __name__=='__main__':
        while send_mail()==0:
            time.sleep(10)
```

程序首先登录到 sohu 邮箱，然后给自己发送一个内容和标题都为 shutdown 的邮件。请根据实际情况设置邮箱的用户名和密码。

7.4.2 接收指令端程序

本实例的接收指令端程序定时（每 5 秒）从本实例约定的邮箱接收邮件。如果邮件的标题是 shutdown，则关闭计算机，代码如下：

```
#-*- encoding: utf-8 -*-
import os, sys, string
import poplib
import os
import time
# pop3 服务器地址
host = "pop3.sina.com"
# 用户名
username = "xxxxxxx@sina.com"
# 密码
password = "*******"

# 取第一封邮件完整信息，在返回值里，是按行存储在 down[1]的列表里的。down[0]是返回的状态信息
while True:
    # 创建一个 pop3 对象，这个时候实际上已经连接到服务器
    pp = poplib.POP3(host)
    # 向服务器发送用户名
    pp.user(username)
    # 向服务器发送密码
    pp.pass_(password)
    #列出邮件信息，num 为邮件数量；total_size 为邮件总的大小
    num,total_size = pp.stat()
    down = pp.retr(num)#获取最新邮件到元组 down
    # 元组 down 的第 2 个元素为邮件内容
    mails = down[1]
    print mails
    for line in mails:#遍历邮件内容的每一行
       if line.find('Subject')==0:#找到标题行
          print line#打印标题行
          if line.find('shutdown')>0:#如果标题为 shutdown
             pp.dele(num)#删除该邮件，以防下次遍历时造成重复关机
```

```
            pp.quit()#关机前，退出邮箱
            print 'shutdown....'
            os.system(' shutdown /s /t 1')#关机

    #pp.quit()# 每次轮循最后都退出邮箱
    time.sleep(5)# 每次轮循都休眠 5 秒
```

请参照注释理解。运行前需要根据实际情况设置邮箱的用户名和密码。

本 章 练 习

一、选择题

1. 在 Python 程序中，可以通过 os 模块的（　　）函数执行 CMD 命令。

   A. run()　　B. system()　　C. exec()　　D. command()

2. 用于列出当前文件夹下的目录列表的 CMD 命令是（　　）。

   A. cd　　B. date　　C. dir　　D. shutdown

3. 可以使用 subprocess.（　　）函数创建进程执行系统命令。

   A. run()　　B. system()　　C. Popen()　　D. exec()

4. 在发送 E-mail 时，客户应该以（　　）命令开始 SMTP 会话。

   A. EHLO　　B. SMTP　　C. has_extn　　D. sendmail

二、填空题

1. ________是微软 Windows 系统基于 WINDOWS 上的命令解释程序，它是一个 32 位的命令行应用程序。

2. ________命令用于将文件复制到指定的位置。

3. Windows 的可执行文件包括________、________和________等，在命令窗口中输入可执行文件名然后回车，可以在当前目录下运行该文件。

4. SMTP 是________的缩写。

5. 在使用 Python 发送 E-mail 时需要首先导入________模块。

6. POP 是________的缩写。

三、简答题

1. 通过 SMTP 发送 E-mail，通常需要提供哪些信息？

2. 通过 POP 接收 E-mail，通常需要提供哪些信息？

第 8 章 Python 数据结构

学前提示

数据结构是计算机存储和组织数据的方式，指相互之间存在一种或多种特定关系的数据元素的集合。数据结构往往与高效的检索算法和索引技术有关。本章介绍 Python 中的一些常用数据结构的用法，包括栈、队列、树、链表、bitmap 和图。

知识要点

- 数据结构基础
- 栈
- 队列
- 链表
- bitmap
- 图

8.1 Python 数据结构概述

本节介绍 Python 数据结构的基本情况。

Python 数据结构初识

8.1.1 什么是数据结构

一个程序里面必然会有数据存在，同样的一个或几个数据要组织起来，可以有不同的组织方式，也就是不同的存储方式。不同的组织方式就是不同的结构，我们把这些数据组织在一起的结构称为数据的结构，也叫作数据结构。比如，有一个字符串是"abc"，我们将其重新组织一下，比如通过 list()函数将"abc"变成["a","b","c"]，那么这个时候数据就发生了重组，重组之后数据的结构就发生了改变。["a","b","c"]这种形式的数据的结构称为列表。也就是说，列表是一种数据结构。除此之外，还有元组、字典、栈、树等数据结构。

Python 的数据结构有很多类型。其中有 Python 系统已经定义好的，不需要我们再去定义。这种数据结构称为 Python 的内置数据结构，比如列表、元组、字典等。也有些数据组织方式，Python 系统里面没有直接定义，需要我们自己去定义实现，这些数据组织方式称为 Python 扩展数据结构，比如栈和队列。

8.1.2　数据结构和算法的关系

数据结构和算法有着密切的联系。因为数据结构是数据的组织方式，也就是数据的存储方式。算法是指运算方法，通俗地讲，算法就是思维。数据结构是静态的，我们编写的程序是动态的。程序要对数据进行运算，运算的方法很多，不同的运算方法就是不同的算法。当然，算法不是凭空出来的，它必须建立在数据的基础上，所以数据结构是算法的基础，但同一个数据结构运用不同算法的效率是不同的。

8.2　栈

极客学院
jikexueyuan.com

极客学院在线视频学习网址：

http://www.jikexueyuan.com/course/1356_2.html

手机扫描二维码

Python 常见数据结构——栈

8.2.1　栈的工作原理

栈是一种经典的数据结构，但它并不是 Python 的内置数据结构，而是属于扩展数据结构。栈相当于一端开口、一端封闭的容器。栈支持出栈和进栈 2 种操作。数据移动到栈里面的过程叫作进栈，也叫作压栈、入栈；数据进入到栈里面后，就到了栈顶，同时占了栈的一个位置。当再进入一个数据时，新的数据就占据了栈顶的位置，原来的数据就被新的数据压入到栈顶的下一个位置里。栈只能对其栈顶的数据进行操作，所以这个时候原来的数据就不能被操作。

下面以图形的方式演示栈的操作原理。初始化时，栈是空的，数据在栈外，如图 8-1 所示。

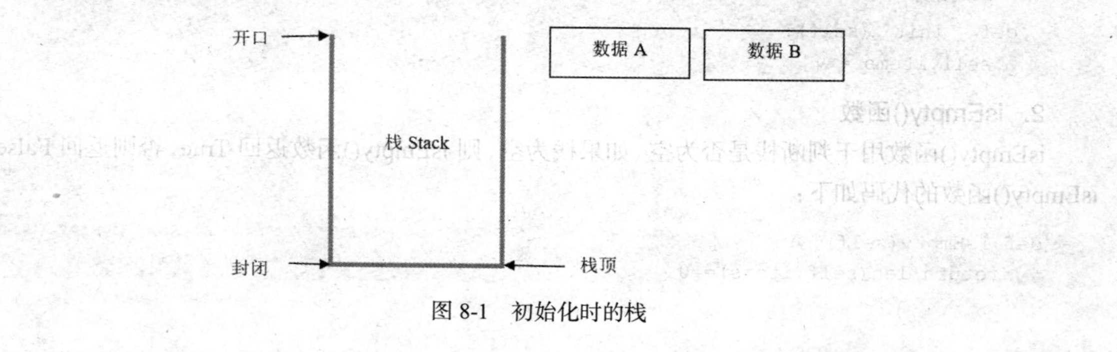

图 8-1　初始化时的栈

将数据 A 执行进栈操作。栈顶的位置发生变化，如图 8-2 所示。

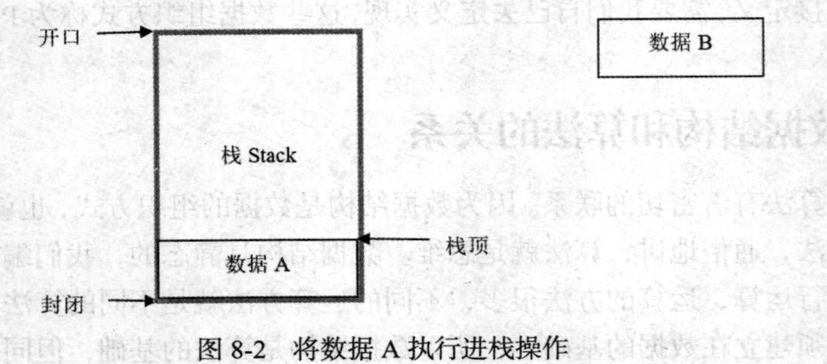

图 8-2 将数据 A 执行进栈操作

再将数据 B 执行进栈操作。栈顶的位置又发生了变化，如图 8-3 所示。

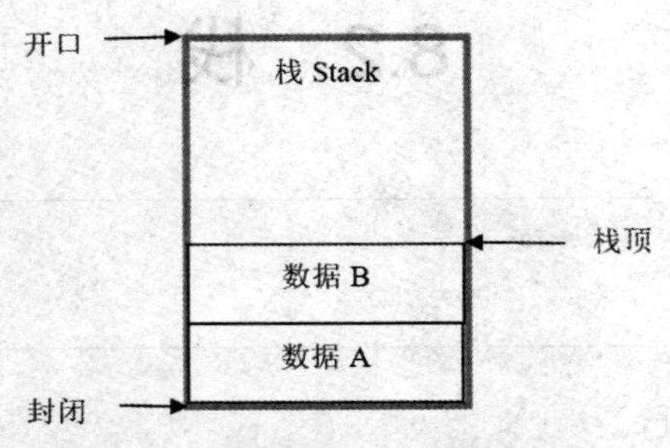

图 8-3 再将数据 B 执行进栈操作

如果希望把数据 A 出栈，则首先需要将数据 B 出栈。因为数据 B 在开口方向。这就是栈的后进先出（LIFO，Last In First Out）特性。栈就好像是子弹夹一样，后被压入的子弹会先被射出。

8.2.2 利用 Python 列表实现栈的数据结构

本节介绍一个 Python 自定义类 stack，它的功能是利用 Python 列表实现栈的数据结构。

1. 构造函数

首先，在构造函数中定义一个列表 items 用于实现栈的容器，代码如下：

```
#coding:utf8
class Stack:
  """模拟栈"""
  def __init__(self):
    self.items = []
```

2. isEmpty()函数

isEmpty()函数用于判断栈是否为空。如果栈为空，则 isEmpty()函数返回 True，否则返回 False。isEmpty()函数的代码如下：

```
  def isEmpty(self):
      return len(self.items)==0
```

3. push()函数

push()函数用于执行进栈操作，代码如下：

```
def push(self, item):
    self.items.append(item)
```

程序将参数 item 添加到栈（列表 items）中。

4. pop()函数

pop()函数用于执行出栈操作，代码如下：

```
def pop(self):
    return self.items.pop()
```

列表对象的 pop()函数用于返回列表中指定的元素，并删除该元素。默认情况下，返回列表的最后一个元素。

5. peek()函数

pop()函数用于返回栈顶元素，但并不删除该元素，代码如下：

```
def pop(self):
    return self.items.pop()
```

6. size()函数

size()函数用于返回栈的大小，代码如下：

```
def size(self):
    return len(self.items)
```

【例 8-1】　使用类 stack 的例子。

```
s=Stack() #创建栈对象
print(s.isEmpty()) #打印栈是否为空
s.push('DataA') #进栈 DataA
s.push('DataB')#进栈 DataA
print(s.peek())#打印栈顶元素
s.push('DataC')#进栈 DataC
print(s.size())#打印栈的大小
print(s.isEmpty()) #打印栈是否为空
s.push('DataD')#进栈 DataD
print(s.pop())#出栈
print(s.pop())#出栈
print(s.size())#打印栈的大小)
```

运行结果如下：

```
True
DataB
3
False
DataD
DataC
```

8.3 队列

极客学院在线视频学习网址：

http://www.jikexueyuan.com/course/1356_3.html?ss=1

手机扫描二维码

Python 常见数据结构——队列

8.3.1 队列的工作原理

队列是一种经典的数据结构，它也不是 Python 的内置数据结构，而是属于扩展数据结构。队列相当于两边都开口的容器。但是一边只能进行删除操作，而不能进行插入操作；另一边只能进行插入操作，而不能进行删除操作。进行插入操作的一端叫作队尾，进行删除操作的一端叫作队首。所以，队列中的数据是从队尾进队首出的。

队列的数据元素又称为队列元素。在队列中插入一个队列元素称为入队，从队列中删除一个队列元素称为出队。

下面以图形的方式演示队列的操作原理。初始化时，队列是空的，数据在队列外，如图 8-4 所示。

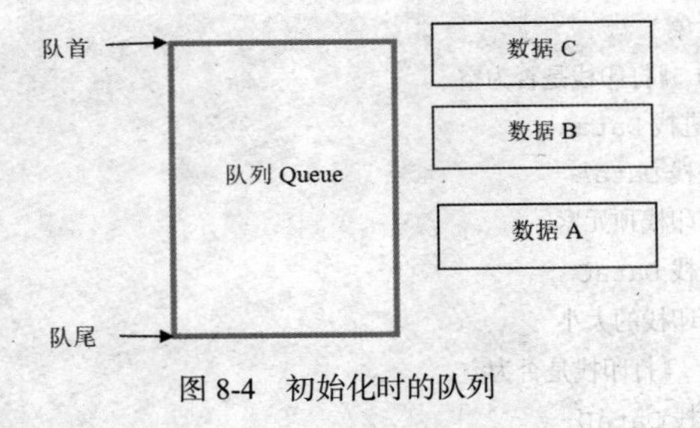

图 8-4 初始化时的队列

将数据 A 执行入队操作，如图 8-5 所示。再将数据 B 执行入队操作，此时数据 A 出现在队首位置，如图 8-6 所示。

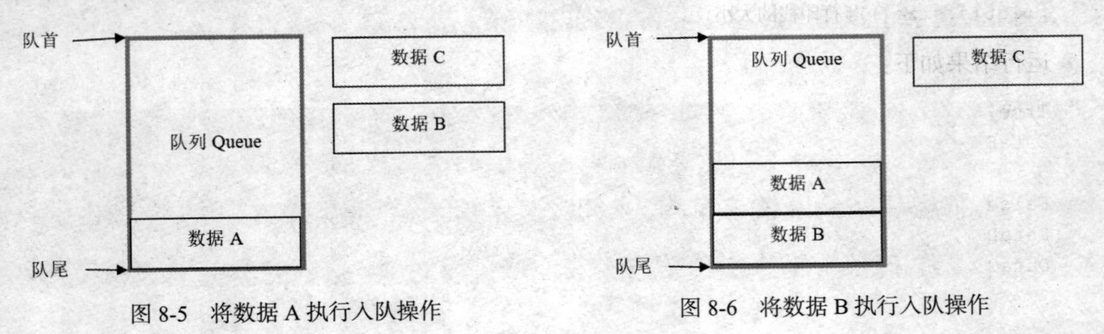

图 8-5 将数据 A 执行入队操作　　图 8-6 将数据 B 执行入队操作

再将数据 C 执行入队操作，数据 A 始终出现在队首位置，如图 8-7 所示。将数据 A 执行出队操作，如图 8-8 所示。

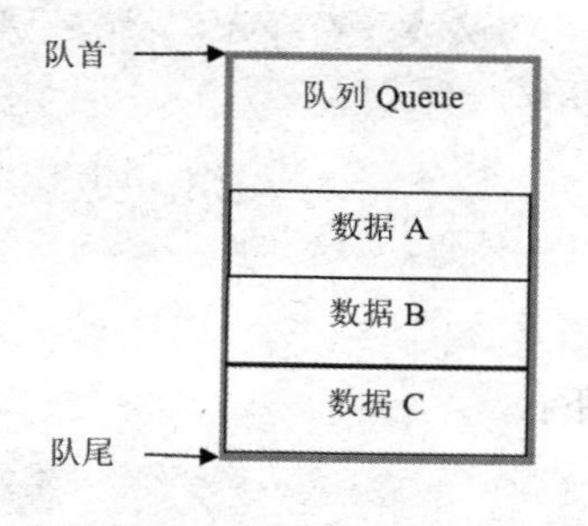

图 8-7　再将数据 C 执行入队操作

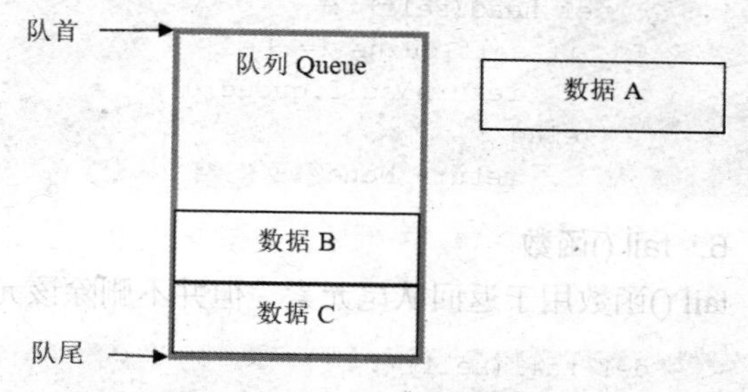

图 8-8　将数据 A 执行出队操作

队列遵循先进先出（FIFO，First In First Out）的原则。就好像是排队一样，排在前面的人先办事。

8.3.2　利用 Python 列表实现队列的数据结构

本节介绍一个 Python 自定义类 Queue，它的功能是利用 Python 列表实现队列的数据结构。

1. 构造函数

首先，在构造函数中定义一个列表 queue 用于实现队列的容器，代码如下：

```
#coding:utf8
class Queue(object) :
    def __init__(self) :
        self.queue = []
```

2. isempty()函数

isempty()函数用于判断队列是否为空。如果队列为空，则 isempty()函数返回 True，否则返回 False。isempty()函数的代码如下：

```
    def isempty(self) :
        return self.queue == []
```

3. enqueue()函数

enqueue()函数用于执行入队操作，代码如下：

```
    def enqueue(self, item) :
        self.queue.append(item)
```

程序将参数 item 添加到栈（列表 items）中。

4. dequeue()函数

dequeue()函数用于执行出队操作，代码如下：

```
    def dequeue(self) :
        if self.queue != [] :
            return self.queue.pop(0)
        else :
            return None
```

程序调用列表对象的 pop()函数返回并删除第一个元素。

5. head ()函数

head ()函数用于返回队首元素，但并不删除该元素，代码如下：

```
def head(self) :
  if self.queue != [] :
     return self.queue[0]
  else :
     return None
```

6. tail ()函数

tail ()函数用于返回队尾元素，但并不删除该元素，代码如下：

```
def tail(self) :
    if self.queue != [] :
        return self.queue[-1]
    else :
        return None
```

7. length()函数

length()函数用于返回队列的大小，代码如下：

```
def length(self) :
    return len(self.queue)
```

【例 8-2】 使用类 Queue 的例子。

```
q=Queue() #创建队列对象
print(q.isempty()) #打印队列是否为空
q.enqueue('DataA') #入队 DataA
q.enqueue('DataB')#入队 DataA
print(q.head())#打印对首元素
print(q.tail())#打印队尾元素
q.enqueue('DataC')#入队 DataC
print(q.length())#打印队列的大小
print(q.isempty()) #打印队列是否为空
q.enqueue('DataD')#入队 DataD
print(q.dequeue())#出队
print(q.dequeue())#出队
print(q.length())#打印队列的大小)
```

运行结果如下：

```
True
DataA
DataB
3
False
DataA
DataB
2
```

8.4　树

极客学院
jikexueyuan.com

极客学院在线视频学习网址：
http://www.jikexueyuan.com/course/1427_1.html
手机扫描二维码

Python 常见数据结构——树

8.4.1　树的工作原理

树是一种常用的数据结构，它比栈和队列稍微复杂一些。树是一种非线性的数据结构，具有非常高的层次性。利用树来存储数据，能够使用共有元素进行存储，在很大程度上节约存储空间。

树首先有且只有一个根节点，另外有 N 个不相交的子集，每个子集都是一个子树。图 8-9 是树的图示。

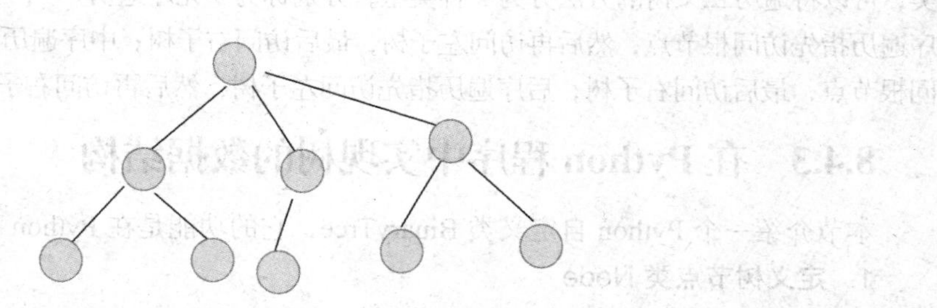

图 8-9　树的图示

如果树中的所有节点的子节点数量不超过 2 个，则该树为一个二叉树。二叉树要么是空树，要么是有左右两个子树。二叉树是一个有序树，即使只有一个子树，也要区分该子树是左子树还是右子树。二叉树的存储方式有两种，一种是顺序存储，另一种是链式存储。顺序存储中采用一维数组的存储方式；链式存储中，采用链表的存储方式。在链式存储中，树节点包含数据域、左子链域和右子链域。

逻辑上二叉树有五种基本形态，第 1 种是空树，如图 8-10 所示。第 2 种是只有一个根节点的二叉树，如图 8-11 所示。

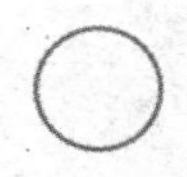

图 8-10　空树

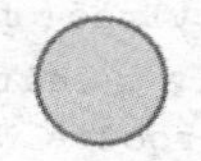

图 8-11　只有一个根节点的二叉树

第 3 种是只有左子树的二叉树，如图 8-12 所示。第 4 种是只有右子树的二叉树，如图 8-13 所示。

第 5 种是完全二叉树，如图 8-14 所示。完全二叉树指除最后一层外，每一层上的节点数均达到最大值；在最后一层上只缺少右边的若干节点。

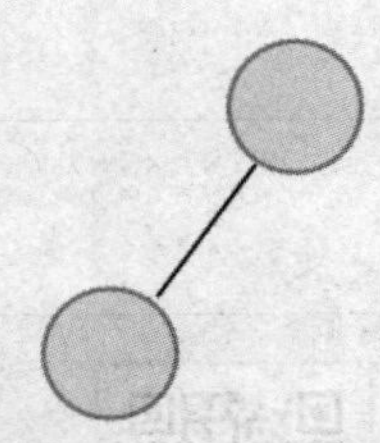

图 8-12 只有左子树的二叉树

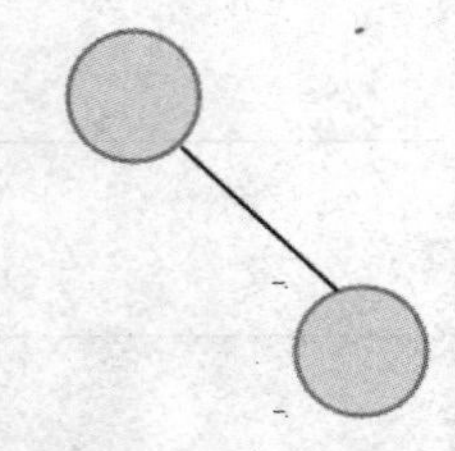

图 8-13 只有右子树的二叉树

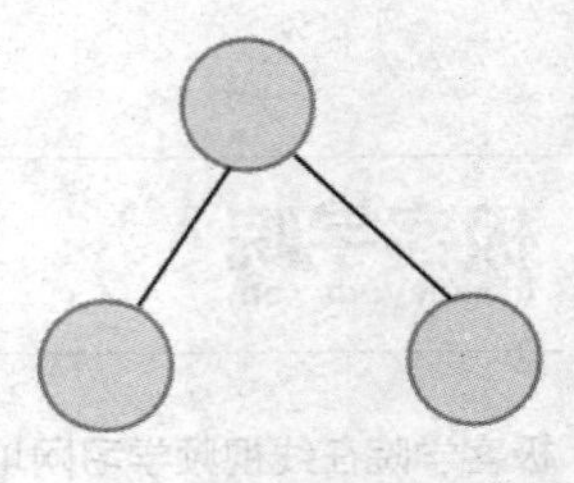

图 8-14 完全二叉树

满二叉树是一种特殊的完全二叉树，指除最后一层无任何子节点外，每一层上的所有节点都有两个子节点的二叉树。

8.4.2 遍历二叉树

"遍历"是二叉树各种操作的基础。二叉树是一种非线性结构，遍历二叉树不像遍历线性链表那样容易，无法通过简单的循环实现。

遍历二叉树就是要让树中的所有节点被且仅被访问一次，即按一定规律排列成一个线性队列。二叉树包含 3 个部分，即根节点、左子树和右子树。根据这 3 个部分的访问次序对二叉树的遍历进行分类，可以将遍历二叉树的方法分为 3 种类型，分别称为"先序遍历""中序遍历"和"后序遍历"。先序遍历指先访问根节点，然后再访问左子树，最后访问右子树；中序遍历指先访问左子树，然后再访问根节点，最后访问右子树；后序遍历指先访问左子树，然后再访问右子树，最后访问根节点。

8.4.3 在 Python 程序中实现树的数据结构

本节介绍一个 Python 自定义类 BinaryTree，它的功能是在 Python 程序中实现树的数据结构。

1. 定义树节点类 Node

首先，定义一个树节点类 Node，代码如下：

```
class Node(object):
    def __init__(self, data = -1, lchild = None, rchild = None):
        self.data = data
        self.lchild = lchild
        self.rchild = rchild
```

树节点类 Node 中定义了 3 个属性。data 表示树节点中存储的数据，lchild 表示树节点的左子树，rchild 表示树节点的右子树。

2. BinaryTree 类的构造函数

BinaryTree 类的构造函数的代码如下：

```
class BinaryTree(object):
    def __init__(self):
        self.root = Node()
```

root 是 Node 对象，表示二叉树的根节点。

3. BinaryTree 类的 add()函数

BinaryTree 类的 add ()函数用于向二叉树中添加一个节点，该节点的数据为 data。如果二叉树为空，则将新节点作为二叉树的根节点，否则将该节点添加为左孩子节点或右孩子节点。代码如下：

```
def add(self, data): #data 为新节点的数据
    node = Node(data)  #创建新节点

    if self.isEmpty():   #如果二叉树为空，则将新节点作为二叉树的根节点
        self.root = node
    else:
        tree_node = self.root
        queue = []  #以列表存储二叉树
        queue.append(self.root)

        while queue:  #  遍历二叉树
            tree_node = queue.pop(0)
            if tree_node.lchild == None:  #如果当前节点的左子节点为空，则将新节点作为当前节点的左子节点
                tree_node.lchild = node
                return
            elif tree_node.rchild == None: #如果当前节点的右子节点为空，则将新节点作为当前节点的右子节点

                tree_node.rchild = node
                return
            else:
                queue.append(tree_node.lchild)
                queue.append(tree_node.rchild)
```

4. BinaryTree 类的 pre_order ()函数

pre_order ()函数用于执行先序遍历，代码如下：

```
def pre_order(self, start): # start 是开始遍历的节点

    node = start
    if node == None: # 如果当前节点为空，则返回
        return

    print node.data,  #打印当前节点的数据
    #如果当前节点的左右子树都为空，则返回

    if node.lchild == None and node.rchild == None:
        return
    self.pre_order(node.lchild) #从当前节点的左子树开始先序遍历
    self.pre_order(node.rchild) #从当前节点的右子树开始先序遍历
```

5. BinaryTree 类的 in_order()函数

in_order()函数用于执行中序遍历，代码如下：

```
def in_order(self, start): # start 是开始遍历的节点
    node = start
    if node == None:
```

```
        return
    self.in_order(node.lchild) #从当前节点的左子树开始中序遍历

    print node.data, #打印当前节点的数据
    self.in_order(node.rchild) #从当前节点的右子树开始中序遍历
```

6. post_order()函数

post_order()函数用于执行后序遍历，代码如下：

```
def post_order(self, start): # start 是开始遍历的节点
    node = start
    if node == None:
        return
    self.post_order(node.lchild) #从当前节点的左子树开始后序遍历
    self.post_order(node.rchild) #从当前节点的右子树开始后序遍历
    print node.data, #打印当前节点的数据
```

7. isEmpty ()函数

isEmpty()函数用于判断栈是否为空。如果栈为空，则 isEmpty()函数返回 True，否则返回 False。代码如下：

```
def isEmpty(self):
    return True if self.root.data == -1 else False
```

8. length()函数

length()函数用于返回队列的大小，代码如下：

```
def length(self) :
    return len(self.queue)
```

【例 8-3】 使用类 BinaryTree 的例子。

```
if __name__ == '__main__':
    arr = []
    for i in range(10):
        arr.append(i)
    print arr

    tree = BinaryTree()
    for i in arr:
        tree.add(i)

    print 'pre order:'
    tree.pre_order(tree.root)
    print '\nin_order:'
    tree.in_order(tree.root)
    print '\npost_order:'
    tree.post_order(tree.root)
```

运行结果如下：

```
[0, 1, 2, 3, 4, 5, 6, 7, 8, 9]
pre order:
0 1 3 7 8 4 9 2 5 6
in_order:
```

```
7 3 8 1 9 4 0 5 2 6
post_order:
7 8 3 9 4 1 5 6 2 0
```

本例使用的二叉树如图 8-15 所示。

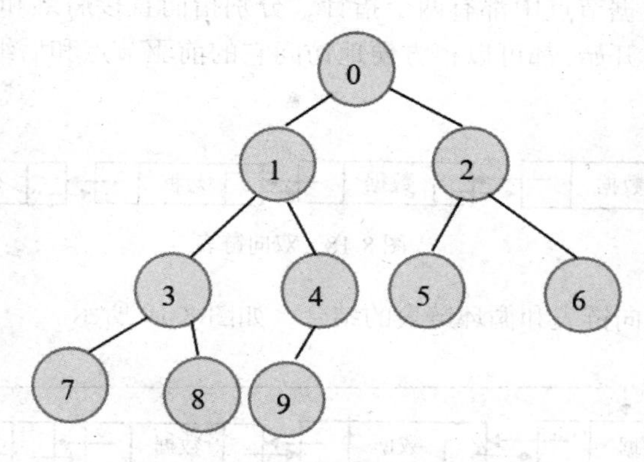

图 8-15　例 8-3 使用的二叉树

8.5　链表

8.5.1　链表的工作原理

链表是一种非连续、非顺序的存储方式。链表由一系列节点组成，每个节点包括两个部分，一部分是数据域，另一部分是指向下一个节点的指针域。链表可以分为单向链表、单向循环链表、双向链表、双向循环链表。

单向链表是链表的一种，其特点是链表的链接方向是单向的，对链表的访问要通过顺序读取从头部开始。 通过指针连接起来，但是只能单向遍历。单向链表如图 8-16 所示。

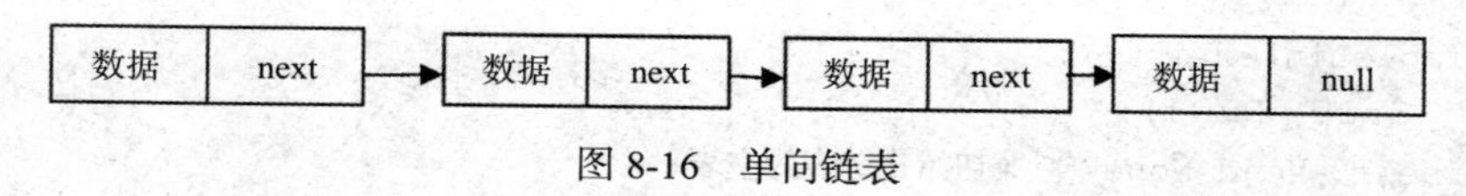

图 8-16　单向链表

单向循环链表的特点是表中最后一个节点的指针域指向头节点，整个链表形成一个环。单向循环链表如图 8-17 所示。

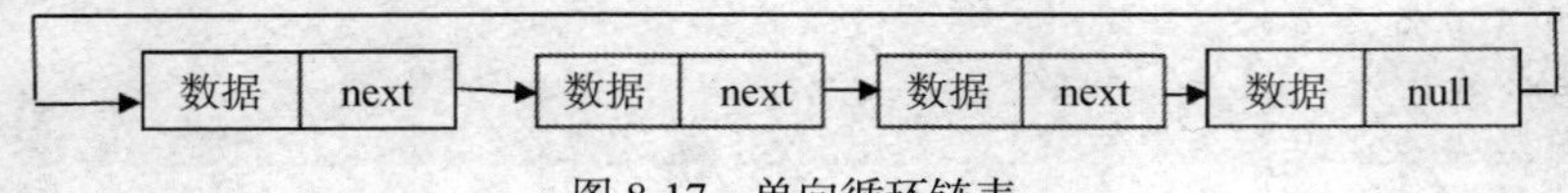

图 8-17　单向循环链表

双向链表的每个数据节点中都有两个指针，分别指向直接后继和直接前驱。所以，从双向链表中的任意一个节点开始，都可以很方便地访问它的前驱节点和后继节点。双向链表如图 8-18 所示。

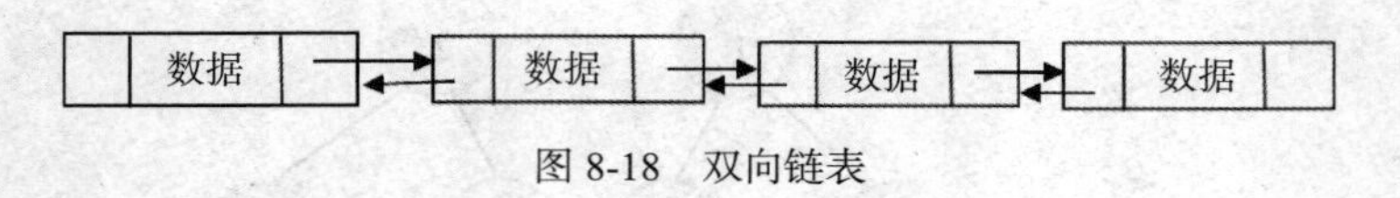

图 8-18　双向链表

双向循环链表是双向链表和循环链表的结合，如图 8-19 所示。

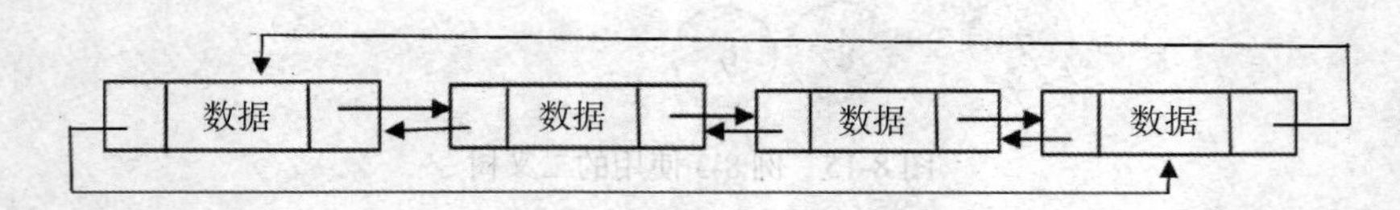

图 8-19　双向循环链表

8.5.2　利用 Python 实现单向链表的数据结构

本节介绍在 Python 程序中实现单向链表的数据结构的方法。

1. 链表节点类 Node

首先，定义一个链表节点类 Node，代码如下：

```
class Node():
    __slots__=['_item','_next']      #限定 Node 实例的属性
    def __init__(self,item):
        self._item=item
        self._next=None       #Node 的指针部分默认指向 None
    def getItem(self):
        return self._item
    def getNext(self):
        return self._next
    def setItem(self,newitem):
        self._item=newitem
    def setNext(self,newnext):
        self._next=newnext
```

类 Node 有 2 个属性，item 用于存储节点的数据，next 用于存储指向下一个节点的指针。

2. 类 SinglelinkedList 的初始函数

类 SinglelinkedList 用于实现单向链表。类 SinglelinkedList 的初始函数的代码如下：

```
class SingleLinkedList():
    def __init__(self):
        self._head=None      #初始化链表为空表
        self._size=0
```

_head 属性指向链表头部，_size 用于存储链表中节点的数量。初始化链表为空表。

3. 类 SinglelinkedList 的 isEmpty()函数

isEmpty()函数用于检测链表是否为空，代码如下：

```
def isEmpty(self):
    return self._head==None
```

如果_head 属性等于 None，则返回 True；否则返回 False。

4. 类 SinglelinkedList 的 add ()函数

add()函数用于在链表前端添加元素，代码如下：

```
def add(self,item):
    temp=Node(item)
    temp.setNext(self._head)
    self._head=temp
```

程序首先创建一个节点 temp，然后将 temp 节点的 next 属性指向当前链表的头部，最后将当前链表的头部指向 temp 节点。

5. 类 SinglelinkedList 的 append ()函数

append ()函数用于在链表尾部添加元素，代码如下：

```
def append(self,item):
    temp=Node(item)
    if self.isEmpty():
        self._head=temp    #若为空表，则将添加的元素设为第一个元素
    else:
        current=self._head
        while current.getNext()!=None:
            current=current.getNext()    #遍历链表
        current.setNext(temp)    #此时 current 为链表最后的元素
```

程序首先创建一个节点 temp，然后将 temp 节点的 next 属性指向当前链表的头部，最后将当前链表的头部指向 temp 节点。

如果当前链表为空表，则将添加的元素设为第一个元素；否则遍历链表，将新节点添加在尾部。

6. 类 SinglelinkedList 的 index ()函数

类 SinglelinkedList 的 index()函数用于返回指定元素在链表中的位置，代码如下：

```
def index(self,item):
    current=self._head
    count=0
    found=None
    while current!=None and not found:
        count+=1
        if current.getItem()==item:
            found=True
        else:
            current=current.getNext()
    if found:
        return count
    else:
        raise ValueError,'%s is not in linkedlist'%item
```

7. 类 SinglelinkedList 的 remove ()函数

类 SinglelinkedList 的 remove ()函数用于删除链表中的指定元素，代码如下：

```
def remove(self,item):
    current=self._head
    pre=None
    while current!=None:
        if current.getItem()==item:
            if not pre:
                self._head=current.getNext()
            else:
                pre.setNext(current.getNext())
            break
        else:
            pre=current
            current=current.getNext()
```

8. 类 SinglelinkedList 的 insert ()函数

类 SinglelinkedList 的 insert ()函数用于在链表中插入元素，代码如下：

```
def insert(self,pos,item):
    if pos<=1:
        self.add(item)
    elif pos>self.size():
        self.append(item)
    else:
        temp=Node(item)
        count=1
        pre=None
        current=self._head
        while count<pos:
            count+=1
            pre=current
            current=current.getNext()
        pre.setNext(temp)
        temp.setNext(current)
```

【例 8-4】 使用类 SinglelinkedList 的例子。

```
if __name__=='__main__':
    a=SingleLinkedList() #定义单向链表对象 a
    for i in range(1,10):#向单向链表对象 a 中添加 10 个元素
        a.append(i)
    print a.size()#打印单向链表的大小
    a.travel()#打印单向链表的大小
    print a.index(5)#打印位置 5 的元素
    a.remove(4)#移除位置 4 的元素
    a.travel()#遍历链表
    a.insert(4,100)#在位置 4 插入元素 100
    a.travel()#遍历链表
```

运行结果如下：

```
9
1
2
3
4
```

```
5
6
7
8
9
5
1
2
3
5
6
7
8
9
1
2
3
100
5
6
7
8
9
```

本 章 练 习

一、选择题

1. （　　）是 Python 的扩展数据结构。

   A. 元组　　B. 树　　C. 列表　　D. 字典

2. 具有后进先出（LIFO，Last In First Out）特性的数据结构是（　　）。

   A. 栈　　B. 字典　　C. 链表　　D. 队列

3. 遵循先进先出（FIFO，First In First Out）原则的数据结构是（　　）。

   A. 栈　　B. 字典　　C. 链表　　D. 队列

4. 先访问根节点，然后再访问左子树，最后访问右子树的遍历二叉树方式属于（　　）。

   A. 先序遍历　　B. 中序遍历　　C. 后序遍历　　D. 顺序遍历

二、填空题

1. 栈支持________和________两种操作。
2. 在队列中插入一个队列元素称为________，从队列中删除一个队列元素称为________。
3. 如果树中的所有节点的子节点数量不超过两个，则该树为一个________。
4. 每个节点包括两个部分，一部分是______域，另一部分是指向下一个节点的________域。
5. 链表可以分为________、________、________。

三、简答题

1. 试述什么是数据结构。
2. 试述数据结构和算法的关系。

第9章 多任务编程

学前提示

多任务编程通常指用户可以在同一时间内运行多个应用程序，也指一个应用程序可以在同一时间内运行多个任务。多任务编程是影响应用程序性能的重要因素。

知识要点

- 进程的概念
- 创建进程
- 枚举系统进程
- 终止进程
- threading 模块
- 线程的概念

9.1 多进程编程

本节介绍 Python 多进程编程的方法。

9.1.1 进程的概念

进程是正在运行的程序的实例。每个进程至少包含一个线程，它从主程序开始执行，直到退出程序，主线程结束，该进程也就被从内存中卸载。主线程在运行过程中还可以创建新的线程，实现多线程的功能。关于线程编程的方法将在第 9.2 节中介绍。

计算机程序是由指令（代码）组成的，而进程则是这些指令的实际运行体。如果多次运行一个程序，则该程序也能对应多个进程。

进程由以下几个部分组成。

- 与程序相关联的可执行代码的映像。
- 内存空间（通常是虚拟内存中的一些区域），其中保存可执行代码、进程的特定数据、用于记录活动例程和其他事件的调用栈、用于保存实时产生的中间计算结果的堆（Heap）。
- 分配给进程的资源的操作系统描述符（比如文件句柄）以及其他数据资源。
- 安全属性，比如进程的所有者和权限。
- 处理器的状态，比如寄存器的内容、物理内存地址等。

操作系统在叫作进程控制块（Process Control Block，PCB）的数据结构中保存活动进程的上述信息。

9.1.2　进程的状态

在操作系统内核中，进程可以被标记成“被创建”（Created）、“就绪”（Ready）、“运行”（running）、“阻塞”（Blocked）、“挂起”（Suspend）和“终止”（Terminated）等状态。各种状态的切换过程如下：

- 当被从存储介质中加载到内存中时，进程的状态为“被创建”。
- 被创建后，进程调度器会自动将进程的状态设置为“就绪”。此时，进程等待调度器进行上下文切换。处理器空闲时，将进程加载到处理器中，然后进程的状态变成“运行”，处理器开始执行该进程的指令。
- 如果进程需要等待某个资源（比如用户输入、打开文件、执行打印操作等），它将被标记为“阻塞”状态。当进程获得等待的资源后，它的状态又会变回“就绪”。
- 当内存中的所有进程都处于“阻塞”状态时，Windows 会将其中一个进程设置为“挂起”状态，并将其在内存中的数据保存到磁盘中。这样可以释放内存空间给其他进程。Windows 也会把导致系统不稳定的进程挂起。
- 一旦进程执行完成或者被操作系统终止，它就会被从内存中移除或者被设置为“被终止”状态。

Windows 进程的状态切换如图 9-1 所示。

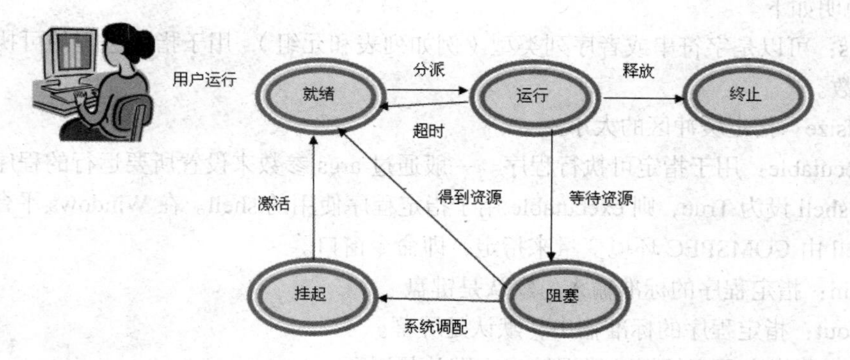

图 9-1　Windows 进程的状态切换

9.2　进程编程

本节介绍一些基本的进程编程方法，包括创建进程、结束进程和获取进程信息等。

9.2.1　创建进程

可以引用 subprocess 模块来管理进程，方法如下：

```
import subprocess
```

1. subprocess.call()函数

可以调用 subprocess.call()方法创建进程，基本语法如下：

```
trtcode = subprocess.call(可执行程序)
```

trtcode 返回可执行程序的退出信息。

【例 9-1】 调用 subprocess.call()方法运行记事本，代码如下：

```
import subprocess
retcode = subprocess.call("notepad.exe")
print(retcode)
```

可以通过元祖的形式指定运行程序的参数，方法如下：

```
trtcode = subprocess.call([可执行程序, 参数])
```

【例 9-2】 调用 subprocess.call()方法运行记事本，同时指定打开的文件，代码如下：

```
import subprocess
retcode = subprocess.call(["notepad.exe","1.txt"])
print(retcode)
```

2. subprocess.Popen()函数

subprocess.Popen()函数也可以创建进程执行系统命令，但是它有更多的选项，函数原型如下：

```
进程对象 = subprocess.Popen(args, bufsize=0, executable=None, stdin=None, stdout=None,
stderr=None, preexec_fn=None, close_fds=False, shell=False, cwd=None, env=None, universal_
newlines=False, startupinfo=None, creationflags=0)
```

参数说明如下。

- args：可以是字符串或者序列类型（例如列表和元组），用于指定进程的可执行文件及其参数。
- bufsize：指定缓冲区的大小。
- executable：用于指定可执行程序。一般通过 args 参数来设置所要运行的程序。如果将参数 shell 设为 True，则 executable 用于指定程序使用的 shell。在 Windows 平台下，默认的 shell 由 COMSPEC 环境变量来指定，即命令窗口。
- stdin：指定程序的标准输入，默认是键盘。
- stdout：指定程序的标准输出，默认是屏幕。
- stderr：指定程序的标准错误输出，默认是屏幕。
- preexec_fn：只在 Unix 平台下有效，用于指定一个可执行对象，它将在子进程运行之前被调用。
- close_fds：在 Windows 平台下，如果 close_fds 被设置为 True，则新创建的子进程将不会继承父进程的输入、输出和错误管道。
- shell：如果 shell 被设为 True，程序将通过 shell 来执行。
- cwd：指定进程的当前目录。
- env：指定进程的环境变量。
- universal_newlines：指定是否使用统一的文本换行符。在不同操作系统下，文本的换行符是不一样的。例如，在 Windows 下用'/r/n '表示换行，而 Linux 下用' /n '表示换行。如果将此参数设置为 True，则 Python 统一把这些换行符当作' /n '来处理。
- startupinfo 和 creationflags：只在 Windows 下用效，它们将被传递给底层的 CreateProcess()函数，用于设置进程的一些属性，例如主窗口的外观和进程的优先级等。

【例 9-3】 调用 subprocess. Popen()函数运行 dir 命令，列出当前目录下的文件，代码如下：

```
import subprocess
p = subprocess.Popen("dir", shell=True)
p.wait()
```

p.wait()函数用于等待进程结束。注意，此程序需要在命令行窗口中使用 Python 命令运行才能看到运行如果，运行命令如下：

```
python 例 9-3.py
```

运行结果如图 9-2 所示。

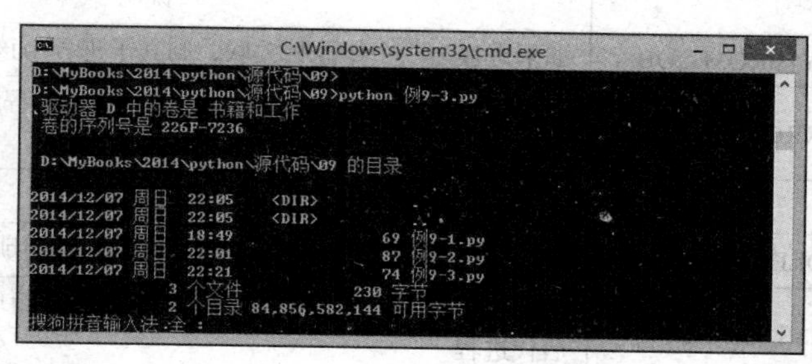

图 9-2　例 9-3 的运行结果

【例 9-4】　使用 wait()函数实现休眠 10 秒，代码如下：

```
import subprocess
import datetime
print (datetime.datetime.now())
p=subprocess.Popen("ping localhost > nul",shell=True)
print ("程序执行中...")
p.wait()
print(datetime.datetime.now())
```

ping localhost > nul 命令用于 ping 本机，目的在于拖延时间，运行结果如下：

```
2016-02-22 20:09:06.082000
程序执行中...
2016-02-22 20:09:09.394000
```

可以看到，p.wait()函数一直等待到 ping 命令结束后才返回。

3. CreateProcess 函数

还可以使用 win32process 模块中的 CreateProcess()函数创建进程，函数原型如下：

```
CreateProcess(appName, commandLine , processAttributes ,
threadAttributes , bInheritHandles ,
dwCreationFlags , newEnvironment , currentDirectory , startupinfo
```

参数说明如下：

- appName，要执行的应用程序名，可以包括绝对路径和文件名，通常可以为 NULL。
- commandLine，要执行的命令行。
- processAttributes，新进程的安全属性，如果为 None，则为默认的安全属性。
- ThreadAttributes，线程安全属性，如果为 None，则为默认的安全属性。
- bInheritHandles，继承属性，如果为 None，则为默认的继承属性。
- dwCreationFlags，指定附加的、用来控制优先类和进程创建的标志。其取值如表 9-1 所列。这些属性值都在 win32process 模块中定义，例如，使用 win32process.CREATE_NO_WINDOW

可以指定新建进程是一个没有窗口的控制台应用程序。

- newEnvironment，指向新进程的环境块。如果为 NULL，则使用调用 CreateProcess()函数的进程的环境。
- currentDirectory，进程的当前目录。
- startupinfo，指定新进程的主窗口特性。关于 startupinfo 的具体情况将在稍后介绍。

表 9-1　　dwCreationFlags 参数的取值

取值	说明
CREATE_BREAKAWAY_FROM_JOB	如果进程与一个作业相关联，则其子进程与该作业无关
CREATE_DEFAULT_ERROR_MODE	新进程不继承调用 CreateProcess()函数的进程的错误模式，而是使用默认的错误模式
CREATE_FORCE_DOS	以 MS-DOS 模式运行应用程序
CREATE_NEW_CONSOLE	新进程打开一个新的控制台窗口，而不是使用调用进程的控制台窗口
CREATE_NEW_PROCESS_GROUP	新进程是一个新进程组的根进程。新进程组中包含新建进程的所有后代进程
CREATE_NO_WINDOW	新建进程是一个没有窗口的控制台应用程序，因此它的控制台句柄没有被设置
CREATE_SEPARATE_WOW_VDM	只用于 16 位 Windows 应用程序。如果设置，则新进程在一个私有虚拟 DOS 机（VDM，Virtual DOS Machine）中运行
CREATE_SHARED_WOW_VDM	只用于 16 位 Windows 应用程序。如果设置，则新进程在一个共享虚拟 DOS 机中运行
CREATE_SUSPENDED	创建一个处于挂起状态的进程
CREATE_UNICODE_ENVIRONMENT	如果设置了此选项，则参数 newEnvironment 使用 Unicode 字符串
DEBUG_PROCESS	启动并调试新进程及所有其创建的子进程
DEBUG_ONLY_THIS_PROCESS	启动并调试新进程。可以调用 WaitForDebugEvent()函数接收调试事件
DETACHED_PROCESS	对于控制台程序，新进程不继承父控制台
ABOVE_NORMAL_PRIORITY_CLASS	指定新建进程的优先级比 NORMAL_PRIORITY_CLASS 高，但是比 HIGH_PRIORITY_CLASS 低
BELOW_NORMAL_PRIORITY_CLASS	指定新建进程的优先级比 IDLE_PRIORITY_CLASS 高，但是比 NORMAL_PRIORITY_CLASS 低
HIGH_PRIORITY_CLASS	指定新建高优先级的进程
IDLE_PRIORITY_CLASS	指定只有系统空闲时才运行新建的进程
NORMAL_PRIORITY_CLASS	创建一个普通进程
REALTIME_PRIORITY_CLASS	指定新建最高优先级的进程

【例 9-5】　调用 CreateProcess()函数运行 Windows 记事本程序，代码如下：

```
    import win32process
    #打开记事本程序，获得其句柄
    handle = win32process.CreateProcess('C:\Windows\\notepad.exe','', None , None ,
0 ,win32process.CREATE_NO_WINDOW , None , None ,win32process.STARTUPINFO())
```

运行本实例之前，需要下载和安装 Pywin32 扩展库。

9.2.2　枚举系统进程

有些应用程序需要像任务管理器一样枚举当前系统正在运行的进程信息。

1. CreateToolhelp32Snapshot()函数

调用 Windows API CreateToolhelp32Snapshot()可以获取当前系统运行进程的快照（Snapshot），也就是运行进程的列表，其中包含进程标示符及其对应的可执行文件等信息，函数原型如下：

```
HANDLE WINAPI CreateToolhelp32Snapshot(
  DWORD dwFlags,       //指定快照中包含的对象
  DWORD th32ProcessID // 指定获取进程快照的 PID。如果为 0，则获取当前系统进程列表
);
```

如果函数执行成功，则返回进程快照的句柄；否则返回 INVALID_HANDLE_VALUE。

参数 dwFlags 的取值如表 9-2 所列。

表 9-2　参数 dwFlags 的取值

取值	说明
TH32CS_SNAPALL（15，0x0000000F）	相当于指定了 TH32CS_SNAPHEAPLIST，TH32CS_SNAPMODULE，TH32CS_SNAPPROCESS 和 TH32CS_SNAPTHREAD
TH32CS_SNAPHEAPLIST（1，0x00000001）	快照中包含指定进程的堆列表
TH32CS_SNAPMODULE（8，0x00000008）	快照中包含指定进程的模块列表
TH32CS_SNAPPROCESS（2，0x00000002）	快照中包含进程列表
TH32CS_SNAPTHREAD（4，0x00000004）	快照中包含线程列表

Python 的 ctype 库赋予了 Python 类似于 C 语言一样的底层操作能力，导入 ctype 模块后即可调用 CreateToolhelp32Snapshot()函数，代码如下：

```
from ctypes.wintypes import *
from ctypes import  *
```

调用 CreateToolhelp32Snapshot()函数的代码如下：

```
kernel32 = windll.kernel32
hSnapshot = kernel32.CreateToolhelp32Snapshot(15, 0)
```

2. Process32First()函数

调用 Process32First()函数可以从进程快照中获取第 1 个进程的信息，函数原型如下：

```
BOOL WINAPI Process32First(
  HANDLE hSnapshot,          // 之前调用 CreateToolhelp32Snapshot()函数得到的进程快照句柄
  LPPROCESSENTRY32 lppe     // 包含进程信息的结构体
);
```

如果函数执行成功，则返回 TRUE；否则返回 FALSE。

结构体 LPPROCESSENTRY32 的定义如下：

```
typedef struct tagPROCESSENTRY32{
 DWORD dwSize;                   // 结构体的长度，单位是字节
 DWORD cntUsage;                 // 引用进程的数量，必须为 1
 DWORD th32ProcessID;            // 进程标示符（PID）
 DWORD th32DefaultHeapID;        // 进程的默认堆标识符
 DWORD th32ModuleID;             // 进程的模块标识符
 DWORD cntThreads;               // 进程中运行的线程数量
 DWORD th32ParentProcessID;      // 创建进程的父进程的标识符
 LONG  pcPriClassBase;           // 进程创建的线程的优先级
 DWORD dwFlags;                  // 未使用
 TCHAR szExeFile[MAX_PATH];      // 进程对应的可执行文件名
 DWORD th32MemoryBase;           // 可执行文件的加载地址
 DWORD th32AccessKey;            // 位数组，每一位指定进程对地址的查看权限
 } PROCESSENTRY32;
```

为了在 Python 中获取进程信息，需要定义结构体 tagPROCESSENTRY32，代码如下：

```
class tagPROCESSENTRY32(Structure):
    _fields_ = [('dwSize',              DWORD),
                ('cntUsage',            DWORD),
                ('th32ProcessID',       DWORD),
                ('th32DefaultHeapID',   POINTER(ULONG)),
                ('th32ModuleID',        DWORD),
                ('cntThreads',          DWORD),
                ('th32ParentProcessID', DWORD),
                ('pcPriClassBase',      LONG),
                ('dwFlags',             DWORD),
                ('szExeFile',           c_char * 260)]
```

在 Python 中调用 Process32First ()函数的代码如下：

```
kernel32 = windll.kernel32
fProcessEntry32 = tagPROCESSENTRY32()
fProcessEntry32.dwSize = sizeof(fProcessEntry32)
listloop = kernel32.Process32First(hSnapshot, byref(fProcessEntry32))
```

参数 hSnapshot 是之前调用 CreateToolhelp32Snapshot()函数返回的进程快照句柄。

获取的进程信息被存储在 fProcessEntry32 里。

3. Process32Next()函数

调用 Process32Next()函数可以从进程快照中获取下一个进程的信息，函数原型如下：

```
BOOL WINAPI Process32Next(
  HANDLE hSnapshot,    // 之前调用 CreateToolhelp32Snapshot()函数得到的进程快照句柄
  LPPROCESSENTRY32 lppe // 包含进程信息的结构体
);
```

如果函数执行成功，则返回 TRUE；否则返回 FALSE。

在 Python 中调用 Process32Next()函数的代码如下：

```
kernel32 = windll.kernel32
fProcessEntry32 = tagPROCESSENTRY32()
fProcessEntry32.dwSize = sizeof(fProcessEntry32)
    listloop = kernel32.Process32Next(hSnapshot, byref(fProcessEntry32))
```

参数 hSnapshot 是之前调用 CreateToolhelp32Snapshot()函数返回的进程快照句柄。

获取的进程信息被存储在 fProcessEntry32 里。

【例 9-6】　利用进程快照枚举当前 Windows 运行进程的信息，代码如下：

```
from ctypes.wintypes import *
from ctypes import  *

kernel32 = windll.kernel32
# 定义进程信息结构体
class tagPROCESSENTRY32(Structure):
    _fields_ = [('dwSize',             DWORD),
                ('cntUsage',           DWORD),
                ('th32ProcessID',      DWORD),
                ('th32DefaultHeapID',  POINTER(ULONG)),
                ('th32ModuleID',       DWORD),
                ('cntThreads',         DWORD),
                ('th32ParentProcessID', DWORD),
                ('pcPriClassBase',     LONG),
                ('dwFlags',            DWORD),
                ('szExeFile',          c_char * 260)]
#  获取当前系统运行进程的快照
hSnapshot = kernel32.CreateToolhelp32Snapshot(15, 0)
fProcessEntry32 = tagPROCESSENTRY32()
#  初始化进程信息结构体的大小
fProcessEntry32.dwSize = sizeof(fProcessEntry32)

# 获取第一个进程信息
listloop = kernel32.Process32First(hSnapshot, byref(fProcessEntry32))
while listloop:  # 如果获取进程信息成功，则继续
    processName = (fProcessEntry32.szExeFile)
    processID = fProcessEntry32.th32ProcessID
    print("%d:%s" %(processID,processName))
    # 获取下一个进程信息
    listloop = kernel32.Process32Next(hSnapshot, byref(fProcessEntry32))
```

请参照注释理解，运行结果如图 9-3 所示。

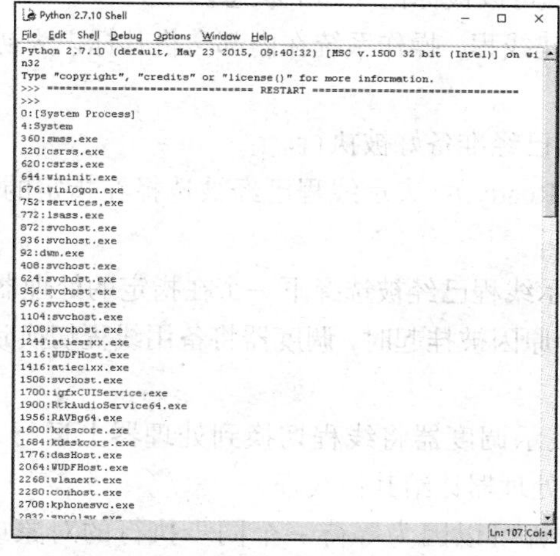

图 9-3　例 9-6 的运行结果

9.3 多线程编程

在应用程序中使用多线程编程，可以提高应用程序的并发性和处理速度，使后台计算不影响前台界面与用户的交互。本节将介绍线程的概念和多线程编程的方法。

9.3.1 线程的概念

在学习编程时，通常是从编写顺序程序开始的。例如，输出字符串、对一组元素进行排序、完成一些数学计算等。每个顺序程序都有一个开始，然后执行一系列顺序的指令，直至结束。在运行时的任意时刻，程序中只有一个点被执行。

线程是操作系统可以调度的最小执行单位,通常是将程序拆分成 2 个或多个并发运行的任务。一个线程就是一段顺序程序。但是线程不能独立运行，只能在程序中运行。

不同的操作系统实现进程和线程的方法也不同，但大多数是在进程中包含线程，Windows 就是这样。一个进程中可以存在多个线程，线程可以共享进程的资源（比如内存）。而不同的进程之间则是不能共享资源的。

比较经典的情况是进程中的多个线程执行相同的代码，并共享进程中的变量。举个形象的例子，就好像几个厨师按照相同的菜谱做菜，他们共同使用一些食材，每个厨师对食材的使用情况都会影响其他厨师的工作。

在单处理器的计算机中，系统会将 CPU 时间拆分给多线程，处理器在不同的线程之间切换。而在多处理器或多核系统中，线程则是真正地同时运行，每个处理器或内核运行一个线程。

线程与进程的对比如下：

进程通常可以独立运行，而线程则是进程的子集，只能在进程运行的基础上运行。

进程拥有独立的私有内存空间，一个进程不能访问其他进程的内存空间；而一个进程中的线程则可以共享内存空间。

进程之间只能通过系统提供的进程间通信的机制进行通信，而现场间的通信则简单得多。

一个进程中的线程之间切换上下文比不同进程之间切换上下文要高效得多。

在操作系统内核中，线程可以被标记成如下状态。

- 初始化（Init）：在创建线程，操作系统在内部会将其标识为初始化状态。此状态只在系统内核中使用。
- 就绪（Ready）：线程已经准备好被执行。
- 延迟就绪（Deferred Ready）：表示线程已经被选择在指定的处理器上运行，但还没有被调度。
- 备用（Standby）：表示线程已经被选择下一个在指定的处理器上运行。当该处理器上运行的线程因等待资源等原因被挂起时，调度器将备用线程切换到处理器上运行。只有一个线程可以是备用状态。
- 运行（Running）：表示调度器将线程切换到处理器上运行，它可以运行一个线程周期（Quantum），然后将处理器让给其他线程。
- 等待（Waiting）：线程可以因为等待一个同步执行的对象或等待资源等原因切换到等待状态。

- 过渡（Transition），表示线程已经准备好被执行，但它的内核堆已经被从内存中移除。一旦其内核堆被加载到内存中，线程就会变成运行状态。
- 终止（Terminated）：当线程被执行完成后，其状态会变成终止。系统会释放线程中的数据结构和资源。

Windows 线程的状态切换如图 9-4 所示。

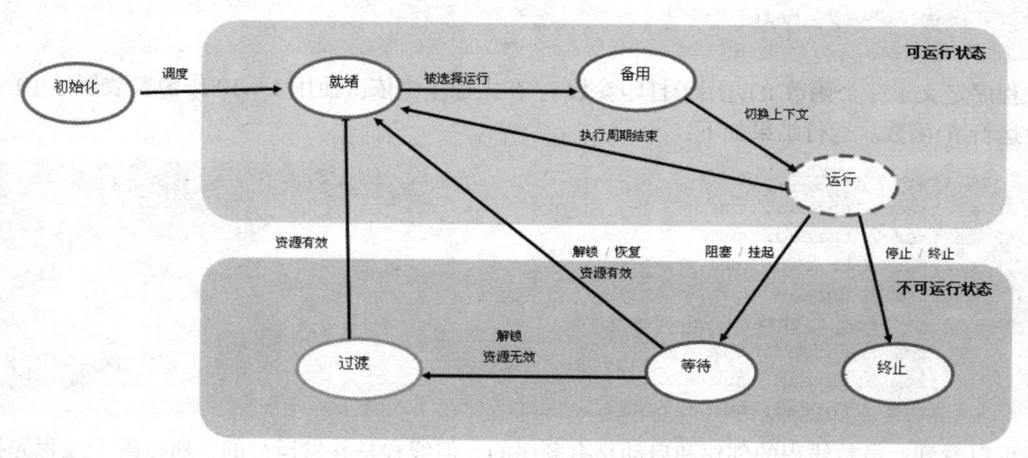

图 9-4　Windows 线程的状态切换

每个线程必须拥有一个进入点函数，线程从这个进入点开始运行。如果希望在进程中创建一个线程，则必须为该线程指定一个进入点函数，这个函数也称为线程函数。

9.3.2　threading 模块

可以引用 threading 模块来管理线程。导入 threading 模块的方法如下：

```
import threading
```

1．创建和运行线程

在 threading 模块中时可用 Thread 类来管理线程。创建线程对象的方法如下：

```
线程对象 = threading.Thread(target=线程函数,args=(参数列表), name=线程名, group=线程组)
```

线程名和线程组都可以省略。

创建线程后，通常需要调用线程对象的 setDaemon()方法将线程设置为守护线程。主线程执行完后，如果还有其他非守护线程，则主线程不会退出，而是会被无限挂起；必须将线程声明为守护线程之后，如果队列中的线程运行完成，那么整个程序不用等待就可以退出。setDaemon()函数的使用方法如下：

```
线程对象.setDaemon(是否设置为守护线程)
```

setDaemon()函数必须在运行线程之前被调用。调用线程对象的 start()方法可以运行线程。

【例 9-7】　线程编程的例子。

```
import threading

def f(i):
  print(" I am from a thread, num = %d \n" %(i))
```

```
def main():
    for i in range(1,10):
        t = threading.Thread(target=f,args=(i,))
        t.setDaemon(True)
        t.start();


if __name__ == "__main__":
    main();
```

程序定义了一个函数 f()，用于打印参数 i。在主程序中依次使用 1～10 作为参数创建 10 个线程，运行 f()函数。运行结果如下：

```
I am from a thread, num = 1
 I am from a thread, num = 7
 I am from a thread, num = 8
 I am from a thread, num = 9
 I am from a thread, num = 2
>>>  I am from a thread, num = 3
 I am from a thread, num = 4
 I am from a thread, num = 5
 I am from a thread, num = 6
```

可以看到，虽然线程的创建和启动是有顺序的，但线程是并发运行的，所以哪个线程先执行完是不确定的。从运行结果可以看到，输出的数字也是没有规律的。而且在“I am from a thread, num = 3”前面有一个>>>，说明主程序在此处已经退出。

2. 阻塞进程

调用线程对象的 join()方法可以阻塞进程直到线程执行完毕，函数原型如下：

```
join(timeout=None)
```

参数 timeout 指定超时时间（单位为秒），超过指定时间 join 则不再阻塞进程。

【例 9-8】 使用 join()方法阻塞进程直到线程执行完毕的例子。

```
import threading

def f(i):
  print(" I am from a thread, num = %d \n" %(i))

def main():
   for i in range(1,10):
      t = threading.Thread(target=f,args=(i,))
      t.setDaemon(True)
      t.start();
   t.join();
if __name__ == "__main__":
   main();
```

程序的运行结果如下：

```
I am from a thread, num = 1
I am from a thread, num = 7
I am from a thread, num = 8
I am from a thread, num = 9
I am from a thread, num = 2
I am from a thread, num = 3
```

```
I am from a thread, num = 4
I am from a thread, num = 5
I am from a thread, num = 6
```

可以看到，进程在所有线程结束后才退出。

3. 指令锁

当多个线程同时访问同一资源（比如全局变量）时，可能会出现访问冲突。

【例 9-9】　当多个线程同时访问同一全局变量时出现访问冲突的例子。

```
import threading
import time
num =0;
def f():
   global num
   b= num
   time.sleep(0.0001)
   num=b+1
   print('%s \n' % threading.currentThread().getName())


def main():
    for i in range(1,20):
        t = threading.Thread(target=f)
        t.setDaemon(True)
        t.start();

    t.join()
    print(num)
if __name__ == "__main__":
    main();
```

程序的运行结果如下：

```
Thread-1
Thread-2
Thread-3



Thread-4

Thread-5
Thread-6


Thread-7
Thread-8
Thread-9


Thread-10

Thread-11

Thread-12
Thread-13
```

```
Thread-14
Thread-15
Thread-16

Thread-17


Thread-18
Thread-19




13
```

程序定义了一个 f()函数，在 f()函数中定义了一个全局变量 num。程序首先将 num 赋值到局部变量 b 中，然后休眠 0.0001 秒（模拟程序执行其他操作），再将 b+1 赋值到 num 中。

在主程序中，使用循环语句 19 次启动线程，执行 f()函数。因为线程是并发执行的，所以在有的线程休眠时，其他线程可能已经修改了全局变量 num 的值，而此时局部变量 b 中还保存着原来的 num 值，从而造成程序的逻辑错误。

从结果看，虽然有 19 次输出调用了线程，而且每次调用线程都将全局变量 num 加 1，而在主程序中输出 num 的值，结果却为 13。多次运行程序，每次的结果都可能不同。

threading.currentThread()可以获得当前运行的线程对象。threading. currentThread(). getName()可以获得当前运行的线程对象名。

可以使用锁来限制线程同时访问同一资源。指令锁（Lock）是可用的最低级的同步指令。指令锁处于锁定状态时，不能被特定的线程所拥有。当线程申请一个处于锁定状态的锁时线程会被阻塞，直至该锁被释放。因此，可以在访问全局变量之前申请一个指令锁，在访问全局变量之后释放一个指令锁，这样就可以避免多个线程同时访问全局变量。

可以使用 threading.Lock()方法创建一个指令锁，例如：

```
lock = threading.Lock()
```

使用指令锁对象的 acquire()方法可以申请指令锁，语法如下：

```
acquire([timeout])
```

timeout 是可选参数，用于指定指令锁的锁定时间。调用 acquire([timeout])时，线程将一直阻塞，直到获得锁或者直到 timeout 秒时间后。

使用指令锁对象的 release()方法可以释放指令锁。

【例 9-10】 改进例 9-9，使用指令锁避免多个线程同时访问全局变量。

```
import threading
import time
lock = threading.Lock() # 创建一个指令锁
num =0;
def f():
    global num
    if lock.acquire():
        print('%s 获得指令锁.' % threading.currentThread().getName())
```

```
        b= num
        time.sleep(0.0001)
        num=b+1
        lock.release()# 释放指令锁
        print('%s 释放指令锁.' % threading.currentThread().getName())
    print('%s \n' % threading.currentThread().getName())


def main():
    for i in range(1,20):
        t = threading.Thread(target=f)
        t.setDaemon(True)
        t.start();

    t.join()
    print(num)
if __name__ == "__main__":
    main();
```

程序的运行结果如下：

```
Thread-1 获得指令锁.
Thread-1 释放指令锁.Thread-2 获得指令锁.


Thread-1
Thread-2 释放指令锁.Thread-3 获得指令锁.


Thread-2
Thread-4 获得指令锁.Thread-3 释放指令锁.


Thread-5 获得指令锁.Thread-4 释放指令锁.Thread-3



Thread-6 获得指令锁.Thread-5 释放指令锁.Thread-4



Thread-7 获得指令锁.Thread-6 释放指令锁.Thread-5



Thread-7 释放指令锁.Thread-8 获得指令锁.Thread-6



Thread-7
Thread-9 获得指令锁.Thread-8 释放指令锁.


Thread-9 释放指令锁.Thread-10 获得指令锁.Thread-8
```

```
Thread-9
Thread-11 获得指令锁.Thread-10 释放指令锁.


Thread-12 获得指令锁.Thread-11 释放指令锁.Thread-10



Thread-12 释放指令锁.Thread-13 获得指令锁.Thread-11



Thread-12
Thread-13 释放指令锁.Thread-14 获得指令锁.


Thread-13
Thread-14 释放指令锁.Thread-15 获得指令锁.


Thread-14
Thread-15 释放指令锁.Thread-16 获得指令锁.


Thread-15
Thread-16 释放指令锁.Thread-17 获得指令锁.


Thread-16
Thread-18 获得指令锁.Thread-17 释放指令锁.


Thread-19 获得指令锁.Thread-18 释放指令锁.Thread-17



Thread-19 释放指令锁.Thread-18


Thread-19

19
```

多次运行，确认结果都一致，对全局变量 num 的计数等于 19，没有出现冲突，达到了预期的效果。

4. 可重入锁

使用指令锁可以避免多个线程同时访问全局变量。但是如果一个线程里面有递归函数，则它可能会多次请求访问全局变量，此时，即使线程已经获得指令锁，在它再次申请指令锁时也会被阻塞。

此时可以使用可重入锁（RLock）。每个可重入锁都关联一个请求计数器和一个占有它的线程，当请求计数器为 0 时，这个锁可以被一个线程请求得到并把锁的请求计数加 1。如果同一个线程再次请求这个锁，请求计数器就会增加，当该线程释放 RLock 时，其计数器减 1，当计数器为 0 时，锁被释放。

可以使用 threading.RLock()方法创建一个个可重入锁，例如：

```
lock = threading.RLock()
```

使用 acquire()方法可以申请可重入锁，使用 release()方法可以释放可重入锁。具体用法与指令锁相似。

【例 9-11】　使用可重入锁的例子。

```
import threading
import time
lock = threading.RLock() # 创建一个可重入锁
num =0;
def f():
    global num
    # 第一次请求锁定
    if lock.acquire():
        print('%s 获得可重入锁.\n' %(threading.currentThread().getName()))
        time.sleep(0.0001)
        # 第 2 次请求锁定
        if lock.acquire():
            print('%s 获得可重入锁.\n' %(threading.currentThread().getName()))
            time.sleep(0.0001)
            lock.release()# 释放指令锁
            print('%s 释放指令锁.\n' %(threading.currentThread().getName()))
        time.sleep(0.0001)
        print('%s 释放指令锁.\n' %(threading.currentThread().getName()))
        lock.release()# 释放指令锁


def main():
    for i in range(1,20):
        t = threading.Thread(target=f)
        t.setDaemon(True)
        t.start();

    t.join()
    print(num)
if __name__ == "__main__":
    main();
```

程序的运行结果如下：

```
Thread-1 获得可重入锁.

Thread-1 获得可重入锁.

Thread-1 释放指令锁.

Thread-1 释放指令锁.
```

```
Thread-2 获得可重入锁.
Thread-2 获得可重入锁.
Thread-2 释放指令锁.
Thread-2 释放指令锁.
Thread-3 获得可重入锁.
Thread-3 获得可重入锁.
Thread-3 释放指令锁.
Thread-3 释放指令锁.
Thread-4 获得可重入锁.
Thread-4 获得可重入锁.
Thread-4 释放指令锁.
Thread-4 释放指令锁.
Thread-5 获得可重入锁.
Thread-5 获得可重入锁.
Thread-5 释放指令锁.
Thread-5 释放指令锁.
Thread-6 获得可重入锁.
Thread-6 获得可重入锁.
Thread-6 释放指令锁.
Thread-6 释放指令锁.
Thread-7 获得可重入锁.
Thread-7 获得可重入锁.
Thread-7 释放指令锁.
Thread-7 释放指令锁.
Thread-8 获得可重入锁.
```

```
Thread-8 获得可重入锁.
Thread-8 释放指令锁.
Thread-8 释放指令锁.
Thread-9 获得可重入锁.
Thread-9 获得可重入锁.
Thread-9 释放指令锁.
Thread-9 释放指令锁.
Thread-10 获得可重入锁.
Thread-10 获得可重入锁.
Thread-10 释放指令锁.
Thread-10 释放指令锁.
Thread-11 获得可重入锁.
Thread-11 获得可重入锁.
Thread-11 释放指令锁.
Thread-11 释放指令锁.
Thread-12 获得可重入锁.
Thread-12 获得可重入锁.
Thread-12 释放指令锁.
Thread-12 释放指令锁.
Thread-13 获得可重入锁.
Thread-13 获得可重入锁.
Thread-13 释放指令锁.
Thread-13 释放指令锁.
Thread-14 获得可重入锁.
Thread-14 获得可重入锁.
```

```
Thread-14 释放指令锁.
Thread-14 释放指令锁.
Thread-15 获得可重入锁.
Thread-15 获得可重入锁.
Thread-15 释放指令锁.
Thread-15 释放指令锁.
Thread-16 获得可重入锁.
Thread-16 获得可重入锁.
Thread-16 释放指令锁.
Thread-16 释放指令锁.
Thread-17 获得可重入锁.
Thread-17 获得可重入锁.
Thread-17 释放指令锁.
Thread-17 释放指令锁.
Thread-18 获得可重入锁.
Thread-18 获得可重入锁.
Thread-18 释放指令锁.
Thread-18 释放指令锁.
Thread-19 获得可重入锁.
Thread-19 获得可重入锁.
Thread-19 释放指令锁.
Thread-19 释放指令锁.
```

多次运行，确认结果都一致。可以看到，当一个线程获取可重入锁后，它自身还可以申请到该锁，而其他线程则无法获取，直至该锁被彻底释放。

5. 信号量

信号量（Semaphore），有时也称为信号灯，是在多线程环境下使用的一种机制，可以用来保证两个或多个关键代码段不被并发调用。在进入一个关键代码段之前，线程必须获取一个信号量；

一旦该关键代码段完成，那么该线程必须释放信号量。信号量管理一个内置的计数器，每当调用 acquire()方法时，计数器-1；调用 release()方法时，计数器+1。计数器不能小于 0；当计数器为 0 时，调用 acquire()方法将阻塞线程至同步锁定状态，直到其他线程调用 release()。通常，使用信号量来同步一些有“访客上限”的对象，比如连接池。

创建信号量对象的方法如下：

```
信号量对象 = threading.Semaphore(计数器初值)
```

例如，使用下面的语句可以创建一个计数器初值为 2 的信号量对象 s。

```
s = threading.Semaphore(2)
```

使用 acquire()方法可以申请信号量，使用 release()方法可以释放信号量。具体用法与指令锁相似。

【例 9-12】 使用信号量的例子。

```
import threading
import time
s = threading. Semaphore(2) # 创建一个计数器初值为 2 的信号量对象 s
num =0;
def f():
    global num
    # 第一次请求锁定
    if s.acquire():
        print('%s 获得信号量.\n' %(threading.currentThread().getName()))
        time.sleep(0.0001)
        print('%s 释放信号量.\n' %(threading.currentThread().getName()))
        s.release()# 释放指令锁


def main():
    for i in range(1,10):
        t = threading.Thread(target=f)
        t.setDaemon(True)
        t.start();

    t.join()
if __name__ == "__main__":
    main();
```

程序的运行结果如下：

```
Thread-1 获得信号量.
Thread-2 获得信号量.


Thread-1 释放信号量.
Thread-2 释放信号量.


Thread-3 获得信号量.
Thread-4 获得信号量.
```

```
Thread-3 释放信号量.
Thread-4 释放信号量.

Thread-5 获得信号量.
Thread-6 获得信号量.

Thread-5 释放信号量.
Thread-6 释放信号量.

Thread-7 获得信号量.
Thread-8 获得信号量.

Thread-7 释放信号量.
Thread-8 释放信号量.

Thread-9 获得信号量.

Thread-9 释放信号量.
```

因为信号量计数器等于 2，所以线程获得和释放信号量都是 2 个一组。

6. 事件

事件是线程通信的一种机制，一个线程通知事件，其他线程等待事件。事件对象内置一个标记（初始值为 False），在线程中根据事件对象的标记决定是继续运行还是阻塞。事件对象中与内置标记有关的方法如下。

- set()：将内置标记设置为 True；
- clear()：将内置标记设置为 False；
- wait()：阻塞线程至事件对象的内置标记被设置为 True。

【例 9-13】 使用事件的例子。

```
import threading
import time
e = threading.Event() # 创建一个事件对象 e
def f1():
    print('%s start.\n' %(threading.currentThread().getName()))
    time.sleep(5)
    print('触发事件.\n')
    e.set()

def f2():
    e.wait();
    print('%s start.\n' %(threading.currentThread().getName()))


def main():
    t1 = threading.Thread(target=f1)
    t1.setDaemon(True)
    t1.start();
```

```
    t2 = threading.Thread(target=f2)
    t2.setDaemon(True)
    t2.start();

if __name__ == "__main__":
    main();
```

程序中定义了一个事件对象 e。在 f1()函数中休眠 5 秒，然后调用 set()方法，将事件对象 e 的内置标记设置为 True，从而触发事件；在 f2()函数中调用 e.wait()方法等待事件对象 e 被触发。程序的运行结果如下：

```
Thread-1 start.

触发事件.

Thread-2 start.
```

线程 1 运行 5 秒后触发事件 e，随后线程 2 继续运行。可见，可以使用事件对象实现线程间的通信。

7. 定时器

定时器（Timer）是 Thread 的派生类，用于在指定时间后调用一个函数，具体方法如下：

```
timer = threading.Timer(指定时间 t, 函数 f)
timer.start()
```

执行 timer.start()后，程序会在指定时间 t 后启动线程执行函数 f。

【例 9-14】 使用 Timer 的例子。

```
import threading
import time

def func():
    print(time.ctime())
print(time.ctime())
timer = threading.Timer(1, func)
timer.start()
```

例 9-14 中定义了一个 func()函数，用于打印当前系统时间。程序首先打印当前系统时间，然后使用定时器（Timer）在 1 秒后调用 func()函数。运行结果如下：

```
Wed Feb 24 07:58:21 2016
>>> Wed Feb 24 07:58:22 2016
```

可以看到，2 个时间正好间隔 1 秒。

本 章 练 习

一、选择题

1. 可以引用（　　）模块来管理进程。

   A. subprocess　　B. process　　C. threading　　D. thread

2. 不能用于创建进程的方法为（　　）。

   A. subprocess　　B. subprocess.Popen()函数

C. CreateProcess 函数　　　　　　D. NewProcess 函数

3. Python 的（　　）库赋予了 Python 类似于 C 语言一样的底层操作能力。

A. . clib　　　　　　B. .clanguange

C. cpython　　　　　　D. ctype

4. 使用指令锁对象的（　　）方法可以申请指令锁。

A. . Lock()　　　　　　B. acquire()

C. apply()　　　　　　D. release()

5. 通常使用（　　）来同步一些有“访客上限”的对象，比如连接池。

A. 指令锁　　　　　　B. 可重入锁

C. 事件　　　　　　D. 信号量

二、填空题

1. 每个进程至少包含一个________，它从主程序开始执行，直到退出程序。

2. 调用 Windows API________()可以获取当前系统运行进程的快照（Snapshot），也就是运行进程的列表，其中包含进程标示符及其对应的可执行文件等信息。

3. 在 Python 中，可以通过执行________命令来终止进程。

4. 可以引用________模块来管理线程。

三、简答题

1. 简述什么是进程。

2. 简述 Windows 进程由哪几个部分组成。

3. 简述什么是线程。

第 10 章 Python 网络编程

学前提示

随着 Internet 技术的应用和普及，人类社会已经进入了信息化的网络时代。大多数应用程序运行在网络环境下，能够开发网络应用程序是程序员的必备技能。本章介绍 Python 网络编程的方法。

知识要点

- OSI 参考模型
- TCP/IP 协议簇体系结构
- Socket
- 基于 TCP 的 Socket 编程
- 基于 UDP 的 Socket 编程

10.1 网络通信模型和 TCP/IP 协议簇

Internet 可以把世界上各种类型、品牌的硬件和软件都集成在一起，实现互联和通信。如果没有统一的标准协议和接口，这一点是根本无法做到的。为了推动 Internet 的发展和普及，标准化组织制定了各种网络模型和标准协议，本节将介绍通用的 OSI 参考模型和 TCP/IP 层次模型。了解这些网络模型和通信协议的基本工作原理，是管理和配置网络、开发网络应用程序的基础。

10.1.1 OSI 参考模型

ISO（International Organization for Standardization，国际标准化组织）是一个全球性的非政府组织，是国际标准化领域中一个十分重要的机构。为了使不同品牌和不同操作系统的网络设备（主机）能够在网络中相互通信，ISO 于 1981 年制定了“开放系统互连参考模型”，即 Open System Interconnection Reference Model，简称为 OSI 参考模型。

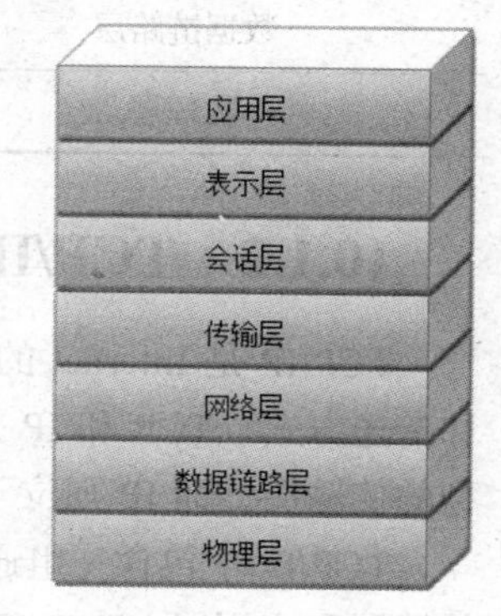

图 10-1 OSI 参考模型

OSI 参考模型将网络通信的工作划分为 7 个层次，由低到高分别为物理层（Physical Layer）、数据链路层（Data Link Layer）、网络层（Network Layer）、传输层（Transport Layer）、会话层（Session Layer）、表示层（Presentation Layer）和应用层（Application Layer），如图 10-1 所示。

物理层、数据链路层和网络层属于 OSI 参考模型中的低 3 层，负责创建网络通信连接的链路；其他 4 层负责端到端的数据通信。每一层都完成特定的功能，并为其上层提供服务。

在网络通信中，发送端自上而下地使用 OSI 参考模型，对应用程序要发送的信息进行逐层打包，直至在物理层将其发送到网络中；而接收端则自下而上地使用 OSI 参考模型，将收到的物理数据逐层解析，最后将得到的数据传送给应用程序。具体过程如图 10-2 所示。

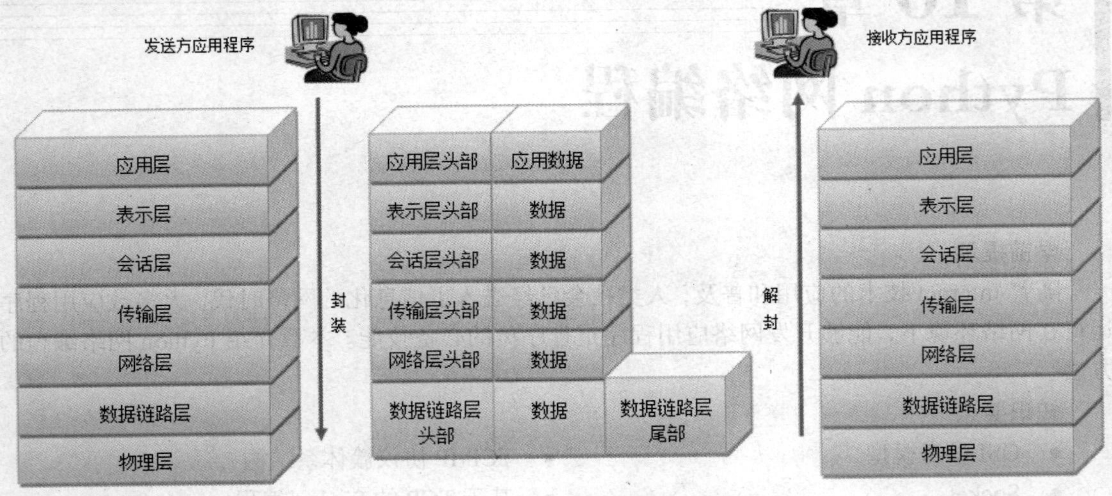

图 10-2 OSI 参考模型的通信过程

当然，并不是所有的网络通信都需要经过 OSI 模型的全部七层。例如，同一网段的二层交换机之间通信只需要经过数据链路层和物理层，而路由器之间的连接则只需要网络层、数据链路层和物理层即可。在发送方封装数据的过程中，每一层都会为数据包加上一个头部；在接收方解封数据时，又会逐层解析掉这个头部。因此，双方的通信必须在对等层次上进行，否则接收方将无法正确地解析数据。

在 OSI 参考模型中，对等层协议之间交换的信息单元统称为协议数据单元（PDU，Protocol Data Unit）。而在传输层及其下面各层中，PDU 还有各自特定的名称，具体如表 10-1 所列。

表 10-1 PDU 在 OSI 参考模型中的特定名称

OSI 参考模型中的层次	PDU 的特定名称
传输层	数据段（Segment）
网络层	数据包（Packet）
数据链路层	数据帧（Frame）
物理层	比特（Bit）

10.1.2 TCP/IP 协议簇体系结构

TCP/IP 是 Internet 的基础网络通信协议，它规范了网络上所有网络设备之间数据往来的格式和传送方式。TCP 和 IP 是两个独立的协议，它们负责网络中数据的传输。TCP 位于 OSI 参考模型的传输层，而 IP 则位于网络层。

TCP/IP 中包含一组通信协议，因此被称为协议簇。TCP/IP 协议簇中包含网络接口层、网络层、传输层和应用层。TCP/IP 协议簇和 OSI 参考模型间的对应关系如图 10-3 所示。

1. 网络接口层

在 TCP/IP 参考模型中，网络接口层位于最低层。它负责通过网络发送和接收 IP 数据包。网络接口层包括各种物理网络协议，例如局域网的 Ethernet（以太网）协议、Token Ring（令牌环）协议，分组交换网的 X.25 协议等。

OSI 参考模型	TCP/IP 协议簇	
应用层 表示层 会话层	应用层	FTP、Telnet SMTP、SNMP、NFS
传输层	传输层	TCP、UDP
网络层	网络层	IP、ICMP 、ARP、RARP
数据链路层	网络接口层	Ethernet 802.3、Token Ring 802.5、X.25、Frame reley、HDLC、PPP
物理层	未定义	

图 10-3　TCP/IP 协议簇和 OSI 参考模型间的对应关系

2. 网络层

在 TCP/IP 参考模型中，网络层位于第 2 层。它负责将源主机的报文分组发送到目的主机，源主机与目的主机可以在一个网段中，也可以在不同的网段中。

网络层包括下面 4 个核心协议。

- IP（Internet Protocol，网际协议）：主要任务是对数据包进行寻址和路由，把数据包从一个网络转发到另一个网络。
- ICMP（Internet Control Message Protocol，网际控制报文协议）：用于在 IP 主机和路由器之间传递控制消息。控制消息是指网络是否连通、主机是否可达、路由是否可用等网络本身的消息。这些控制消息虽然并不传输用户数据，但是对于用户数据的传递起着重要的作用。
- ARP（Address Resolution Protocol，地址解析协议）：可以通过 IP 地址得知其物理地址（Mac 地址）的协议。在 TCP/IP 网络环境下，每个主机都分配了一个 32 位的 IP 地址，这种互联网地址是在网际范围标识主机的一种逻辑地址。为了让报文在物理网络上传送，必须知道对方目的主机的物理地址。这样就存在把 IP 地址变换成物理地址的地址转换问题。
- RARP（Reverse Address Resolution Protocol，逆向地址解析协议）：该协议用于完成物理地址向 IP 地址的转换。

3. 传输层

在 TCP/IP 参考模型中，传输层位于第 3 层。它负责在应用程序之间实现端到端的通信。传输层中定义了下面两种协议。

- TCP：是一种可靠的面向连接的协议，它允许将一台主机的字节流无差错地传送到目的主机。TCP 协议同时要完成流量控制功能，协调收发双方的发送与接收速度，达到正确传输的目的。
- UDP：是一种不可靠的无连接协议。与 TCP 相比，UDP 更加简单，数据传输速率也较高。当通信网的可靠性较高时，UDP 方式具有更大的优越性。

4. 应用层

在 TCP/IP 参考模型中，应用层位于最高层，其中包括了所有与网络相关的高层协议。常用的应用层协议说明如下。

- Telnet（Teletype Network，网络终端协议）：用于实现网络中的远程登录功能。
- FTP（File Transfer Protocol，文件传输协议）：用于实现网络中的交互式文件传输功能。
- SMTP（Simple Mail Transfer Protocol，简单邮件传输协议）：用于实现网络中的电子邮件传送功能。
- DNS（Domain Name System，域名系统）：用于实现网络设备名称到 IP 地址的映射。
- SNMP（Simple Network Management Protocol，简单网络管理协议）：用于管理与监视网络设备。
- RIP（Routing Information Protocol，路由信息协议）：用于在网络设备之间交换路由信息。
- NFS（Network File System，网络文件系统）：用于网络中不同主机之间的文件共享。
- HTTP（Hyper Text Transfer Protocol，超文本传输协议）：这是互联网上应用最为广泛的一种网络协议。所有的 WWW 文件都必须遵守这个标准。设计 HTTP 的最初目的是提供一种发布和接收 HTML 页面的方法。

10.2 Socket 编程

在开发网络应用程序时，最重要的问题就是如何实现不同主机之间的通信。在 TCP/IP 网络环境中，可以使用 Socket 接口来建立网络连接、实现主机之间的数据传输。本节将介绍使用 Socket 接口来编写网络应用程序的基本方法。

10.2.1 Socket 的工作原理和基本概念

Socket 的中文翻译是“套接字”，它是 TCP/IP 网络环境下应用程序与底层通信驱动程序之间运行的开发接口，它可以将应用程序与具体的 TCP/IP 隔离开来，使应用程序不需要了解 TCP/IP 的具体细节，就能够实现数据传输。

在网络应用程序中，实现基于 TCP 的网络通信与现实生活中打电话有很多相似之处。如果两个人希望通过电话进行沟通，则必须要满足下面的条件。

（1）拨打电话的一方需要知道对方的电话号码。如果对方使用的是内部电话，则还需要知道分机号码。而被拨打的电话则不需要知道对方的号码。

（2）被拨打的电话号码必须已经启用，而且将电话线连接到了电话机上。

（3）被拨打电话的主人有空闲时间可以接听电话，如果长期无人接听，则会自动挂断电话。

（4）双方必须使用相同的语言进行通话。这一条看似有些多余，但如果真的一个说汉语，另一个却说英语，那么是没有办法正常沟通的。

（5）在通话过程中，物理线路必须保持通畅，否则电话将会被挂断。

（6）在通话过程中，任何一方都可以主动挂断电话。

在网络应用程序中，Socket 通信是基于客户端/服务器结构的。客户端是发送数据的一方，而服务器则时刻准备着接收来自客户端的数据，并对客户端做出响应。下面是基于 TCP 的两个网络应用程序进行通信的基本过程。

（1）客户端（相当于拨打电话的一方）需要了解服务器的地址（相当于电话号码）。在 TCP/IP 网络环境中，可以使用 IP 地址来标识一个主机。但仅仅使用 IP 地址是不够的，如果一台主机中运行了多个网络应用程序，那么如何确定与哪个应用程序通信呢？在 Socket 通信过程中借用了 TCP 和 UDP 中端口的概念，不同的应用程序可以使用不同的端口进行通信，这样一个主机上就可以同时有多个应用程序进行网络通信。这有些类似于电话分机的作用。

（2）服务器应用程序必须早于客户端应用程序启动，并在指定的 IP 地址和端口上执行监听操作。如果该端口被其他应用程序占用，则服务器应用程序无法正常启动。服务器处于监听状态就类似于电话接通电话线、等待拨打的状态。

（3）客户端在申请发送数据时，服务器端应用程序必须有足够的时间响应才能进行正常通信。否则，就好像电话已经响铃，但却无人接听一样。在通常情况下，服务器应用程序都需要具备同时处理多个客户端请求的能力，如果服务器应用程序设计得不合理或者客户端的访问量过大，都有可能导致无法及时响应客户端的情况。

（4）使用 Socket 协议进行通信的双方还必须使用相同的通信协议，Socket 支持的底层通信协议包括 TCP 和 UDP 两种。在通信过程中，双方还必须采用相同的字符编码格式，而且按照双方约定的方式进行通信。这就好像在通电话的时候，双方必须采用对方能理解的语言进行沟通一样。

（5）在通信过程中，物理网络必须保持畅通，否则通信将会中断。

（6）通信结束之前，服务器端和客户端应用程序都可以中断它们之间的连接。

为什么把网络编程接口叫作套接字（Socket）编程接口呢？Socket 这个词，字面上是凹槽、插座和插孔的意思。这让人联想到电源插座和电话插座，这些简单的设备，给我们带来了很大的方便。

TCP 是基于连接的通信协议，两台计算机之间需要建立稳定可靠的连接，并在该连接上实现可靠的数据传输。如果 Socket 通信是基于 UDP 的，则数据传输之前并不需要建立连接，这就好像发电报或者发短信一样，即使对方不在线，也可以发送数据，但并不能保证对方一定会收到数据。UDP 提供了超时和重试机制，如果发送数据后指定的时间内没有得到对方的响应，则视为操作超时，而且应用程序可以指定在超时后重新发送数据的次数。

Socket 编程的层次结构如图 10-4 所示。可以看到，Socket 开发接口位于应用层和传输层之间，可以选择 TCP 和 UDP 两种传输层协议实现网络通信。

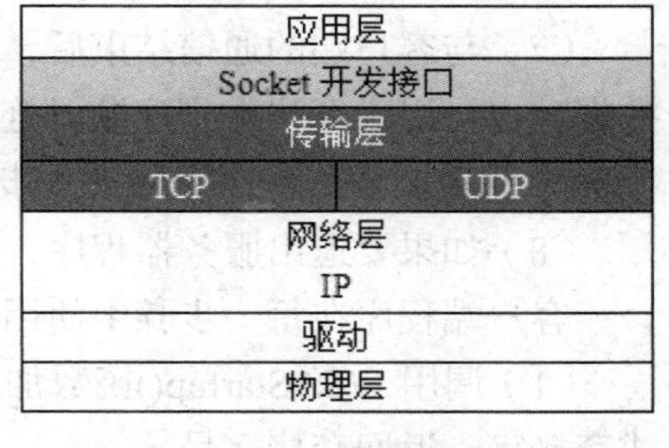

图 10-4　Socket 编程的层次结构

10.2.2　基于 TCP 的 Socket 编程

Python 可以通过 socket 模块实现 Socket 编程。在开始 Socket 编程之前，需要导入 socket 模块，代码如下：

```
import socket
```

面向连接的 Socket 通信是基于 TCP 的。网络中的两个进程以客户机/服务器模式进行通信，具体步骤如图 10-5 所示。

服务器程序要先于客户机程序启动，每个步骤中调用的 Socket 函数如下。

（1）调用 socket()函数创建一个流式套接字，返回套接字号 s。

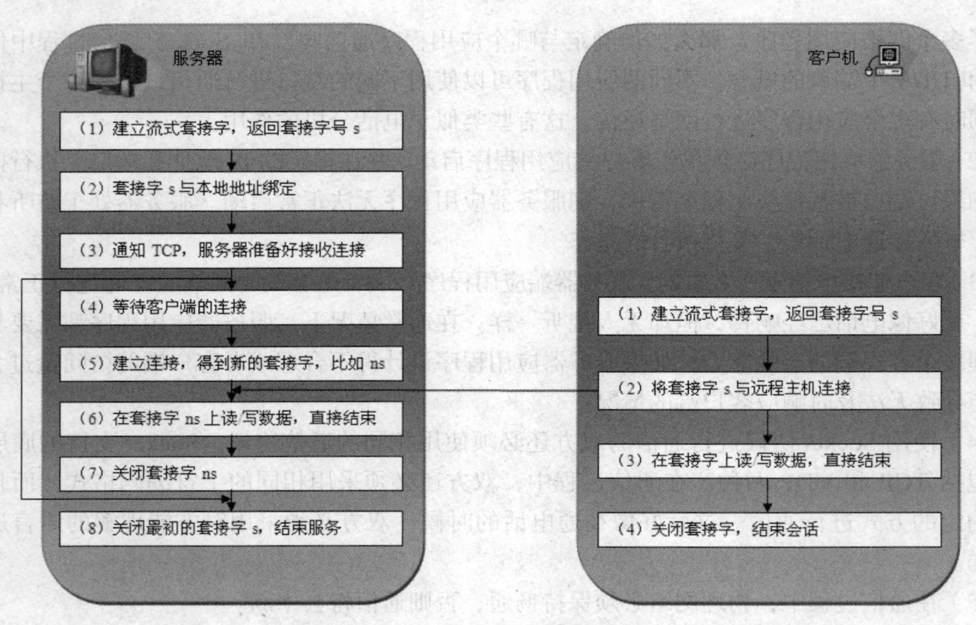

图 10-5　服务器和客户机进程实现面向连接的 Socket 通信的过程

（2）调用 bind()函数将套接字 s 绑定到一个已知的地址，通常为本地 IP 地址。

（3）调用 listen()函数将套接字 s 设置为监听模式，准备好接收来自各个客户机的连接请求。

（4）调用 accept()函数等待接收客户端的连接请求。

（5）如果接收到客户端的请求，则 accept()函数返回，得到新的套接字 ns。

（6）调用 recv()函数接收来自客户端的数据，调用 send()函数向客户端发送数据。

（7）与客户端的通信结束后，服务器程序可以调用 shutdown()函数通知对方不再发送或接收数据，也可以由客户端程序断开连接。断开连接后，服务器进程调用 closesocket()函数关闭套接字 ns。此后服务器程序返回第 4 步，继续等待客户端进程的连接。

（8）如果要退出服务器程序，则调用 closesocket()函数关闭最初的套接字 s。

客户端程序在每一步骤中使用的函数如下。

（1）调用 WSAStartup()函数加载 Windows Sockets 动态库，然后调用 socket()函数创建一个流式套接字，返回套接字号 s。

（2）调用 connect()函数将套接字 s 连接到服务器。

（3）调用 send()函数向服务器发送数据，调用 recv()函数接收来自服务器的数据。

（4）与服务器的通信结束后，客户端程序可以调用 close()函数关闭套接字。

这些函数都在 socket 模块中定义。下面将具体介绍这些函数的使用方法。

1. socket()函数

socket()函数用于创建与指定的服务提供者绑定套接字，函数原型如下：

```
socket=socket.socket(familly,type)
```

参数说明如下：

- familly，指定协议的地址家族，可为 AF_INET 或 AF_UNIX。AF_INET 家族包括 Internet 地址，AF_UNIX 家族用于同一台机器上的进程间通信。
- type，指定套接字的类型，具体取值如表 10-2 所列。

表 10-2　　套接字类型的取值

套接字类型	说明
SOCK_STREAM	提供顺序、可靠、双向和面向连接的字节流数据传输机制，使用 TCP
SOCK_DGRAM	支持无连接的数据报，使用 UDP
SOCK_RAW	原始套接字，可以用于接收本机网卡上的数据帧或者数据包

如果函数执行成功，则返回新 Socket 的句柄。

2. bind()函数

bind()函数可以将本地地址与一个 Socket 绑定在一起，函数原型如下：

```
socket.bind( address )
```

参数 address 是一个双元素元组，格式是(host,port)。host 代表主机，port 代表端口号。

如果端口号正在使用、主机名不正确或端口已被保留，则 bind()方法将引发 socket.error 异常。

bind()方法应用在未连接的 Socket 上，在调用 connect()方法和 listen()方法之前被调用。它既可以应用于基于连接的流 Socket，也可以应用于无连接的数据报套接字。当调用 socket()函数创建 Socket 后，该 Socket 就存在于一个命名空间中，但并没有为其指定一个名称。调用 bind()函数可以为未命名的 Socket 指定一个名称。

当使用 Internet 地址家族时，名称由地址家族、主机地址和端口号 3 部分组成。

3. listen()函数

listen()函数可以将套接字设置为监听接入连接的状态，函数原型如下：

```
listen(backlog);
```

参数 backlog 指定等待连接队列的最大长度。

客户端的连接请求必须排队，如果队列已满，则服务器会拒绝请求。

4. accept()函数

在服务器端调用 listen()函数监听接入连接后，可以调用 accept()函数来等待接受连接请求。accept()的函数原型如下：

```
connection, address = socket.accept()
```

调用 accept()方法后，socket 会进入 waiting 状态。客户请求连接时，accept()方法会建立连接并返回服务器。accept()方法返回一个含有两个元素的元组(connection,address)。第一个元素 connection 是新的 socket 对象，服务器必须通过它与客户通信；第二个元素 address 是客户的 Internet 地址。

5. recv()函数

调用 recv()函数可以从已连接的 Socket 中接收数据。recv()的函数原型如下：

```
buf = sock.recv(size)
```

参数 sock 是接收数据的 socket 对象，参数 size 指定接收数据的缓冲区的大小。recv()的函数返回接收的数据。

6. send()函数

调用 send()函数可以在已连接的 Socket 上发送数据。send()的函数原型如下：

```
sock.recv(buf)
```

参数 sock 是用于在发送数据的、已链接的 socket 句柄。参数 buf 是要发送的数据缓冲区。

7. close ()函数

close ()函数用于关闭一个 Socket，释放其所占用的所有资源。socket()的函数原型如下：

```
s.closesocket();
```

参数 s 表示要关闭的 Socket。

【例 10-1】 一个使用 Socket 进行通信的简易服务器。

```
if __name__ == '__main__':
    import socket
    #创建 socket 对象
    sock = socket.socket(socket.AF_INET, socket.SOCK_STREAM)

# 绑定到本地的 8001 端口
    sock.bind(('localhost', 8001))
    # 在本地的 8001 端口上监听，等待连接队列的最大长度为 5
    sock.listen(5)
    while True:

#接受来自客户端的连接
        connection,address = sock.accept()
        try:
            connection.settimeout(5)
            buf = connection.recv(1024).decode('utf-8')  #接收客户端的数据
            if buf == '1':  # 如果接收到'1'
                connection.send(b'welcome to server!')
            else:
                connection.send(b'please go out!')
        except socket.timeout:
            print('time out')
        connection.close()
```

服务器程序在本地（'localhost'）的 8001 端口上监听，如果有客户端连接，并且发送数据'1'，则向客户端发送'welcome to server!'，否则向客户端发送' please go out!'。具体情况请参照注释理解。

【例 10-2】 一个使用 Socket 进行通信的简易客户端。

```
if __name__ == '__main__':
    import socket
    # 创建 socket 对象
    sock = socket.socket(socket.AF_INET, socket.SOCK_STREAM)

# 连接到本地的 8001 端口
    sock.connect(('localhost', 8001))
    import time
    time.sleep(2)
    # 向服务器发送字符'1'
    sock.send(b'1')
    #打印从服务器接收的数据
    print(sock.recv(1024).decode('utf-8'))
    sock.close()
```

程序连接到本地（'localhost'）的 8001 端口。连接成功后发送数据'1'，然后打印服务器回传的数据。请参照注释理解。

10.2.3　基于 UDP 的 Socket 编程

基于 UDP 的 Socket 通信的具体步骤如图 10-6 所示。

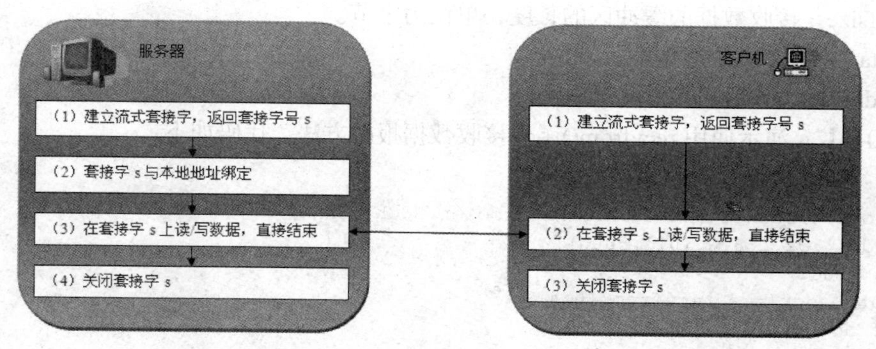

图 10-6　服务器程序和客户机进程实现面向非连接的 Socket 通信的过程

可以看到，面向非连接的 Socket 通信流程比较简单，在服务器程序中不需要调用 listen()和 accept()函数来等待客户端的连接；在客户端程序中也不需要与服务器建立连接，而是直接向服务器发送数据。

1. sendto()函数

使用 sendto()函数可以实现发送数据的功能，函数原型如下；

```
s.sendto (data, (addr, port))
```

参数说明如下：

- s，指定一个 Socket 句柄。
- data，要传输的数据。
- addr，接收数据的计算机的 IP 地址。
- port，接收数据的计算机的端口。

【例 10-3】　演示使用 sendto()函数发送数据报的方法，代码如下：

```
import socket
#创建 UDP SOCKET
s = socket.socket(socket.AF_INET,socket.SOCK_DGRAM)
port = 8000 #服务器端口
host = '192.168.0.101'#服务器地址
while True:
    msg = input()# 接受用户输入
    if not msg:
        break
    # 发送数据
    s.sendto(msg.encode(),(host,port))
s.close()
```

在创建基于 UDP 的 SOCKET 对象时，需要使用 socket.SOCK_DGRAM 参数。

程序调用 input()函数接受用户输入，然后调用 sendto()函数将用户输入的字符串发送至服务器。在本例中，服务器的 IP 地址为 192.168.0.101，端口为 8000，请注意根据实际情况修改。

2. recvfrom()函数

使用 recvfrom ()函数可以实现接收数据的功能，函数原型如下：

```
data,addr = s.recvfrom( bufsize);
```

参数说明如下：

- s，指定一个 Socket 句柄。
- bufsize，接收数据的缓冲区的长度，单位为字节。
- data，接收数据的缓冲区。
- addr，发送数据的客户端的地址。

【例 10-4】 演示使用 recvfrom()函数接收数据报的方法，代码如下：

```
import socket
s = socket.socket(socket.AF_INET,socket.SOCK_DGRAM)
s.bind(('192.168.0.101',8000))
while True:
    data,addr = s.recvfrom(1024)
    if not data:
        print('client has exited!')
        break
    print('received:',data,'from',addr)
s.close()
```

程序首先创建一个基于 UDP 的 SOCKET 对象，然后绑定到 192.168.0.101（请注意根据实际情况修改），监听端口为 8000。然后循环调用 recvfrom()方法接收客户端发送来的数据。

本 章 练 习

一、选择题

1. Internet 中的主要通信协议是（ ）。

A. HTML　　B. HTTP　　C. ARPA　　D. TCP/IP

2. OSI 参考模型将网络通信的工作划分为 7 个层次。下面不属于 OSI 参考模型的层次是（ ）。

A. 网络层　　B. 通信层　　C. 会话层　　D. 物理层

3. 下面关于 OSI 参考模型的描述正确的是（ ）。

A. OSI 参考模型的最高层为网络层

B. OSI 参考模型的最高层为数据链路层

C. 所有的网络通信都需要经过 OSI 模型的全部七层

D. 发送方和接收方的通信必须在对等层次上进行

4. 下面属于数据链接层协议的是（ ）。

A. TCP　　B. IP

C. ARP　　D. PPP

二、填空题

1. OSI 参考模型的英文全称为________，中文含义为________。

2. 在 OSI 参考模型中，对等层协议之间交换的信息单元统称为________，其英文缩写和全称为________。传输层的 PDU 特定名称为________，网络层的 PDU 特定名称为________，数据链路层的 PDU 特定名称为________，物理层的 PDU 特定名称为________。

3. TCP/IP 协议簇中包含________层、________层、________层和________层。

4. Python 可以通过 socket 模块实现 Socket 编程。在开始 Socket 编程之前，需要导入________模块。

三、简答题

1. 按从低到高的顺序描述 OSI 参考模型的层次结构。
2. 简述 OSI 参考模型实现通信的工作原理。
3. 简述服务器程序与客户机进程实现面向连接的 Socket 通信的过程。

第11章 Python数据库编程

学前提示

随着科学技术和社会经济的飞速发展，人们掌握的信息量急剧增加。要充分地开发和利用这些信息资源，就必须有一种新技术能对大量的信息进行识别、存储、处理与传播。数据库技术已广泛应用于各个领域。本章介绍数据库技术基础、管理SQLite和MySQL数据库的方法以及Python数据库编程的基本方法。

知识要点

- 数据库的基本概念
- 关系数据库
- SQLite数据库
- MySQL数据库
- 创建数据库
- 删除数据库
- 创建表
- 编辑和查看表
- 删除表
- INSERT语句
- UPDATE语句
- DELETE语句
- SELECT语句
- 在Python中访问SQLite数据库
- 在Python中访问MySQL数据库

11.1 数据库技术基础

为了方便读者学习本章内容，本节首先介绍数据库技术基础，让读者了解什么是数据库以及数据库的工作原理。

11.1.1 数据库的基本概念

本节介绍数据库系统一些基本概念。

1. 数据库

数据库（DataBase，DB），简单地讲就是存放数据的仓库。不过，数据库不是数据的简单堆积，而是以一定的方式保存在计算机存储设备上的相互关联的数据的集合。也就是说，数据库中的数据并不是孤立的，数据和数据之间是有关联的。

2. 数据库管理系统

数据库管理系统（Database Management System，DBMS），是一种系统软件，介于应用程序和操作系统之间，用于帮助我们管理输入到计算机中的大量数据，如用于创建数据库、向数据库中存储数据、修改数据库中的数据、从数据库中提取信息等。具体来说，一个数据库管理系统应具备如下功能。

（1）数据定义功能。可以定义数据库的结构，定义数据库中数据之间的联系，定义对数据库中数据的各种约束等。

（2）数据操纵功能。可以实现对数据库中数据的添加、删除、修改，可以对数据库进行备份和恢复等。

（3）数据查询功能。可以以各种方式提供灵活的查询功能，使用户可以方便地使用数据库中的数据。

（4）数据控制功能。可以完成对数据库中数据的安全性控制、完整性控制、多用户环境下的并发控制等多方面的控制。

（5）数据库通信功能。在分布式数据库或提供网络操作功能的数据库中还必须提供数据库的通信功能。

数据库管理系统在计算机系统中的地位如图 11-1 所示，它运行在一定的硬件和操作系统平台上。可以使用一定的开发工具，利用 DBMS 提供的功能，创建满足实际需求的数据库应用系统。

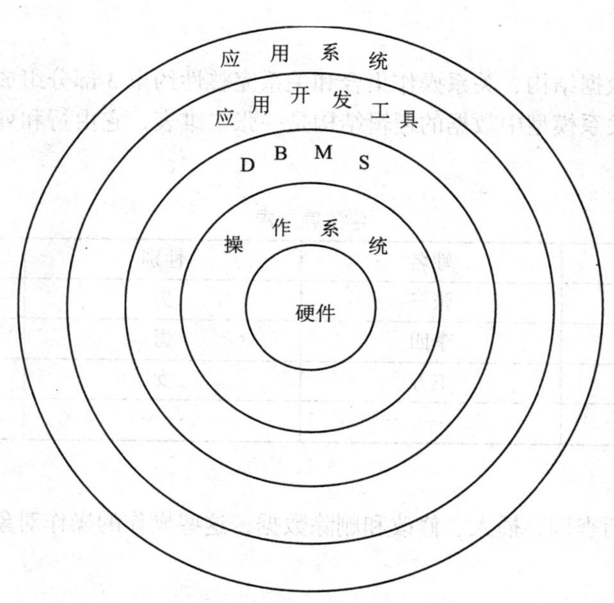

图 11-1　数据库管理系统在计算机系统中的地位

3. 数据库管理员

数据库的建立、使用和维护只靠 DBMS 是不够的，还需要有专门的人员来完成，这些人员称为数据库管理员。

4. 数据库系统

数据库系统（DataBase System，DBS），是指在计算机系统中引入数据库的系统。除了相关的硬件之外，数据库系统还包括数据库、数据库管理系统、应用系统、数据库管理员和用户。

可以看出，数据库、数据库管理系统和数据库系统是 3 个不同的概念，数据库强调的是数据，数据库管理系统强调的是系统软件，而数据库系统强调的是系统。

根据对信息的组织方式的不同，数据库管理系统又可以分为关系、网状和层次三种类型。目前使用最多的数据库管理系统是关系型数据库管理系统（RDBMS），如 SQL Server、Oracle、Sybase、DB2、Informix、MySQL 等都是目前常见的关系型数据库管理系统。

极客学院
jikexueyuan.com

极客学院 Wiki 网址：
http://www.jikexueyuan.com/course/614_2.html
手机扫描二维码

数据库系统的基本概念

11.1.2 关系数据库

关系数据库是建立在关系数据库模型基础上的数据库，借助于集合代数等概念和方法来处理数据库中的数据。

1. 关系模型

关系模型由关系数据结构、关系操作集合和关系完整性约束 3 部分组成。

在用户观点下，关系模型中数据的逻辑结构是一张二维表，它由行和列组成。例如，表 11-1 所列的学生信息表。

表 11-1 学生信息表

学号	姓名	性别	年龄
140010101	张三	男	18
140010102	李四	男	18
140010103	王五	女	19
……	……	……	……

2. 关系操作

关系操作主要包括查询、插入、修改和删除数据，这些操作的操作对象和操作结果都是关系的行，即数据。

11.2 SQLite 数据库

SQLite 是一个开源的嵌入式关系数据库，它的安装和运行非常简单。在 Python 程序中可以很方便地访问 SQLite 数据库。

11.2.1 下载和安装 SQLite 数据库

SQLite 可以从其官网免费下载到，下载页的地址如下：

```
http://www.sqlite.org/download.html
```

在下载页中找到 Precompiled Binaries for Windows 栏目，如图 11-2 所示。

此栏目下列出了 Windows 下的预编译二进制文件包，文件名格式为 sqlite-shell-win32-x86-<build#>.zip 和 sqlite-dll-win32-x86-<build#>.zip。<build#> 是 sqlite 的编译版本号。

笔者编写本书时，最新版本的安装包为 sqlite-shell-win32-x86-3080704.zip。下载后将其解压得到 sqlite3.exe。

SQLite 数据库不需要安装，直接运行 SQLite 数据库，即可打开 SQLite 数据库的命令行窗口，如图 11-3 所示。

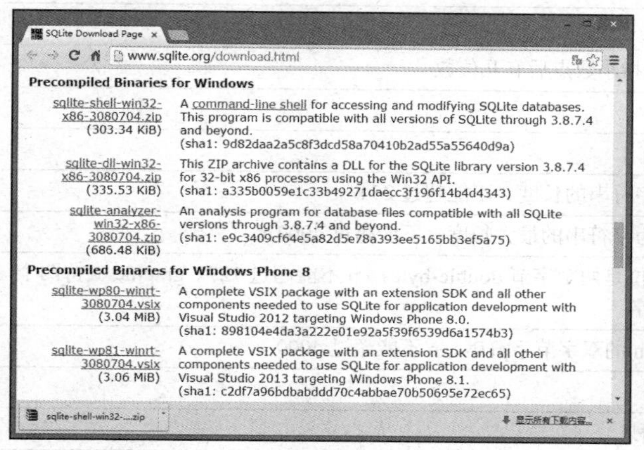

图 11-2　SQLite 下载页

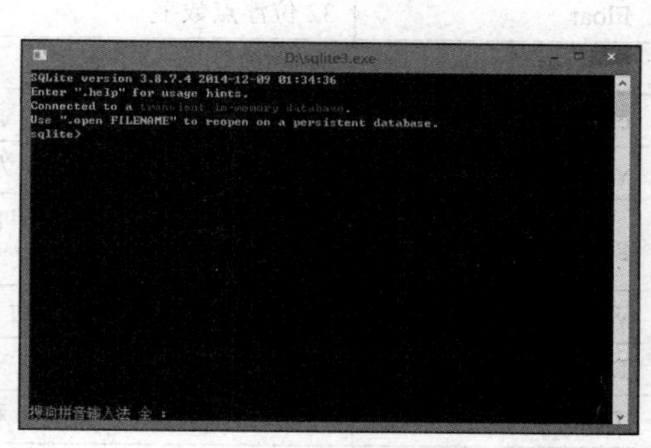

图 11-3　SQLite 数据库的命令行窗口

以后就可以在此界面中管理 SQLite 数据库了。按下 Ctrl+Z 组合键然后按回车键，可以退出命令行窗口。

11.2.2　创建 SQLite 数据库

可以在运行 SQLite 数据库的同时通过参数创建 SQLite 数据库，具体方法如下：

```
sqlite3 数据库文件名
```

SQLite 数据库文件的扩展名为 db。如果指定的数据库文件存在，则打开该数据库；否则将创建该数据库。

【例 11-1】　创建 SQLite 数据库 test.db。执行下面的命令：

```
sqlite3 test.db
```

进入 SQLite 数据库的命令行窗口后，可以执行下面的命令保存 test.db 数据库。

```
.save test.db
```

退出 SQLite 数据库命令行窗口后，可以在 sqlite3.exe 的同目录下看到 test.db 文件。

11.2.3　数据类型

在创建 SQLite 数据库中的表时，要对表中的每一列定义一种数据类型，数据类型决定了表中的某一列可以存放哪些数据。SQLite 系统定义的数据类型如表 11-2 所列。

表 11-2　　　SQLite 系统定义的数据类型

数据类型	说明
NULL	空值
Integer	带符号的整型
Real	实数
Text	字符串文本
Blob	二进制对象
smallint	16 位整数
decimal(p,s)	小数。p 指数字的位数，s 指小数点后有几位数
Float	32 位浮点数字
double	64 位实数
char(n)	固定长度的字符串，n 为字符串的长度，不能超过 254
varchar(n)	不固定长度的字符串，n 为字符串的最大长度，不能超过 4000
graphic(n)	和 char(n)一样，不过其单位是两个字节 double-bytes，n 不能超过 127。graphic 支持两个字节长度的字体，例如汉字
vargraphic(n)	长度不固定且最大长度为 n 的双字节字符串，n 不能超过 4000
Date	日期，包含年、月、日
Time	时间，包含小时、分钟、秒
timestamp	时间戳，包含年、月、日、时、分、秒、千分之一秒
datetime	日期和时间

11.2.4　创建表

表是关系数据库中最重要的逻辑对象，是存储数据的主要对象。在设计数据库结构时，很重要的工作就是设计表的结构。例如，在设计人力资源管理数据库时，可以包含部门表、员工表、考勤表、工资表等，而部门表可以包含部门编号、部门名称、部门职能等。

SQL Server 数据库的表由行和列组成，其逻辑结构如图 11-4 所示。

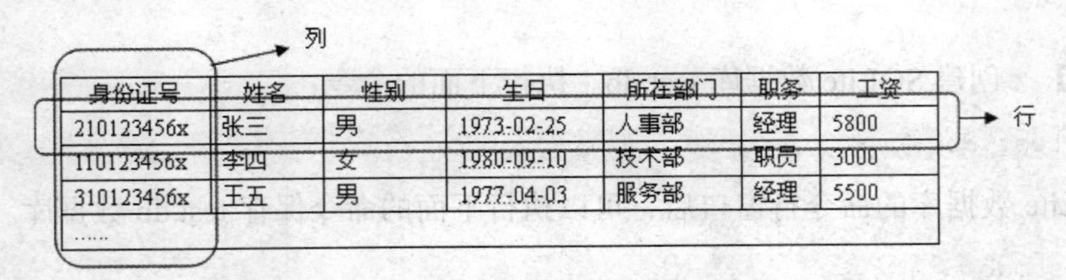

图 11-4　表的逻辑结构演示图

在表的逻辑结构中，每一行代表一条记录，而每列代表表中的一个字段，也就是一项内容。列的定义决定了表的结构，行则是表中的数据。列名在各自的表中必须是唯一的，可以为每列指定数据类型。

可以使用 CREATE TABLE 语句创建表，基本语法如下：

```
CREATE TABLE 表名
```

```
(
    列名 1　数据类型和长度 1　列属性 1,
    列名 2　数据类型和长度 2　列属性 2,
    ......
    列名 n　数据类型和长度 n　列属性 n
)
```

【例 11-2】　创建员工表 Employees 的结构，如表 11-3 所列。

表 11-3　　表 Employees 的结构

列名	数据类型	具体说明
Emp_id	Integer	员工编号
Emp_name	varchar(50)	员工姓名
Sex	char(2)	员工性别
Title	varchar(50)	员工职务
Wage	Float	工资
IdCard	varchar(20)	身份证号
Dep_id	Integer	所在部门编号

使用 CREATE TABLE 语句创建表 Employees 的方法如下：

```
CREATE TABLE Employees
(
    Emp_id     integer,
    Emp_name   varchar(50)   NOT NULL,
    Sex        char(2)       DEFAULT('男'),
    Title      varchar(50)   NOT NULL,
    Wage       float         DEFAULT(0),
    IdCard     varchar(20)   NOT NULL,
    Dep_id     integer       NOT NULL
)
```

CREATE TABLE 语句中常用的关键字如下：

- PRIMARY KEY，定义此列为主键列。定义为主键的列可以唯一标识表中的每一行记录。
- AutoIncrement，定义此列为自增列，即由系统自动生成此列的值。
- NOT NULL，指定此列不允许为空。NULL 表示允许空，但因为它是默认设置，不需要指定。
- DEFAULT，指定此列的默认值。例如，指定 Sex 列的默认值为“男”，可以使用 DEFAULT ('男')。这样，在向表中插入数据时，如果不指定此列的值，则此列采用默认值。

使用下面的语句可以查看当前数据库里的所有表。

```
.table
```

运行结果如下：

```
Employees
```

执行下面的语句可以查看表 Employees 的结构。

```
select * from sqlite_master where type="table" and name="Employees";
```

运行结果如下：

```
table|Employees|Employees|2|CREATE TABLE Employees
 (
    Emp_id      int,
    Emp_name    varchar(50)     NOT NULL,
    Sex char(2) DEFAULT('男'),
    Title       varchar(50)     NOT NULL,
    Wage        float  DEFAULT(0),
    IdCard      varchar(20)     NOT NULL,
    Dep_id      int   NOT NULL
)
```

也可以执行下面的语句查看表 Employees 的结构，返回结果与上面一样。

```
.schema Employees
```

11.2.5 向表中添加列

使用 ALTER TABLE 语句向表中添加列的基本语法如下：

```
ALTER TABLE 表名 ADD COLUMN 列名 数据类型和长度 列属性
```

【例 11-3】 使用 ALTER TABLE 语句在表 Employees 中增加一列，列名为 Tele，数据类型为 varchar，长度为 50，列属性为允许空，具体语句如下：

```
ALTER TABLE Employees ADD Tele VARCHAR(50) NULL
ALTER TABLE Employees MODIFY Tele CHAR(50) NULL
```

执行下面的语句可以查看表 Employees 的结构。

```
.schema Employees
```

运行结果如下：

```
table|Employees|Employees|2|CREATE TABLE Employees
 (
    Emp_id      int,
    Emp_name    varchar(50)     NOT NULL,
    Sex char(2) DEFAULT('男'),
    Title       varchar(50)     NOT NULL,
    Wage        float  DEFAULT(0),
    IdCard      varchar(20)     NOT NULL,
    Dep_id      int  NOT NULL,
    Tele VARCHAR(50) NULL)
```

可以看到，表 Employees 中已经增加了 Tele 列。

11.2.6 向表中插入数据

可以使用 INSERT 语句向表中插入数据。基本使用方法如下：

```
INSERT INTO 表名 (列名 1, 列名 2, …, 列名 n)
VALUES (值 1, 值 2, …, 值 n);
```

列与值必须一一对应。

【例 11-4】 参照表 11-4 向表 Employees 中插入数据。

表 11-4　　表 Employees 中的数据

字段 Emp_name 的值	字段 IdCard 的值	字段 Title 的值	字段 DepId 的值
张三	1101234567890	部门经理	1
李四	2101234567890	职员	1
王五	3101234567890	职员	1
赵六	4101234567890	部门经理	2
高七	5101234567890	职员	2
马八	6101234567890	职员	2
钱九	7101234567890	部门经理	3
孙十	8101234567890	职员	3

INSERT 语句如下：

```
INSERT INTO Employees (Emp_name, IdCard, Dep_id, Title) VALUES('张三', '1101234567890', 1, '部门经理');
INSERT INTO Employees (Emp_name, IdCard, Dep_id, Title)  VALUES('李四', '2101234567890', 1, '职员');
INSERT INTO Employees (Emp_name, IdCard, Dep_id, Title)  VALUES('王五', '3101234567890', 1, '职员');
INSERT INTO Employees (Emp_name, IdCard, Dep_id, Title)  VALUES('赵六', '4101234567890', 2, '部门经理');
INSERT INTO Employees (Emp_name, IdCard, Dep_id, Title)  VALUES('高七', '5101234567890', 2, '职员');
INSERT INTO Employees (Emp_name, IdCard, Dep_id, Title)  VALUES('马八', '6101234567890', 2, '职员');
INSERT INTO Employees (Emp_name, IdCard, Dep_id, Title)  VALUES('钱九', '7101234567890', 3, '部门经理');
INSERT INTO Employees (Emp_name, IdCard, Dep_id, Title)  VALUES('孙十', '8101234567890', 3, '职员');
```

11.2.7　修改表中的数据

可以使用 UPDATE 语句修改表中的数据。UPDATE 语句的基本使用方法如下：

```
UPDATE 表名 SET 列名 1 = 值 1, 列名 2 = 值 2, …, 列名 n = 值 n
WHERE  更新条件表达式
```

当执行 UPDATE 语句时，指定表中所有满足 WHERE 子句条件的行都将被更新，列 1 的值被设置为值 1，列 2 的值被设置为值 2，列 n 的值被设置为值 n。如果没有指定 WHERE 子句，则表中所有的行都将被更新。

更新条件表达式实际上是一个逻辑表达式，通常需要使用到关系运算符和逻辑运算符，返回 True 或者 False。

SQLite 的常用关系运算符和比较函数如表 11-5 所列。

表 11-5　　　　　　　　　SQLite 的关系运算符和比较函数

关系运算符	功能描述
==	等于，例如 a=1
=	与==相同
!=	不等于，例如 a!=1
<>	与!=相同，例如 a<>1
<=	小于或等于，例如 a<=1
<	小于，例如 a<1
>=	大于或等于，例如 a>=1
>	大于，例如 a>1
!<	检查左操作数的值是否不小于右操作数的值，如果是则条件为真
!>	检查左操作数的值是否不大于右操作数的值，如果是则条件为真

【例 11-5】　在表 Employees 中，将张三的职务修改为职员，可以使用下面的 SQL 语句。

```
UPDATE Employees SET Title='职员' WHERE Emp_name ='张三'
```

11.2.8　删除数据

可以使用 DELETE 语句删除表中的数据，基本使用方法如下：

```
DELETE FROM 表名 WHERE 删除条件表达式
```

当执行 DELETE 语句时，指定表中所有满足 WHERE 子句条件的行都将被删除。

【例 11-6】　删除表 Employees 中列 Emp_name 等于“李明”的数据，可以使用以下 SQL 语句：

```
DELETE FROM Employees WHERE Emp_name = '李明';
```

11.2.9　查询数据

可以使用 SELECT 语句查询表中的数据，基本使用方法如下：

```
SELECT * FROM 表名 WHERE 删除条件表达式
```

*表示查询表中所有的字段，当执行 SELECT 语句时，指定表中所有满足 WHERE 子句条件的行都将被返回。

【例 11-7】　查询表 Employees 中列 Title 等于“部门经理”的数据，可以使用以下 SQL 语句：

```
SELECT * FROM Employees WHERE Title= '部门经理';
```

执行结果如下：

```
|赵六|男|部门经理|0.0|4101234567890|2|
|钱九|男|部门经理|0.0|7101234567890|3|
```

SELECT 语句还有很多复杂的用法，本节只是介绍了最基本的使用方法。SELECT 语句和 INSERT 语句、UPDATE 语句、DELETE 语句等都是标准的 SQL 语句。本书第 11.3 节介绍 MySQL 数据库时将讲述 SELECT 语句的详细用法。

11.2.10　在 Python 中访问 SQLite 数据库

Python 中内置有 sqlite3 模块，可以很方便地访问 SQLite 数据库。首先需要使用下面的语句导入 sqlite3 模块：

```
import sqlite3
```

1. 创建和打开数据库

使用 connect()方法可以创建和打开数据库，具体方法如下：

```
数据库连接对象 = sqlite3.connect(数据库名)
```

数据库名是包含绝对路径的数据库文件名。如果数据库文件名存在，则打开数据库；否则创建数据库。connect()方法返回一个数据库连接对象，通过数据库连接对象可以访问数据库。访问数据库的具体方法将在稍后介绍。

【例 11-8】　创建数据库 d:\test.db，如果已经存在，则将其打开，代码如下；

```
import sqlite3
cx = sqlite3.connect("d:/test.db")
```

2. 执行 SQL 语句

使用 execute ()方法可以执行 SQL 语句，具体方法如下：

```
数据库连接对象.execute(SQL 语句)
```

【例 11-9】　在数据库 d:\test.db 中使用 execute()方法创建表 Employees，其结构如表 11-3 所列。具体代码如下：

```
import sqlite3
cx = sqlite3.connect("d:/test.db")
sql = "CREATE TABLE Employees (Emp_id  integer, Emp_name varchar(50)  NOT NULL, Sex char(2), Title   varchar(50)  NOT NULL, Wage   float   DEFAULT(0),      IdCard varchar(20)  NOT NULL, Dep_id integer  NOT NULL)"
cx. execute(sql)
```

执行例 11-9 后，为验证执行结果，可以打开命令窗口，执行下面的命令，访问 SQLite 数据库 d:/test.db。

```
d:
sqlite3 test.db
```

然后执行下面的语句查看表 Employees 的结构。

```
.schema Employees
```

如果可以看到表 Employees 的结构，则说明例 11-9 执行成功。

【例 11-10】　在数据库 d:\test.db 中使用 execute()方法向表 Employees 中插入数据，代码如下：

```
import sqlite3
cx = sqlite3.connect("d:/test.db")
sql = "INSERT INTO Employees (Emp_name, IdCard, Dep_id, Title) VALUES('Johney',
'1101234567890', 1, '')";
cx. execute(sql)
cx.commit(); # 提交
cx.close();
```

cx.commit()语句用于提交对数据库的修改保存到数据库中。操作完成后，需要调用 cx.close()语句关闭数据库连接，以释放资源。

执行例 11-10 后，为验证执行结果，可以打开命令窗口，执行下面的命令，访问 SQLite 数据库 d:/test.db。

```
d:
sqlite3 test.db
```

然后执行下面的语句查看表 Employees 的内容。

```
select * from employees;
```

如果可以看到表 Employees 的内容，则说明例 11-10 执行成功。

3. 使用游标查询数据

用数据库语言来描述，游标是映射结果集并在结果集内的单个行上建立一个位置的实体。有了游标，用户就可以访问结果集中的任意一行数据。在将游标放置到某行之后，可以在该行或从该位置开始的行块上执行操作。最常见的操作是提取（检索）当前行或行块。

游标的示意图如图 11-5 所示。可以看到，游标对应结果集中的一行，它定义了用户可以读取和修改数据的范围。用户可以在结果集中移动游标的位置，对结果集中不同的数据进行读写操作。

身份证号	姓名	性别	生日	所在部门	职务	工资
210123456x	张三	男	1973-02-25	人事部	经理	5800
110123456x	李四	女	1980-09-10	技术部	职员	3000
310123456x	王五	男	1977-04-03	服务部	经理	5500
……						

→ 游标

图 11-5 游标示意图

Python 可以使用下面的方法创建一个游标对象：

```
游标对象 =数据库连接对象.cursor()
```

可以使用游标对象的 execute()方法执行 SELECT 语句将查询结果保存在游标中，方法如下：

```
游标对象.execute(SELECT 语句)
```

可以使用游标对象的 fetchall()方法获取游标中所有的数据到一个元组中，方法如下：

```
结果集元组 =游标对象.fetchall()
```

【例 11-11】 在数据库 d:\test.db 中使用游标查询表 Employees 中的数据，代码如下：

```
import sqlite3
cx = sqlite3.connect("d:/test.db")
sql = "SELECT * FROM Employees";
#定义游标
cur = cx.cursor()
cur.execute(sql)
print(cur.fetchall())
cx.close();
```

程序的运行结果如下：

```
[(None, 'Johney', None, '', 0.0, '1101234567890', 1)]
```

11.3　MySQL 数据库

MySQL 是非常流行的开源数据库管理系统，它由瑞典的 MySQL AB 公司（后来被 Sun 公司收购，而 Sun 公司也已被 Oracle 公司收购）开发，开发语言是 C 和 C++。MySQL 数据库具有非常好的可移植性，可以在 AIX、Unix、Linux、Max OS X、Solaris 和 Windows 等多种操作系统下运行。

11.3.1　安装 MySQL 数据库

访问下面的 url 可以下载 MySQL 数据库。

```
http://dev.mysql.com/downloads/
```

本节以 MySQL 5.5.25 为例，介绍安装 MySQL 数据库的过程。双击运行下载得到的 mysql-installer-5.5.25a.0.msi 文件，打开 MySQL Installer 安装向导，如图 11-6 所示。

单击 Install MySQL Products 超链接，打开许可协议窗口，如图 11-7 所示。可以选择经典安装（Typical）、完全安装（Complete）和自定义安装（Custom）3 种类型。建议选择经典安装（Typical）。

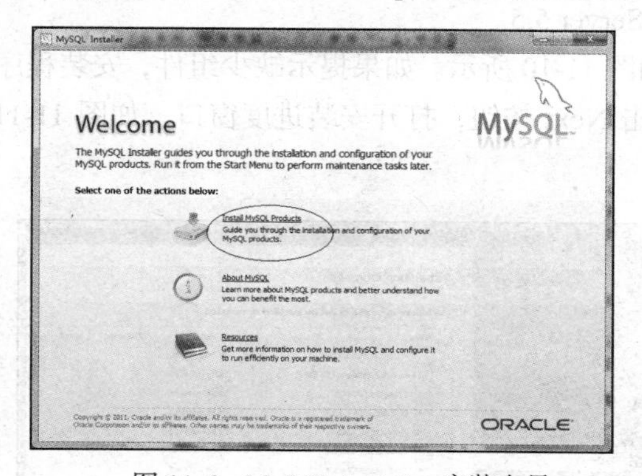

图 11-6　MySQL Installer 安装向导

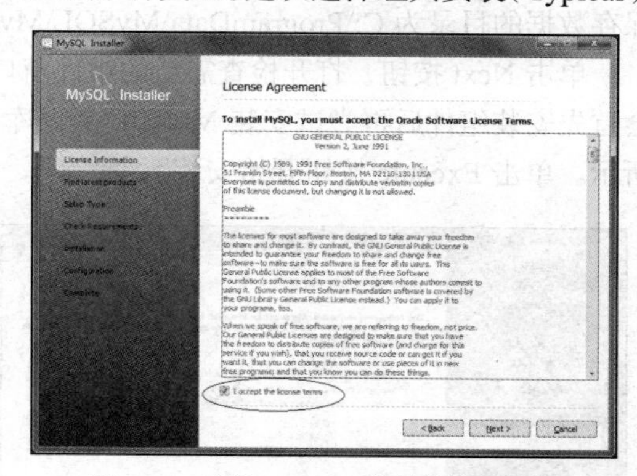

图 11-7　安装 MySQL 产品的许可协议

选中“I accept the license terms”复选框，然后单击 Next 按钮，打开是否寻找最新产品窗口，如图 11-8 所示。如果不需要，可以选中“Skip the check for updates（not recommended）”复选框，然后单击 Next 按钮，打开配置安装类型和路径窗口，如图 11-9 所示。

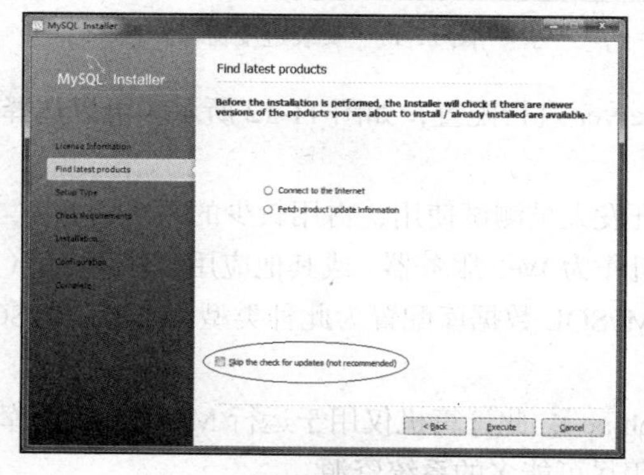

图 11-8　是否寻找最新产品窗口

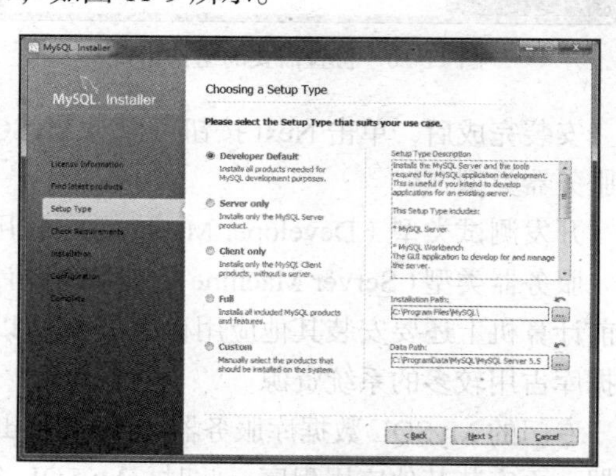

图 11-9　配置安装类型和路径窗口

用户可以选择下面 5 种安装类型。

（1）Developer Default，安装开发 MySQL 应用程序所需要的所有产品，包括：

- MySQL Server；
- MySQL Workbench，用于开发和管理 MySQL Server 的图形应用程序；
- 用于 Microsoft Visual Studio 的 MySQL for Visual Studio 插件；
- MySQL 连接器，包括 Connector/Net、Java、C/C++、OBDC 和其他连接器；
- 示例、教程和文档。

（2）Server only，只安装 MySQL Server 产品。

（3）Client only，只安装 MySQL 客户端产品。包括：

- MySQL Workbench，用于开发和管理 MySQL Server 的图形应用程序；
- 用于 Microsoft Visual Studio 的 MySQL for Visual Studio 插件；
- MySQL 连接器，包括 Connector/Net、Java、C/C++、OBDC 和其他连接器；
- 示例、教程和文档。

（4）Full，完全安装。

（5）Custom，自定义安装。

这里选择 Full，进行完全安装。默认的安装路径为 C:\Program Files\MySQL\MySQL\，默认的保存数据的目录为 C:\ProgramData\MySQL\MySQL Server 5.5。

单击 Next 按钮，打开检查需要的组件窗口，如图 11-10 所示。如果提示缺少组件，安装程序会首先安装组件后再尝试安装 MySQL 数据库。单击 Next 按钮，打开安装进度窗口，如图 11-11 所示。单击 Execute 按钮开始安装。

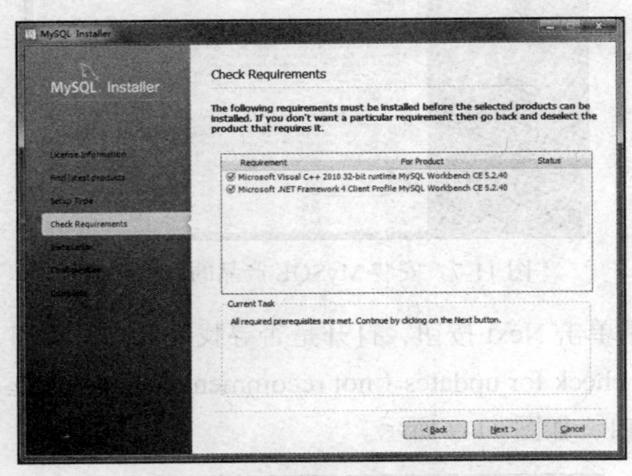

图 11-10　检查需要的组件窗口

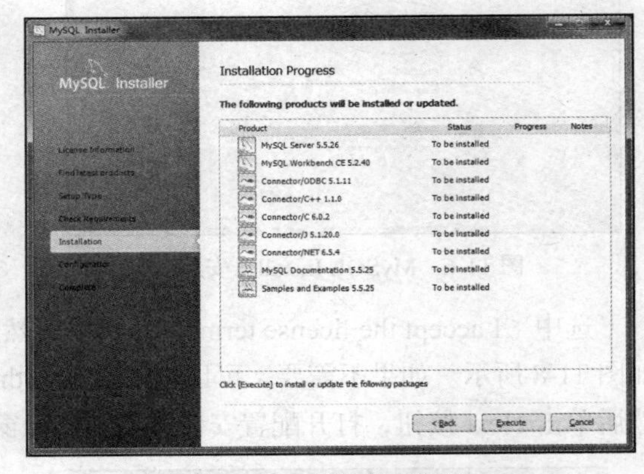

图 11-11　安装进度窗口

安装完成后，单击 Next 按钮可以对 MySQL Server 进行配置，如图 11-12 所示。可以选择如下服务器类型：

开发测试类型（Developer Machine），仅用于开发人员测试使用，占用较少的系统资源。

服务器类型（Server Machine），如果将此计算机作为 Web 服务器（或其他应用程序）使用（即当前计算机上还要安装其他应用程序），则可以将 MySQL 数据库配置为此种类型。此时，MySQL 数据库占用较多的系统资源。

专门的 MySQL 数据库服务器（Dedicated Machine），此计算机仅用于运行 MySQL 数据库服务器，不安装其他应用程序。此时，MySQL 会占用尽可能多的系统资源。

建议选择 Server Machine 复选框，然后单击 Next 按钮，打开配置 MySQL Server 窗口，如图 11-13 所示。在这里可以设置 MySQL 的监听端口（默认为 3306）、Windows 服务名（默认为 MYSQL）和 MySQL 数据库管理员用户 root 的密码。

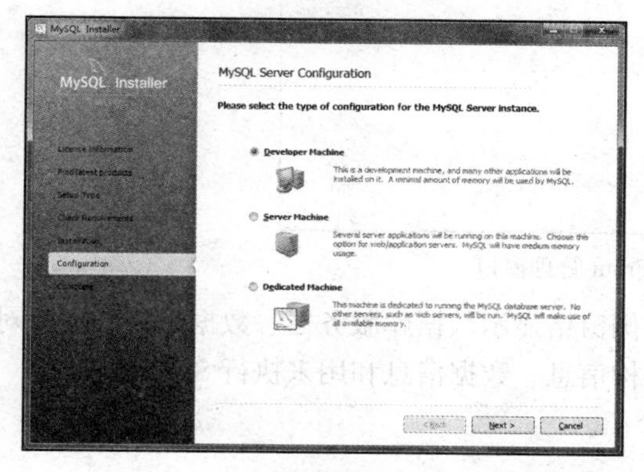

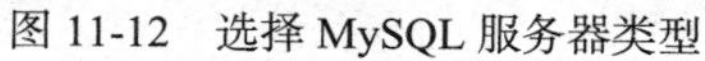
图 11-12　选择 MySQL 服务器类型

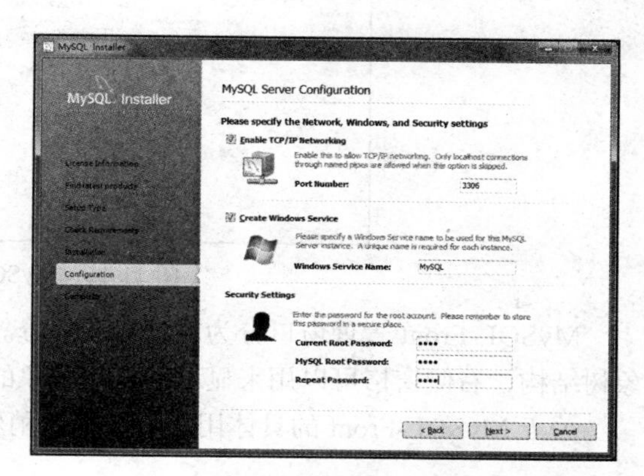

图 11-13　配置 MySQL Server

配置完成后，将 C:\Program Files\MySQL\MySQL Server 5.5\lib\libmysql.dll 复制到 C:\Windows\System32 目录下。

11.3.2　MySQL-Front

MySQL-Front 是 MySQL 数据库服务器的前端管理工具。可以通过图形界面或 SQL 语句管理数据结构和数据。

可以访问如下网址下载 MySQL-Front。

```
http://www.mysqlfront.de/
```

本书提供的源代码包里也包含 MySQL-Front 的安装包 MySQL-Front_Setup.exe。双击运行 MySQL-Front_Setup.exe，即可按照向导提示完成安装。完成安装后，运行 MySQL-Front，会打开添加 MySQL 服务器信息对话框，如图 11-14 所示。

填写服务器信息，然后单击“确定”按钮。打开“打开登录信息”对话框，如图 11-15 所示。

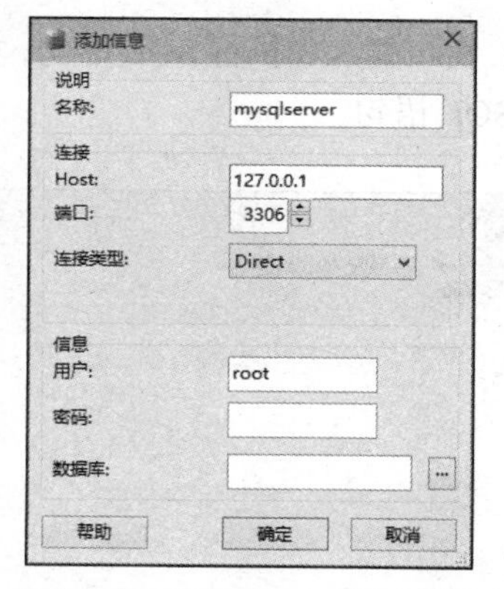

图 11-14　添加 MySQL 服务器信息

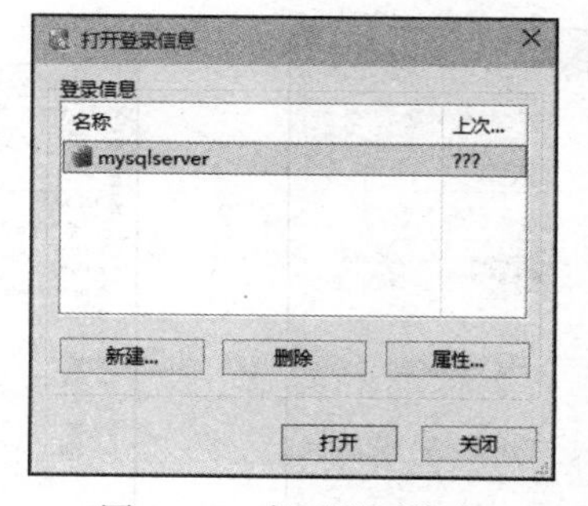

图 11-15　打开登录信息

可以看到，新添加的 MySQL 数据库服务器 mysqlserver。选中 mysqlserver，单击“打开”按钮，即可打开 MySQL-Front 管理窗口，如图 11-16 所示。

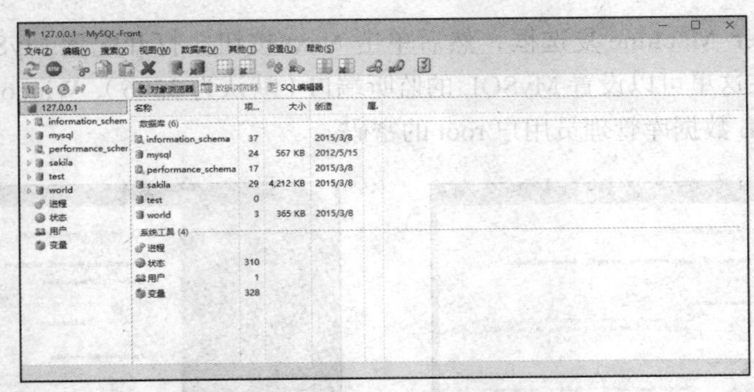

图 11-16　MySQL-Front 管理窗口

MySQL-Front 管理窗口分为左、右两部分。左侧窗格显示数据库服务器、数据库、数据库对象树结构，右侧窗格可以用来显示数据库对象的结构信息、数据信息和用来执行 SQL 语句。

关于 MySQL-Front 的具体用法将在本章稍后介绍。

11.3.3　创建数据库

可以在 MySQL-Front 中通过图形界面创建数据库，也可以使用 mysql 和 mysqladmin 等命令行工具创建数据库。

1. 在 MySQL–Front 中创建数据库

在 MySQL-Front 的左侧窗格中右键单击一个数据库服务器节点，在快捷菜单里依次选择“新建”/“数据库”页面，如图 11-17 所示。

在“新建数据库”文本框中输入新数据库的名称，例如 MySQLDB；然后选择数据库使用的字符集和字符集校对，这里选择 gb2312 和 gb2312_chinese_ci。

如果没有选择字符集或者选择了错误的字符集，则可能无法正确地向表中插入汉字。

单击“确定”按钮，开始创建数据库。创建完成后，可以在左侧窗格中看到新建的数据库。展开一个数据库节点，可以查看其结构，并对其进行管理。

2. 使用 CREATE DATABASE 语句创建数据库

在 MySQL-Front 中单击“SQL 编辑器”可以打开 SQL 窗口输入和执行 SQL 语句，如图 11-18 所示。在窗口中上输入 SQL 语句，单击▶按钮即可执行 SQL 语句。

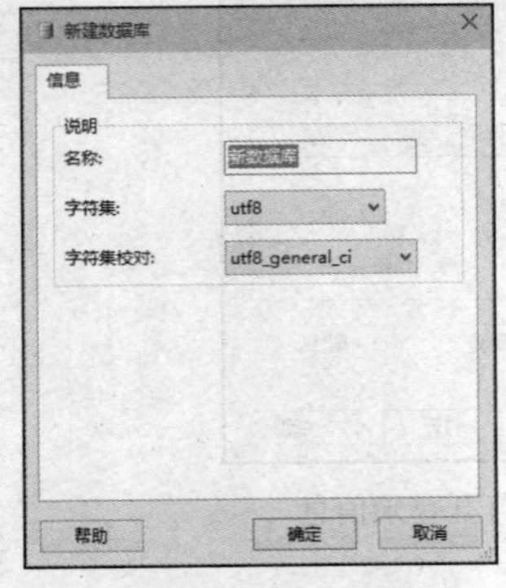

图 11-17　在 MySQL-Front 中创建数据库

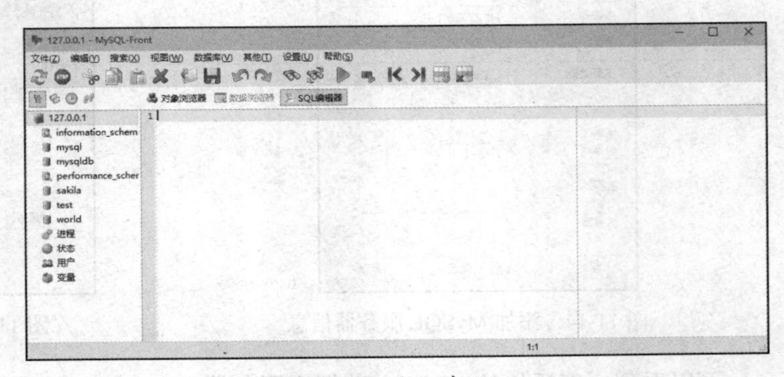

图 11-18　SQL 窗口

可以使用 CREATE DATABASE 语句创建数据库，它的基本语法结构如下：

```
CREATE DATABASE  [IF NOT EXISTS]数据库名
```

如果使用 IF NOT EXISTS 关键字，则当指定的数据库名存在时，不创建数据库。如果不使用 IF NOT EXISTS 关键字，当创建的数据库名存在时，将产生错误。

【例 11-12】　要创建数据库 MySQLDB，可以使用下面的语句。

```
CREATE DATABASE IF NOT EXISTS MySQLDB;
```

11.3.4　删除数据库

可以在 MySQL-Front 中通过图形界面删除数据库，也可以使用 SQL 语句删除数据库。

1．在 MySQL–Front 中删除数据库

在 MySQL-Front 的左侧窗格中右键单击要删除的数据库节点，在快捷菜单里选择 "删除"，在弹出的确认对话框中单击 "是" 按钮，即可删除数据库。

注意，不允许删除 information_schema 和 mysql 等系统数据库。

2．使用 DROP DATABASE 删除数据库

DROP DATABASE 语句的语法如下：

```
DROP DATABASE 数据库名
```

【例 11-13】　可以使用下面的语句删除数据库 MySQLDB：

```
DROP DATABASE MySQLDB;
```

11.3.5　MySQL 数据类型

要定义表的结构，需要设计表由哪些列组成，指定列的名称和数据类型。MySQL 的数据类型包括数值类型、日期和时间类型以及字符串类型等。

1．数值数据类型

数值数据类型如表 11-6 所列。

表 11-6　数值数据类型

数据类型	描述
BIT	位字段类型，取值范围是 1～64，默认为 1
TINYINT	很小的整数类型。带符号的范围是-128～127，无符号的范围是 0～255
BOOL，BOOLEAN	布尔类型，是 TINYINT(1)的同义词。zero 值被视为假，非 zero 值被视为真
SMALLINT	小的整数类型。带符号的范围是-32768～32767，无符号的范围是 0～65535
MEDIUMINT	中等大小的整数类型。带符号的范围是-8388608～8388607，无符号的范围是 0～16777215
INT	普通大小的整数类型。带符号的范围是-2147483648～2147483647，无符号的范围是 0～4294967295
INTEGER	与 INT 的含义相同
BIGINT	大整数类型。带符号的范围是-9223372036854775808～9223372036854775807，无符号的范围是 0～18446744073709551615

续表

数据类型	描述
FLOAT	单精度浮点类型
DOUBLE	双精度浮点类型
DECIMAL	定点数类型
DEC	与 DECIMAL 的含义相同

可以看到，这些数据类型都是在其他数据库和程序设计语言中比较常见的数据类型。可以根据字段可能取值的具体情况来选择要使用的数据类型。

对于 TINYINT、SMALLINT、MEDIUMINT、INT、INTEGER、BIGINT、FLOAT、DOUBLE 和 DECIMAL（DEC）等数值类型，如果在其后面指定 UNSIGNED，则不允许负值（即有符号）；否则，不运行负值（即无符号）。

2. 日期和时间数据类型

日期和时间数据类型如表 11-7 所列。

表 11-7　　日期和时间数据类型

数据类型	描述
DATE	日期类型，例如'2012-01-01'
DATETIME	日期和时间类型，例如'2012-01-01 12:00:00'
TIMESTAMP	时间戳类型，TIMESTAMP 列用于 INSERT 或 UPDATE 操作时记录日期和时间
TIME	时间类型
YEAR	两位或四位的年份类型，默认为四位年份类型

3. 字符串数据类型

字符串数据类型如表 11-8 所列。

表 11-8　　字符串数据类型

数据类型	描述
CHAR(M)	固定长度字符串，M 为存储长度
VARCHAR(M)	可变长度的字符串，M 为最大存储长度，实际存储长度为输入字符的实际长度
BINARY(M)	类似于 CHAR 类型，但保存二进制字节字符串而不是非二进制字符串。M 为存储长度
VARBINARY(M)	类似于 VARCHAR 类型，但保存二进制字节字符串而不是非二进制字符串。M 为存储长度
BLOB	二进制大对象，包括 TINYBLOB、BLOB、MEDIUMBLOB 和 LONGBLOB 4 种类型
TEXT	大文本类型，包括 TINYTEXT、TEXT、MEDIUMTEXT 和 LONGTEXT 4 种类型
ENUM	枚举类型
SET	集合类型

11.3.6　创建表

可以在 MySQL-Front 中通过图形界面创建表，也可以使用 SQL 语句创建表。

1. 在 MySQL-Front 中创建表

在 MySQL-Front 的左侧窗格中右键单击要创建表的数据库节点，在快捷菜单中依次选择“新建”/“表格”，打开添加表格对话框，如图 11-19 所示。

在“名称”文本框中输入要创建的表名(假定为 Departments)，选择数据库使用的字符集和字符集校对，单击“确定”按钮。在左侧窗格中指定的数据库下面可以看到新建的表，如图 11-20 所示。单击“对象浏览器”，可以查看和管理表结构，新建的表里面有一个默认的字段 Id，int 类型，自动增加。

右键单击右侧窗格中的字段列表，在快捷菜单中依次选择“新建”/“表格”，打开添加字段对话框，如图 11-21 所示。下面介绍设置列属性的步骤。

(1) 输入列名。在“名称”文本框中输入字段的名称。

(2) 选择数据类型。在“类型”组合框中选择字段的数据类型。

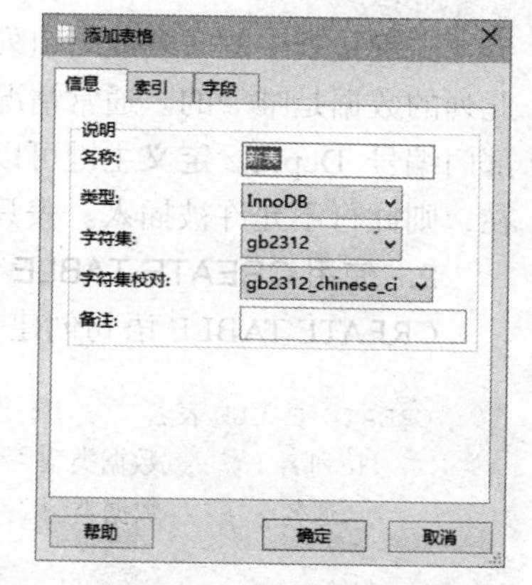

图 11-19　添加表格对话框

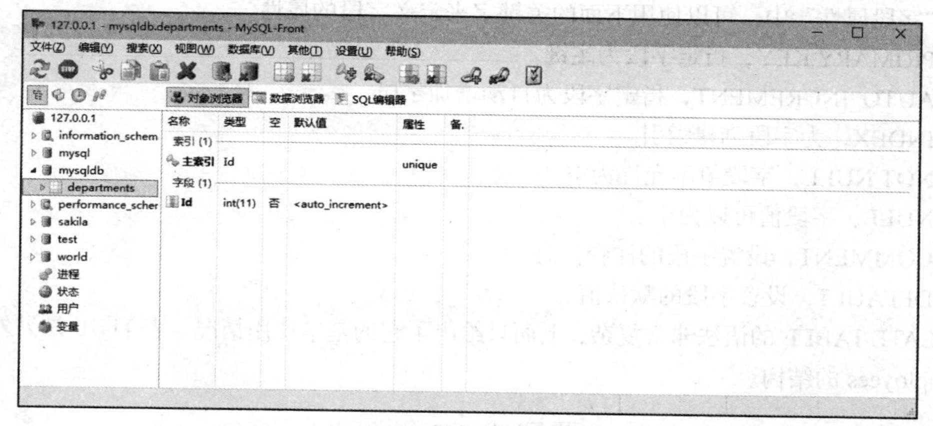

图 11-20　查看和管理表结构

(3) 输入字段长度。在“长度”文本框中输入字段的长度。

(4) 设置默认值。在“默认值”文本框中输入字段的默认值。

(5) 添加字段的描述信息。在“备注”文本框中可以输入字段的描述信息。

输入完成后，单击“确定”按钮保存。

在创建表页面中，可以按照前面设置的字段数量自动生成编辑字段的表格。可以为每个字段输入字段名、字段的数据类型、长度、默认值、是否创建索引等属性。

【例 11-14】　在数据库 MySQLDB 中创建一个部门信息表 Departments，表结构如表 11-9 所列。

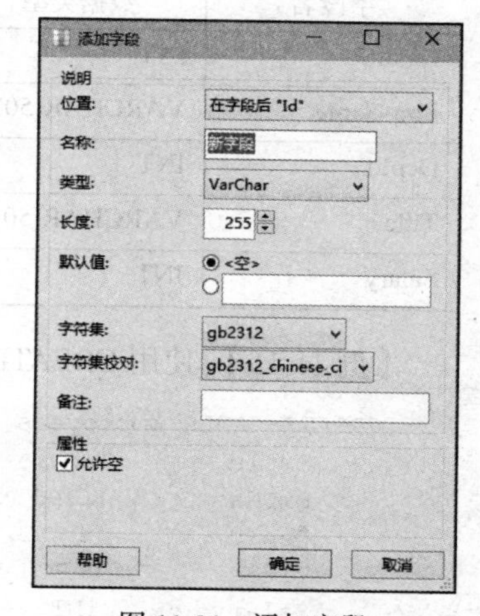

图 11-21　添加字段

表 11-9　部门信息表 Departments

字段名	数据类型	描述
DepId	INT	部门编号，主键，自动增加
DepName	VARCHAR(50)	部门名称

主键是表中的一列或一组列，它们的值唯一地标识表中的每一行，也就是说在表的所有行中，此列的数据是唯一的。通常情况下，可以把编号列设置为唯一标识列，例如表 Departments 中的部门编号 DepId。定义主键可以强制在指定列中不允许输入空值，如果要插入行的主键值已经存在，则此行不允许被插入。表只能有一个主键。在索引组合框中选择 PRIMARY。

2. 使用 CREATE TABLE 语句创建表

CREATE TABLE 语句创建表，语法结构如下：

```
CREATE TABLE 表名
  ( 列名 1        数据类型  字段属性,
    列名 2        数据类型  字段属性,
    ......
    列名 n        数据类型  字段属性
  )
```

在“字段属性”中，可以使用下面的关键字来定义字段的属性。

- PRIMARY KEY，指定字段为主键。
- AUTO_INCREMENT，指定字段为自动增加字段。
- INDEX，为字段创建索引。
- NOT NULL，字段值不允许为空。
- NULL，字段值可以为空。
- COMMENT，设置字段的注释信息。
- DEFAULT，设置字段的默认值。

CREATE TABLE 的语法非常复杂，上面只给出了它的基本使用情况。表 11-10 是另外一个示例表 Employees 的结构。

表 11-10　　表 Employees 的结构

字段名	数据类型	描述
EmpId	INT	员工编号，设置为主键和自动递增列
EmpName	VARCHAR(50)	员工姓名
DepId	INT	所属部门编号
Title	VARCHAR(50)	职务
Salary	INT	工资

【例 11-15】 使用 CREATE TABLE 语句创建表 Employees 的代码如下：

```
CREATE TABLE Employees (
    EmpId      INT          AUTO_INCREMENT  PRIMARY KEY,
    EmpName    VARCHAR(50)    NOT NULL,
    DepId          INT,
    Title        VARCHAR(50),
    Salary        INT
)
```

可以在 MySQL 命令行工具中执行此 SQL 语句。执行前使用 USE 命令将当前数据库切换为 MySQLDB。

11.3.7　编辑和查看表

在 MySQL-Front 的左侧窗格中右键单击要编辑和查看的表节点，单击"对象浏览器"按钮，可以编辑和查看表的结构信息。

也可以使用 ALTER TABLE 语句修改表的结构，包括添加列、修改列属性和删除列等操作。

1. 向表中添加列

使用 ALTER TABLE 语句向表中添加列的基本语法如下：

```
ALTER TABLE 表名 ADD 列名 数据类型和长度 列属性
```

【例 11-16】　使用 ALTER TABLE 语句在表 Employees 中增加一列，列名为 Tele，数据类型为 VARCHAR，长度为 50，列属性为允许空。具体语句如下：

```
ALTER TABLE Employees ADD Tele VARCHAR(50) NULL
```

2. 修改列属性

使用 ALTER TABLE 语句修改列属性的基本语法如下：

```
ALTER TABLE 表名 MODIFY 列名 新数据类型和长度 新列属性
```

【例 11-17】　使用 ALTER TABLE 语句在表 Employees 中修改 Tele 列的属性，将数据类型为 CHAR，长度为 50，列属性为允许空。具体语句如下：

```
ALTER TABLE Employees MODIFY Tele CHAR(50) NULL
```

3. 删除列

使用 ALTER TABLE 语句删除列的基本语法如下：

```
ALTER TABLE 表名 DROP COLUMN 列名
```

【例 11-18】　使用 ALTER TABLE 语句在表 Employees 中删除 Tele 列。具体语句如下：

```
ALTER TABLE Employees DROP COLUMN Tele
```

11.3.8　删除表

在 MySQL-Front 的左侧窗格中，右键单击要删除的表，在快捷菜单中选择"删除"，可以删除指定的表。

也可以使用 DROP TABLE 语句删除表，语法如下：

```
DROP TABLE 表名
```

11.3.9　插入数据

可以使用 MySQL-Front 工具在图形界面中插入数据，也可以使用 INSERT 语句插入数据。

1. 使用 MySQL-Front 工具插入数据

在 MySQL-Front 的左侧窗格中右键单击要编辑和查看的表节点，单击"数据浏览器"按钮，可以编辑和查看表中的数据。从菜单中依次选择"数据库""插入记录"，可以添加一个空白行。双击空白行，可以编辑新添加的数据。

【例 11-19】　向表 Departments 中插入如表 11-11 所列的数据。

表 11-11　　　　表 Departments 中的数据

Dep_id 字段的值	DepName 字段的值
1	人事部
2	开发部
3	服务部
4	财务部

这些记录将在第 11.3.12 节中介绍查询数据时使用到。

2. 使用 INSERT 语句插入数据

INSERT 语句的基本使用方法如下：

```
INSERT INTO 表名 (列名 1, 列名 2, …, 列名 n)
VALUES (值 1, 值 2, …, 值 n);
```

列与值必须一一对应。

【例 11-20】 使用 INSERT 语句在表 Departments 中添加一行数据，列 Dep_name 的值为“销售部”，具体语句如下：

```
INSERT INTO Departments (DepName)
VALUES ('销售部')
```

因为 DepId 字段被设置了 auto_increment 属性，所以不需要指定它的值。

【例 11-21】 参照表 11-12 向表 Employees 中插入数据。

表 11-12　　　　表 Employees 中的数据

字段 EmpName 的值	字段 Title 的值	字段 Salary 的值	字段 DepId 的值
张三	部门经理	6000	1
李四	职员	3000	1
王五	职员	3500	1
赵六	部门经理	6500	2
高七	职员	2500	2
马八	职员	3100	2
钱九	部门经理	5000	3
孙十	职员	2800	3

INSERT 语句如下：

```
INSERT INTO Employees (EmpName, DepId, Title, Salary) VALUES('张三', 1, '部门经理', 6000);
INSERT INTO Employees (EmpName, DepId, Title, Salary)  VALUES('李四', 1, '职员', 3000);
INSERT INTO Employees (EmpName, DepId, Title, Salary)  VALUES('王五', 1, '职员', 3500);
INSERT INTO Employees (EmpName, DepId, Title, Salary)  VALUES('赵六', 2, '部门经理',
6500);
INSERT INTO Employees (EmpName, DepId, Title, Salary)  VALUES('高七', 2, '职员', 2500);
INSERT INTO Employees (EmpName, DepId, Title, Salary)  VALUES('马八', 2, '职员', 3100);
INSERT INTO Employees (EmpName, DepId, Title, Salary)  VALUES('钱九', 3, '部门经理',
5000);
INSERT INTO Employees (EmpName, DepId, Title, Salary)  VALUES('孙十', 3, '职员', 2800);
```

这些记录将在第 11.3.12 节中介绍查询数据时使用到。

11.3.10　修改数据

在 MySQL-Front 的左侧窗格中右键单击要编辑和查看的表节点，单击“数据浏览器”按钮，可以编辑和查看表中的数据。可以直接在表格中修改数据。

也可以使用 UPDATE 语句修改表中的数据。UPDATE 语句的基本使用方法如下：

```
UPDATE 表名 SET 列名 1 = 值 1, 列名 2 = 值 2, …, 列名 n = 值 n
WHERE  更新条件表达式
```

当执行 UPDATE 语句时，指定表中所有满足 WHERE 子句条件的行都将被更新，列 1 的值被设置为值 1，列 2 的值被设置为值 2，列 n 的值被设置为值 n。如果没有指定 WHERE 子句，则表中所有的行都将被更新。

更新条件表达式实际上是一个逻辑表达式，通常需要使用到关系运算符和逻辑运算符，返回 True 或者 False。

MySQL 的常用关系运算符和比较函数如表 11-13 所列。

表 11-13　　　MySQL 的关系运算符和比较函数

关系运算符和比较函数	功能描述
=	等于，例如 a=1
<=>	与=相同，但如果操作符两边的操作数都是 NULL，则表达式返回 1，而不是 NULL；而当只有一个操作数为 NULL 时，其所得值为 0 而不为 NULL
!=	不等于，例如 a!=1
<>	与!=相同，例如 a<>1
<=	小于或等于，例如 a<=1
<	小于，例如 a<1
>=	大于或等于，例如 a>=1
>	大于，例如 a>1
IS NULL	判断指定的值是否为 NULL，例如 a IS NULL
IS NOT NULL	判断指定的值是否不为 NULL，例如 a IS NOT NULL
BETWEEN…AND	判断操作数是否在指定的范围之间，例如 a BETWEEN 1 AND 100
NOT BETWEEN…AND	判断操作数是否不在指定的范围之间，例如 a NOT BETWEEN 1 AND 100
COALESCE	返回列表中第一个非 NULL 的值，如果没有非 NULL 值，则返回 NULL。例如 COALESCE(NULL, NULL, 1, 2)的结果为 1
GREATEST	当参数列表中有两个或多个值时，返回其中最大的值。例如 GREATEST(1,2,3)的结果为 3
IN	判断表达式是否为列表中的一个值，例如 a IN (1,2,3,4)，当 a 为 1,2,3 或 4 时，表达式返回 True，否则返回 False
NOT IN	判断表达式是否为列表中的一个值，例如 a NOT IN (1,2,3,4)，当 a 为 1,2,3 或 4 时，表达式返回 False，否则返回 True
ISNULL(expr)	判断指定的表达式是否为 NULL
LEAST	当参数列表中有两个或多个值时，返回其中最小的值。例如 LEAST (1,2,3)的结果为 1

MySQL 的逻辑运算符如表 11-14 所列。

表 11-14　　MySQL 的逻辑运算符

关系运算符	功能描述
NOT	逻辑非。当操作数为 0 时结果为 1，当操作数为 1 时结果为 0
!	与 NOT 相同
AND	逻辑与。例如 a AND b，当 a 和 b 都等于 True 时，返回 True，否则返回 False
&&	与 AND 相同
OR	逻辑非。例如 a OR b，当 a 和 b 中有一个等于 True 时，返回 True，否则返回 False
||	与 OR 相同
XOR	逻辑异或。例如 a XOR b 的计算等同于(a AND (NOT b)) OR ((NOT a) AND b)

【例 11-22】　在表 Employees 中，将张三的工资修改为 6500，可以使用下面的 SQL 语句。

```
UPDATE Employees SET Salary=6500 WHERE EmpName='张三'
```

也可以通过设置 WHERE 子句批量修改表中的数据。

【例 11-23】　对所有职务为部门经理的员工的工资增加 100，可以使用下面的 SQL 语句。

```
UPDATE Employees SET Salary=Salary+100 WHERE Title ='部门经理'
```

可以同时修改多个字段的值，字段使用逗号分隔。

【例 11-24】　将张三的职务修改为职员，工资修改为 3000，代码如下：

```
UPDATE Employees SET Title='职员', Salary=3000 WHERE EmpName='张三'
```

11.3.11　删除数据

在 MySQL-Front 的左侧窗格中右键单击要编辑和查看的表节点，单击“数据浏览器”按钮。右键单击一条记录，在快捷菜单中选择“删除记录”可以删除当前记录。

可以使用 DELETE 语句删除表中的数据，基本使用方法如下：

```
DELETE 表名 WHERE 删除条件表达式
```

当执行 DELETE 语句时，指定表中所有满足 WHERE 子句条件的行都将被删除。

【例 11-25】　删除表 Departments 中列 DepName 等于“abc”的数据，可以使用以下 SQL 语句：

```
DELETE FROM Departments WHERE Dep_Name = 'abc';
```

11.3.12　使用 SELECT 语句查询数据

SELECT 语句是最常用的 SQL 语句之一。使用 SELECT 语句可以进行数据查询，它的基本使用方法如下：

```
SELECT 子句
[ INTO 子句]
FROM 子句
[ WHERE 子句]
[ GROUP BY 子句]
[ HAVING 子句]
```

```
[ ORDER BY 子句]
[UNION 运算符]
```

各子句的主要功能说明如下。

- SELECT 子句：指定查询结果集的列组成，列表中的列可以来自一个或多个表或视图。
- INTO 子句：将查询结果集中的数据保存到一个文件中。
- FROM 子句：指定要查询的一个或多个表或视图。
- WHERE 子句：指定查询的条件。
- ORDER BY 子句：指定查询结果集的排列顺序。
- GROUP BY 子句：对查询结果进行分组统计。
- HAVING 子句：指定分组或集合的查询条件。
- UNION 运算符：将多个 SELECT 语句连接在一起，得到的结果集是所有 SELECT 语句的结果集的并集。

【例 11-26】　下面是一个比较简单的 SELECT 语句，它的功能是查看表 Departments 中所有记录的部门名称。

```
SELECT DepName FROM Departments;
```

在 phpMyAdmin 中执行此脚本，查询结果如图 11-22 所示。

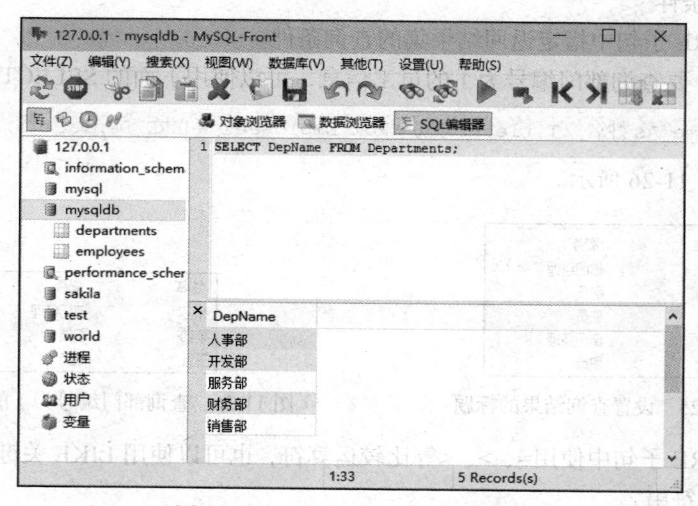

图 11-22　SELECT 语句的执行结果

1. 显示唯一数据

在 SELECT 子句中可以使用 DISTINCT 关键字指定不重复显示指定列值相同的行。

【例 11-27】　使用下面语句查看所有的员工职务情况。

```
SELECT Title FROM Employees;
```

运行结果如图 11-23 所示。结果集中有很多重复数据。

使用 DISTINCT 关键字的 SELECT 语句如下：

```
SELECT DISTINCT Title FROM Employees;
```

运行结果如图 11-24 所示。

Title
部门经理
职员
职员
部门经理
职员
职员

图 11-23　查询所有员工的职务信息

Title
部门经理
职员

图 11-24　使用 DISTINCT 过滤重复数据

可以看到，重复的数据已经被过滤掉。

2. 显示列标题

在上面的实例中，结果集中列的标题部分都是显示列名，可以使用 AS 子句设置自己需要的显示标题。

【例 11-28】　查询员工姓名和职务，显示中文列名。

```
SELECT EmpName As 姓名, Title As 职务 FROM Employees;
```

运行结果如图 11-25 所示。这样的结果看起来更加直观。也可以省略掉 AS 关键字，代码如下：

```
SELECT EmpName 姓名, Title 职务 FROM Employees;
```

返回的结果是一样的。

3. 设置查询条件

可以在 WHERE 子句中指定返回结果集的查询条件。

【例 11-29】　要查询部门编号为 1 的员工信息，可以使用下面的 SELECT 语句。

```
SELECT EmpName As 姓名, Title As 职务 FROM Employees WHERE DepId = 1;
```

查询结果如图 11-26 所示。

姓名	职务
张三	部门经理
李四	职员
王五	职员
赵六	部门经理
高七	职员

图 11-25　设置查询结果的标题

姓名	职务
张三	部门经理
李四	职员
王五	职员

图 11-26　查询部门编号为 1 的员工信息

可以在 WHERE 子句中使用=、>、<等比较运算符，也可以使用 LIKE 关键字和通配符%。通配符%表示任意字符串。

【例 11-30】　要查询所有姓李的员工，可以使用以下语句：

```
SELECT EmpName As 姓名, Title As 职务 FROM  Employees
WHERE EmpName LIKE '李%';
```

返回的结果如图 11-27 所示。

4. 对结果集进行排序

在 SELECT 语句中使用 ORDER BY 子句可以对结果集进行排序。

【例 11-31】　要按照工资升序显示员工信息，可以使用以下命令：

```
SELECT EmpName As 姓名, Title As 职务, Salary AS 工资 FROM Employees
ORDER BY Salary;
```

查询结果如图 11-28 所示。默认情况下，数据库会按照指定字段的升序排列。

如果需要按照降序显示，可以在 ORDER BY 子句中使用 DESC 关键字，例如：

```
SELECT EmpName As 姓名, Title As 职务, Salary AS 工资 FROM Employees ORDER BY Salary DESC;
```

查询结果如图 11-29 所示。

姓名	职务
李四	职员

图 11-27　模糊查询的结果

姓名	职务	工资
高七	职员	2500
孙十	职员	2800
李四	职员	3000
马八	职员	3100
王五	职员	3500
钱九	部门经理	5000

图 11-28　按工资的升序排列

姓名	职务	工资
赵六	部门经理	6500
张三	部门经理	6000
钱九	部门经理	5000
王五	职员	3500
马八	职员	3100
李四	职员	3000
孙十	职员	2800
高七	职员	2500

图 11-29　按工资的降序排列

5. 使用统计函数

可以在 SELECT 语句中使用统计函数，对指定的列进行统计。常用的统计函数包括 COUNT、AVG、SUM、MAX 和 MIN 等。

（1）使用 COUNT()函数

COUNT()函数用于统计记录数量。

【例 11-32】　可以使用下面的 SELECT 语句统计所有员工的数量：

```
SELECT COUNT(*) AS 员工数量 FROM Employees;
```

查询结果为 8。

（2）使用 AVG()函数

AVG()函数用于统计指定列的平均值。

【例 11-33】　可以使用下面的 SELECT 语句统计所有员工的平均工资：

```
SELECT AVG(Salary) FROM Employees;
```

查询结果为 4050.0000。

（3）使用 SUM()函数

SUM()函数用于统计指定列的累加值。

【例 11-34】　可以使用下面的 SELECT 语句统计所有员工的工资之和：

```
SELECT SUM(Salary) FROM Employees;
```

查询结果为 32400。

（4）使用 MAX()函数

MAX()函数用于统计指定列的最大值。

【例 11-35】　可以使用下面的 SELECT 语句统计所有员工中的最高工资的数额：

```
SELECT MAX(Salary) FROM Employees;
```

查询结果为 6500。

（5）使用 MIN()函数

MIN ()函数用于统计指定列的最小值。

【例 11-36】　可以使用下面的 SELECT 语句统计所有员工中的最低工资的数额：

```
SELECT MIN(Salary) FROM Employees;
```

查询结果为 2500。

6. 分组统计

在对结果集进行统计时，有时需要将结果集分组，计算每组数据的统计信息。可以使用 GROUP BY 子句实现此功能。

【例 11-37】 要统计不同职务的平均工资，可以使用以下 SQL 语句：

```
SELECT Title AS 职务, AVG(Salary) AS 平均工资 FROM Employees
GROUP BY Title;
```

运行结果如图 11-30 所示。GROUP BY 子句可以和 WHERE 子句结合使用。

【例 11-38】 要统计编号为 2 的部门中各职务的平均工资，可以使用下面的 SQL 语句。

```
SELECT Title AS 职务, AVG(Salary) AS 平均工资 FROM Employees
WHERE DepId = 2
GROUP BY Title;
```

运行结果如图 11-31 所示。

职务	平均工资
部门经理	5833.3333
职员	2980.0000

图 11-30 统计不同职务的平均工资

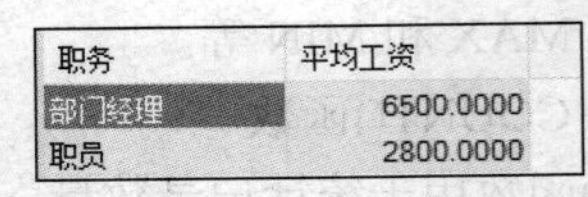

职务	平均工资
部门经理	6500.0000
职员	2800.0000

图 11-31 在分组统计中使用 WHERE 子句

但是，WHERE 子句中不能包含聚合函数。例如，要统计平均工资大于 4000 的职务类型，使用下面的 SELECT 语句：

```
SELECT Title AS 职务, AVG(Salary) AS 平均工资 FROM Employees
WHERE AVG(Salary) > 4000
GROUP BY Title;
```

运行上面的语句，会返回如下错误信息：

```
#1064 - You have an error in your SQL syntax; check the manual that corresponds to your
MySQL server version for the right syntax to use near 'Employees WHERE AVG(Salary) > 4000
GROUP BY Title' at line 1
```

在这种情况下，可以使用 HAVING 子句指定搜索条件。上述语句可以改写为：

```
SELECT Title AS 职务, AVG(Salary) AS 平均工资 FROM  Employees
GROUP BY Title
HAVING AVG(Salary) > 4000;
```

执行结果如图 11-32 所示。

可以看到，只有部门经理的平均工资大于 4000，为 5833.3333。

7. 连接查询

如果 SELECT 语句需要从多个表中提取数据，则这种查询可以称为连接查询，因为在 WHERE 子句中需要设置每个表之间的连接关系。

【例 11-39】 在查询员工信息时显示所属部门的名称，可以使用下面的 SQL 语句：

```
SELECT e.EmpName AS 姓名, e.Title AS 职务, d.DepName As 部门
FROM Employees e, Departments d
WHERE e.DepId=d.DepId;
```

运行结果如图 11-33 所示。

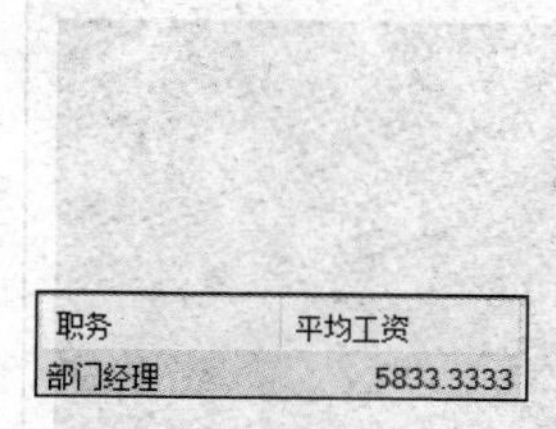

职务	平均工资
部门经理	5833.3333

图 11-32　使用 HAVING 子句

姓名	职务	部门
张三	部门经理	人事部
李四	职员	人事部
王五	职员	人事部
赵六	部门经理	开发部
高七	职员	开发部
马八	职员	开发部
钱九	部门经理	服务部
孙十	职员	服务部

图 11-33　连接查询

在上面的 SELECT 语句中涉及两个表：表 Employees 和表 Departments。在 FROM 子句中，为每个表指定一个别名，表 Employees 的别名为 e，表 Departments 的别名为 d。在 SELECT 子句中，可以使用别名标记列所属的表。在 WHERE 子句中设置两个表的连接条件。

上面的 SELECT 语句也可以使用内连接的方法实现，代码如下：

```
SELECT e.EmpName AS 姓名, e.Title AS 职务, d.DepName
FROM Employees e INNER JOIN Departments d
ON e.DepId=d.DepId;
```

INNER JOIN 关键字表示内连接。内连接指两个表中的数据平等地相互连接，连接的表之间没有主次之分。ON 关键字用来指示连接条件。

8. 子查询

所谓子查询，就是在一个 SELECT 语句中又嵌套一个 SELECT 语句。WHERE 子句和 HAVING 子句可以嵌套 SELECT 语句。

【例 11-40】 要显示人事部的所有员工，但是又不知道财务部的部门编号，可以使用以下命令：

```
SELECT EmpName FROM Employees WHERE DepId =
(SELECT DepId FROM Departments WHERE DepName = '人事部')
```

运行结果如图 11-34 所示。

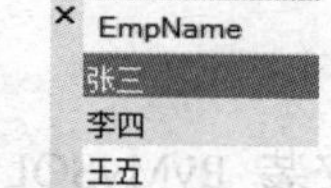

EmpName
张三
李四
王五

图 11-34　使用子查询的结果

11.3.13　在 Python 中访问 MySQL 数据库

要在 Python 中访问 MySQL 数据库，需要安装第三方库 PyMySQL。首先在 Python 官网中下载一个管理包工具（ez_setup.py），下载地址如下：

```
https://pypi.python.org/pypi/ez_setup/
```

本书提供的源代码包里包含 ez_setup.py。运行下面的命令，可以在 python 目录下安装 easy_install.exe 工具包。

```
python ez_setup.py
```

如果没有配置环境变量，可以在 python 安装路径中找到 python.exe，在此目录中执行上面命令。执行的过程如图 11-35 所示。

安装完成后可以在 C:\Python27\Scripts 目录下看到 easy_install.exe，如图 11-36 所示。

打开命令行窗口，切换到 C:\Python27\Scripts 目录下，执行下面的命令，可以安装第三方库 PyMySQL：

```
easy_install pymysql3
```

```
命令提示符
>python ez_setup.py
Downloading https://pypi.python.org/packages/source/s/setuptools/setuptools-14.3.1.zip
Extracting in C:\Users\JISHUZ~1\AppData\Local\Temp\tmpk21877gk
Now working in C:\Users\JISHUZ~1\AppData\Local\Temp\tmpk21877gk\setuptools-14.3.1
Installing Setuptools
running install
running bdist_egg
running egg_info
writing dependency_links to setuptools.egg-info\dependency_links.txt
writing entry points to setuptools.egg-info\entry_points.txt
writing top-level names to setuptools.egg-info\top_level.txt
writing setuptools.egg-info\PKG-INFO
writing requirements to setuptools.egg-info\requires.txt
reading manifest file 'setuptools.egg-info\SOURCES.txt'
reading manifest template 'MANIFEST.in'
writing manifest file 'setuptools.egg-info\SOURCES.txt'
installing library code to build\bdist.win32\egg
running install_lib
running build_py
creating build
creating build\lib
copying easy_install.py -> build\lib
creating build\lib\pkg_resources
copying pkg_resources\__init__.py -> build\lib\pkg_resources
creating build\lib\setuptools
copying setuptools\archive_util.py -> build\lib\setuptools
copying setuptools\compat.py -> build\lib\setuptools
copying setuptools\depends.py -> build\lib\setuptools
copying setuptools\dist.py -> build\lib\setuptools
copying setuptools\extension.py -> build\lib\setuptools
```

图 11-35　安装 easy_install.exe 工具包

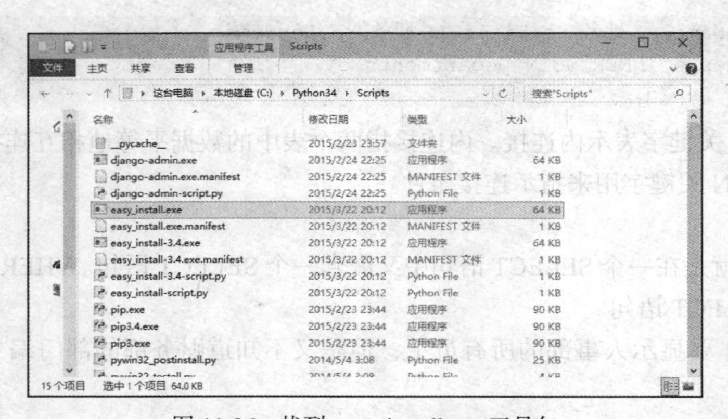

图 11-36　找到 easy_install.exe 工具包

安装 PyMySQL 后，即可以很方便地访问 MySQL 数据库。首先需要使用下面的语句导入 PyMySQL 模块：

```
import pymysql
```

1. 创建和打开数据库

使用 connect()方法可以创建和打开数据库，具体方法如下：

```
数据库连接对象 = pymysql.connect(数据库服务器, 用户名, 密码, 数据库名)
```

connect()方法返回一个数据库连接对象，通过数据库连接对象可以访问数据库。访问数据库的具体方法将在稍后介绍。

2. 创建游标对象

Python 可以使用下面的方法创建一个游标对象：

```
游标对象 =数据库连接对象.cursor()
```

关于游标的概念已经在第 11.2.10 节中介绍过，请参照理解。使用游标可以执行 SQL 语句和查询数据。

3. 执行 SQL 语句

使用 execute ()方法可以执行 SQL 语句，具体方法如下：

```
游标对象.execute(SQL 语句)
```

【例 11-41】 在数据库 MySQLDB 中使用 execute()方法在表 Departments 中添加一行数据，列 Dep_name 的值为“测试部”。具体代码如下：

```
#coding=utf-8
import pymysql
db = pymysql.connect("localhost", "root", "pass", "MySQLDB", charset="utf8")
cx = db.cursor()
sql = " INSERT INTO Departments (DepName) VALUES ('销售部')".encode("utf8")
cx.execute(sql)
db.commit()
db.close()
```

注意，如果 SQL 语句中包含中文，需要使用 UTF-8 编码。

执行例 11-41 后，为验证执行结果，可以在 MySQL-Front 查看表 Departments 中是否存在“销售部”。

db.commit()语句用于提交对数据库的修改保存到数据库中。操作完成后，需要调用 db.close() 语句关闭数据库连接，以释放资源。

4. 使用游标查询数据

可以使用游标对象的 execute()方法执行 SELECT 语句将查询结果保存在游标中，方法如下：

```
游标对象.execute(SELECT 语句)
```

可以使用游标对象的 fetchall()方法获取游标中所有的数据到一个元组中，方法如下：

```
结果集元组 =游标对象.fetchall()
```

【例 11-42】 在数据库 MySQLDB 中使用游标查询表 Employees 中的数据，代码如下：

```
#coding=utf-8
import pymysql
db = pymysql.connect("localhost", "root", "pass", "MySQLDB", charset="utf8")
cx = db.cursor()
sql = "SELECT * FROM Employees"
cx.execute(sql)
print(cx.fetchall())
cx.close();
```

程序的运行结果如下：

```
((1, '张三', 1, '部门经理', 6000, None), (2, '李四', 1, '职员', 3000, None), (3, '王五', 1, '职员', 3500, None), (4, '赵六', 2, '部门经理', 6500, None), (5, '高七', 2, '职员', 2500, None), (6, '马八', 2, '职员', 3100, None), (7, '钱九', 3, '部门经理', 5000, None), (8, '孙十', 3, '职员', 2800, None))
```

本 章 练 习

一、选择题

1. MySQL 的位字段类型为（　　）。

   A. INT　　B. BIT

   C. BOOL　　D. TINYINT

2. 可以使用（　　）语句创建数据库。

   A. NEW DATABASE　　B. CREATE DB

   C. CREATE DATABASE　　D. NEW

3. 可以使用（　　）语句删除数据库。

   A. DELETE DATABASE　　B. DROP DATABASE

   C. REMOVE DATABASE　　D. DELETE

4. MySQL 的时间戳类型为（　　）。

   A. DATE　　B. DATETIME

   C. TIMESTAMP　　D. TIME

5. 可以使用下面（　　）语句向表中添加列。

   A. ALTER TABLE 表名 APPEND 列名 数据类型和长度 列属性

   B. ALTER TABLE 表名 INSERT 列名 数据类型和长度 列属性

   C. ALTER TABLE 表名 ADD 列名 数据类型和长度 列属性

   D. ALTER TABLE 表名 ADD COLUMN 列名 数据类型和长度 列属性

6. 可以使用下面（　　）语句向表中删除列。

   A. ALTER TABLE 表名 DROP 列名 数据类型和长度 列属性

   B. ALTER TABLE 表名 DELETE 列名 数据类型和长度 列属性

   C. ALTER TABLE 表名 REMOVE 列名 数据类型和长度 列属性

   D. ALTER TABLE 表名 DROP COLUMN 列名 数据类型和长度 列属性

7. 在 SELECT 语句中使用（　　）子句可以对结果集进行排序。

   A. SORT BY　　B. GROUP BY

   C. WHERE　　D. ORDER BY

二、填空题

1. 可以使用________语句插入数据。
2. 可以使用________语句修改表中的数据。
3. 可以使用________语句删除表中的数据。
4. Python 中内置有________模块，可以很方便地访问 SQLite 数据库。
5. 要在 Python 中访问 MySQL 数据库，需要安装第三方库________。

三、简答题

1. 试述什么是数据库。
2. 试述什么是数据库管理系统。

第 12 章 Web 框架开发

学前提示

随着互联网技术的应用和普及，人类社会已经进入了信息化的网络时代，开发 Web 应用程序已经成为程序员的必备技能。本章介绍使用 Python 开发 Web 应用程序的基本方法。

知识要点

- Web 应用程序设计语言的产生与发展
- Web 应用程序的工作原理
- HTML 网页基本结构
- 设置网页背景和颜色
- 超级链接
- 设置字体属性
- 表格
- 图像和动画
- Django 框架
- Web 开发框架

12.1 Web 应用程序设计与开发概述

在 Web 应用程序出现之前，“客户端/服务器”（C/S）是应用程序的主流架构。每个应用程序都需要一个客户端程序，它为用户提供管理和操作界面，而数据通常保存在服务器端。在 C/S 架构的应用程序中，如果对服务器端程序进行升级，通常需要同时升级客户端程序，只有双方的版本匹配，才能保证应用程序的正常运行。这无疑会增加维护成本，影响产品的推广。

Web 应用程序则解决了上述问题。Web 应用程序使用 Web 文档（网页）来表现用户界面，而 Web 文档都遵循标准 HTML 格式（包括 2000 年推出的 XHTML 标准格式）。因为所有 Web 文档都遵循标准化的格式，所以在客户端可以使用不同类型的 Web 浏览器查看网页内容。只要用户选择安装一种 Web 浏览器，就可以查看所有 Web 文档，从而解决了为不同应用程序安装不同客户端程序的问题。

12.1.1 Web 应用程序设计语言的产生与发展

1990 年，在欧洲共同体的一个大型科研机构任职的英国人 TimBerners-Lee 发明了 WWW（World Wide Web）。通过 Web，用户可以在一个网页里比较直观的表示出互联网上的资源。最初的 Web 页面都是静态的，用户可以通过单击超链接等方式与服务器进行交互，访问不同的网页。

早期的 Web 服务器只能简单地响应浏览器发送过来的 HTTP 请求，并将存储在服务器上的 HTML 文件返回给浏览器。最早能够动态生成 HTML 页面的技术是 CGI（Common Gateway

Interface)。1993 年，CGI 1.0 的标准草案由 NCSA（National Center for Supercomputing Applications）提出，1995 年，NCSA 开始制定 CGI 1.1 标准，1997 年，CGI 1.2 也被纳入了议事日程。CGI 技术允许服务端的应用程序根据客户端的请求，动态生成 HTML 页面，这使客户端和服务端的动态信息交换成为了可能。早期的 CGI 程序大多是编译后的可执行程序，其编程语言可以是 C、C++、Pascal 等任何通用的程序设计语言，也可以是 Perl、Python 等脚本语言。

1994 年，Rasmus Lerdorf 发明了专门用于 Web 服务端编程的 PHP（Personal Home Page Tools）语言。与以往的 CGI 程序不同，PHP 语言将 HTML 代码和 PHP 指令结合成为完整的服务端动态页面，程序员可以使用一种更加简便、快捷的方式实现动态 Web 功能。

1995 年，Netscape 公司推出了一种在客户端运行的脚本语言，即 JavaScript。使用 JavaScript 语言可以在客户端的用户界面上添加一些动态的元素，如弹出一个对话框。

1996 年，Macromedia 公司推出了 Flash，一种矢量动画播放器。它可以作为插件添加到浏览器中，从而在网页中显示动画。

同样在 1996 年，Microsoft 公司推出了 ASP 1.0。这是 Microsoft 公司推出的第 1 个服务器端脚本语言，使用 ASP 可以生成动态的、交互式的网页。从 Windows NT 4.0 开始，所有的 Windows 服务器产品都提供 IIS（Internet Information Services）组件，它可以提供对 ASP 语言的支持。在 ASP 中，可以使用 VBScript、JavaScript 等脚本语言开发服务器端 Web 应用程序。

1997～1998 年，Servlet 技术和 JSP 技术相继问世，这两者的组合（还可以加上 JavaBean 技术）让 Java 开发者同时拥有了类似 CGI 程序的集中处理功能和类似 PHP 的 HTML 嵌入功能。此外，Java 的运行时编译技术也大大提高了 Servlet 和 JSP 的执行效率。

Sun 公司的 J2EE 是纯粹基于 Java 的解决方案。到 2003 年时，Sun 的 J2EE 版本已经升级到了 1.4 版，其中 3 个关键组件的版本也演进到了 Servlet 2.4、JSP 2.0 和 EJB 2.1。

2002 年，Microsoft 公司正式发布.NET Framework 和 Visual Studio.NET 开发环境。它引入了 ASP.NET 这样一种全新的 Web 开发技术。ASP.NET 可以使用 VB.NET、C#等编译型语言，支持 Web Form、.NET Server Control、ADO.NET 等高级特性。

本节概要地介绍了 Web 应用程序产生和发展过程中一些主要技术的推出和应用情况，可以使读者对 Web 应用程序的历史形成宏观的认识。

12.1.2　Web 应用程序的工作原理

Web 应用程序通常由 HTML 文件、脚本文件和一些资源文件组成。

- HTML 文件可以提供静态的网页内容，这也是早期最常用的网页文件。
- 脚本文件可以提供动态网页。ASP 的脚本文件扩展名为 asp，PHP 的脚本文件扩展名为 php，JSP 的脚本文件扩展名为 jsp，ASP.NET 的脚本文件扩展名为 aspx。
- 资源文件可以是图片文件、多媒体文件、配置文件等。

Web 应用程序的工作流程如图 12-1 所示。

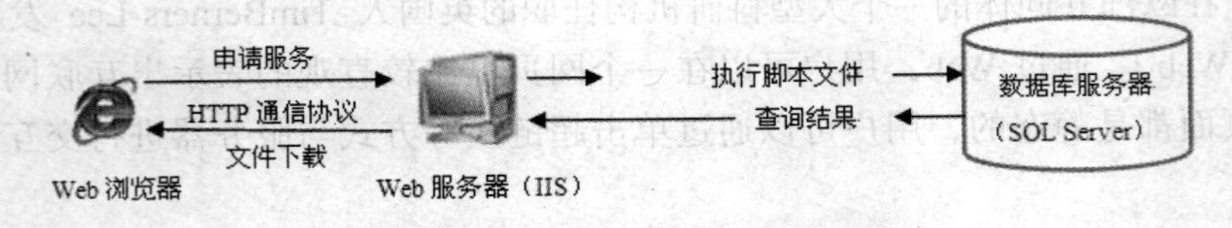

图 12-1　Web 应用程序的工作流程

12.2 HTML 概述

HTML 是开发 Web 应用程序的基础。为了方便读者阅读和学习本章内容，本节首先简要地介绍 HTML 的基础知识。

12.2.1 HTML 网页基本结构

HTML 语言中包含很多 HTML 标记（也称为标签），它们可以被 Web 浏览器解释，从而决定网页的结构和显示的内容。这些标记通常成对出现，例如<html>和</html>就是常用的标记对，语法格式如下：

```
<标记名> 数据 </标记名>
```

本节将介绍一些基本结构标记。HTML 文档可以分为两部分，即文件头与文件体。文件头中提供了文档标题，并建立 HTML 文档与文件目录间的关系；文件体部分是 Web 页的实质内容，它是 HTML 文档中最主要的部分，其中定义了 Web 页的显示内容和效果。

常用的结构标记如表 12-1 所列。

表 12-1　　HTML 常用的结构标记

结构标记	具体描述
<html>…</html>	标记 HTML 文档的开始和结束
<head>…</head>	标记文件头的开始和结束
<title>…</title>	标记文件头中的文档标题
<body>…</body>	标记文件体部分的开始和结束
<!--…-->	标记文档中的注释部分

这些基本结构标记文档的使用实例如下所示：

```
<html>
  <head>
    <title> HTML文件标题.</title>
  </head>
  <body>
    <!--  HTML文件内容  -->
  </body>
</html>
```

这些标记只用于定义网页的基本结构，并没有定义网页要显示的内容。因此，在浏览器中查看此网页时，除网页的标题外，其他部分与空白网页没有什么区别。

12.2.2 设置网页背景和颜色

在设计网页时，通常首先需要设置网页的属性。常见的网页属性就是网页的颜色和背景图片。可以在 body 标签中通过 background 属性设置网页的背景图片，例如：

```
<body background="Greenstone.bmp">
```

可以在<body>标签中通过 bgcolor 属性设置网页的背景色，例如：

```
<body bgcolor="#00FFFF">
```

body 标签中的常用属性如表 12-2 所列。

表 12-2 <body>的常用属性

属性	说明
background	文档的背景图像
bgcolor	文档的背景色
text	文档中文本的颜色
link	文档中链接的颜色
vlink	文档中已被访问过的链接的颜色
alink	文档中正被选中的链接的颜色

Windows 使用红、绿、蓝 3 原色组合表示一个颜色，每个原色使用 16 位数字表示。HTML 支持下面 3 种颜色表示方法。

1. 颜色关键字

可以使用一组颜色关键字字符串表示颜色，具体如表 12-3 所列。

表 12-3 颜色关键字

颜色关键字	具体描述
maroon	酱紫色
red	红色
orange	橙色
yellow	黄色
olive	橄榄色
purple	紫色
gray	灰色
fuchsia	紫红色
lime	绿黄色
green	绿色
navy	藏青色
blue	蓝色
silver	银色
aqua	浅绿色
white	白色
teal	蓝绿色
black	黑色

2. 16 进制字符串

可以使用一个 16 进制字符串表示颜色，格式为#RRGGBB。其中，R 表示红色集合，G 表示绿色集合，B 表示蓝色集合。例如#FF0000 表示红色，#00FF00 表示绿色，#0000FF 表示蓝色，#FFFFFF 表示白色，#000000 表示黑色。

3. RGB 颜色值

可以使用 rgb(r,g,b)的格式表示颜色。其中 r 表示红色集合，g 表示绿色集合，b 表示蓝色集合。r、g、b 都是 10 进制数，取值范围为 0～255。常用颜色的 RGB 表示如表 12-4 所列。

表 12-4　　常用颜色的 RGB 表示

颜色	红色值	绿色值	蓝色值	RGB()表示
黑色	0	0	0	RGB(0,0,0)
蓝色	0	0	255	RGB(0,0,255)
绿色	0	255	0	RGB(0,255,0)
青色	0	255	255	RGB(0,255,255)
红色	255	0	0	RGB(255,0,0)
洋红色	255	0	255	RGB(255,0,255)
黄色	255	255	0	RGB(255,255,0)
白色	255	255	255	RGB(255,255,255)

12.2.3 设置字体属性

可以使用<font>…</font>标签对网页中的文字设置字体属性，包括选择字体和设置字体大小等，例如：

```
<font face="黑体" size="4">设置字体.</font>
```

face 属性用于设置字体类型，size 属性用于设置字体大小。也可以使用 color 属性设置字体的颜色。

还可以设置文本的样式，包括加粗、倾斜和下划线等。使用<b>…</b>定义加粗字体，使用<i>…</i>定义倾斜字体，使用<u>…</u>定义下划线字体。这些标签可以混合使用，定义同时具有多种属性的字体。

【例 12-1】 定义加粗、倾斜和下划线字体，代码如下：

```
<html>
  <head>
    <title> 例 12-1</title>
  </head>
  <body>
    <p><b>加粗</b> <i>倾斜</i> <u>下划线</u></p>
  </body>
</html>
```

上面代码定义的网页如图 12-2 所示。

图 12-2　浏览例 12-1 的结果

在例 12-1 的代码中，可以看到一对<p>…</p>标签，它们用于定义字体的分段。可以单独定义<p>和</p>之间元素的属性。比较常用的属性是 align = #，#可以是 left、center 或 right。left 表示文字居左，center 表示文字居中，right 表示文字居右。

【例 12-2】　将例 12-1 定义的文字居中显示，代码如下：

```
<html>
  <head>
    <title> 例 12-2</title>
  </head>
  <body>
<p align="center"><b>加粗</b> <i>倾斜</i> <u>下划线</u></p>
  </body>
</html>
```

也可以通过选择样式来设置字体。HTML 语言中有一些默认样式，标题是常用的样式之一。标题元素有 6 种，分别为 H1、H2、……、H6，用于表示文章中的各种题目。标题号越小，字体越大。

【例 12-3】　下面的代码可以定义 H1、H2、……、H6 标题的文字。

```
<html>
  <head>
    <title> 例 12-3</title>
  </head>
  <body>
<h1>这是标题 1</h1>
<h1>这是标题 2</h1>
<h2>这是标题 3</h2>
<h4>这是标题 4</h4>
<h5>这是标题 5</h5>
<h6>这是标题 6</h6>
  </body>
</html>
```

浏览例 12-3 的结果如图 12-3 所示。

图 12-3　浏览例 12-3 的结果

12.2.4　超级链接

超级链接是网页中一种特殊的文本，也称为超链接，通过单击超级链接可以方便地转向本地或远程的其他文档。超级链接可分为本地链接和远程链接两种。本地链接用于连接本地计算机的文档，远程链接用于连接远程计算机的文档。

在超级链接中必须明确指定转向文档的位置和文件名。可以使用 URL（统一资源定位器，

Uniform Resource Locator）指定文档的具体位置，它的构成如下：

```
protocol://machine.name[:port]/directory/filename
```

其中 protocol 是访问该资源所采用的协议，即访问该资源的方法，主要的协议包括以下几种。

- HTTP：超文本传输协议，通过互联网传送 HTML 文档的数据传送协议。
- HTTPS：是以安全为目标的 HTTP 通道，也就是 HTTP 的安全版。
- File：用于访问本地计算机上的文件资源。
- FTP：文件传输协议。
- News：表明该资源是网络新闻。

machine.name 是存放该资源的主机的 IP 地址或域名，例如 www.microsoft.com。port 是服务器在该主机所使用的端口号。一般情况下，端口号不需要指定，HTTP 的默认端口为 80，FTP 的默认端口为 21。只有当服务器所使用的端口号不是默认的端口号时才需要指定。

directory 和 filename 是该资源的路径和文件名。

下面是一个典型的 URL：

```
http://www.php.net/downlaod.php
```

通常网站都会指定默认的文档，所以直接输入 https://www.python.org 就可以访问到 Python 网站的首页文档。

下面是一个定义超级链接的例子：

```
<a href="https://www.python.org">Python 网站</a>
```

在<a>和</a>标签之间定义超级链接的显示文本，href 属性定义要转向的网址或文档。

在超级链接的定义代码中，除了指定转向文档外，还可以使用 target 属性来设置单击超级链接时打开网页的目标框架。可以选择_blank（新建窗口）、_parent（父框架）、_self（相同框架）和_top（整页）等目标框架。比较常用的目标框架为_blank（新建窗口）。

【例 12-4】 定义一个新的超级链接，显示文本为“在新窗口中打开百度网站”，代码如下：

```
<a target="_blank" href="http://www.baidu.com">在新窗口中打开百度网站</a>
```

如果没有使用 target 属性，单击超级链接后将在原来的浏览器窗口浏览新的 HTML 文档。

在 HTML 语言中，电子邮件超级链接的定义代码如下：

```
<a href="mailto:johney2008@sina.com">我的邮箱</a>
```

超级链接还可以定义在本网页内跳转，从而实现类似目录的功能。比较常见的应用包括在网页底部定义一个超级链接，用于返回网页顶端。首先需要在跳转到的位置定义一个标识（锚），在 DreamWeaver 中这种定义位置的标识称为命名锚记（在 FrontPage 中称为书签）。

例如，可以在网页的顶部定义锚 top，代码如下：

```
<a name="top" id="top"></a>
```

在 a 标签中增加了一个 name 属性，表示这是一个名字为 top 的锚。

创建锚是为了在 HTML 文档中的其他位置创建一些链接，通过这些链接可以方便地转向同一文档中有锚的地方，代码如下：

```
<A HREF="url#name">转到锚 name</A>
```

如果 HREF 属性的值是指定一个锚，则必须在锚名前面加一个“#”符号。例如，在网页的尾部添加如下代码：

```
<a href="#top">返回顶部</a>
```

单击“返回顶部”超级链接将跳转到网页顶部（因为已经在网页的顶部定义锚 top）。

12.2.5 图像和动画

HTML 语言中使用 img 标签来处理图像，例如：

```
<img src="1.jpg">
```

src 属性用于指定图像文件的文件名，包括文件所在的路径。这个路径既可以是相对路径，也可以是绝对路径。除此之外，img 标记还有如下的属性。

- alt：指定如果无法显示图像时，浏览器将显示的替代文本。
- align：图像的对齐方式，包括 top（顶端对齐）、bottom（底部对齐）、middle（居中对齐）、left（左侧对齐）和 right（右侧对齐）。
- border：图像的边框宽度。
- width：图像的宽度。
- height：图像的高度。
- hspace：定义图像左侧和右侧的空白。
- vspace：定义图像顶部和底部的空白。

还可以使用 img 标签来处理动画。例如，在网页中插入一个多媒体文件 clock.avi，代码如下：

```
<img border="0" dynsrc="clock.avi" start="fileopen" width="321" height="321">
```

dynsrc 属性用于指定动画文件的文件名，包括文件所在的路径。start 属性用于指定动画开始播放的时间，fileopen 表示网页打开时即播放动画。

12.2.6 表格

在 HTML 语言中表格由<table>…</table>标签对定义，表格内容由<tr>…</tr>和<td>…</td>标签对定义。<tr>…</tr>定义表格中的一行，<td>…</td>通常出现在<tr>…</tr>之间，用于定义一个单元格。

【例 12-5】 定义一个 3 行 3 列的表格，代码如下：

```
<table width="200" border="1">
  <tr>
    <td> </td>
    <td> </td>
    <td> </td>
  </tr>
  <tr>
    <td> </td>
    <td> </td>
    <td> </td>
  </tr>
  <tr>
    <td> </td>
    <td> </td>
    <td> </td>
  </tr>
</table>
```

 是 HTML 语言中的空格。border 属性用于定义表格边框的宽度。浏览例 12-5 的结果如图 12-4 所示。

下面介绍表格的常用属性。

1. 通栏

被合并的单元格会跨越多个单元格，这种合并的单元格称为通栏。通栏可以分为横向通栏和纵向通栏两种，<td colspan=#>用于定义横向通栏，<tr rowspan=#>用于定义纵向通栏。#表示通栏占据的单元格数量。

2. 表格大小和边框宽度

在 TABLE 标签中表格的大小用 WIDTH=#和 HEIGHT=#属性说明。前者为表宽，后者为表高，#是以像素为单位的整数，也可以是百分比。在例 12-5 中，可以看到 WIDTH 属性的使用。

边框宽度由 BORDER=#属性定义，#为宽度值，单位是像素。例如，下面的 HTML 代码定义了一个边框宽度为 4 的表格。

```
<table border="4" width="100%" id="table1">
    ......
    </table>
```

3. 背景颜色

在 HTML 语言中，可以使用 BGCOLOR 属性设置单元格的背景颜色，格式为：

```
BGCOLOR=背景颜色
```

【例 12-6】 下面的 HTML 代码定义表格的背景颜色为 C0C0C0（灰色）。

```
<table border="1" width="100%" id="table1">
  <tr>
      <td colspan="2" bgcolor="#C0C0C0">
      <p align="center">表格</td>
  </tr>
  <tr>
      <td bgcolor="#C0C0C0">
      <p align="center">域名</td>
      <td bgcolor="#C0C0C0">
      <p align="center">说明</td>
  </tr>
  ......
  </table>
```

浏览例 12-6 的结果如图 12-5 所示。

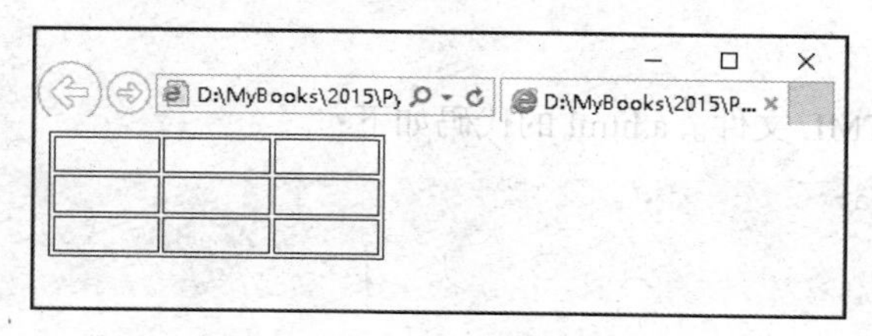

图 12-4 浏览例 12-5 的结果

图 12-5 浏览例 12-6 的结果

12.2.7 使用框架

框架（Frame）可以将浏览器的窗口分成多个区域，每个区域可以单独显示一个 HTML 文件，各个区域也可以相关联地显示某一个内容。框架通常的使用方法是在一个框架中放置可供选择的链接目录，而将目录对应的 HTML 文件显示在另一个框架中。

定义框架的基本代码如下：

```
<html>
<head>
<title>...</title>
</head>
<noframes>...</noframes>
<frameset>
<frame src="url">
<frame src="url">
<frame src="url">
......
</frameset>
</html>
```

1. noframe 标签

noframe 标签中包含了框架不能被显示时的替换内容。

2. frameset 标签

frameset 标签是一个框架容器，它将窗口分成长方形的子区域，即框架。在一个框架内的文档中，frameset 标签取代 body 标签位置，紧接在 head 标签之后。

frameset 标签的基本属性包括 rows 和 cols，它们定义了框架设置元素中的每个框架的尺寸大小。rows 值从上到下给出了每行的高，cols 值从左到右给出了每列的宽。

框架是可以嵌套的，也就是说可以在 frameset 标签中包含一个或多个 frameset 标签。

3. frame 标签

frameset 标签里可以包含多个 frame 标签。每个 frame 元素定义一个子窗口。frame 标签的属性说明如下。

- name：框架名称。
- src：框架内容 URL。
- longdesc：框架的长篇描述。
- frameborder：框架边框。
- marginwidth：边距宽度。
- marginheight：边距高度。
- noresize：禁止用户调整框架尺寸。
- scrolling：规定框架中是否需要滚动条。

【例 12-7】 定义框架的例子。

首先创建 a.html、b.html 和 c.html 其 3 个 HTML 文件。a.html 的代码如下：

```
<a href="b.html" target="main">b.html</a>
 <br>
 <a href="c.html" target="main">c.html</a>
```

单击超链接，将在 main 框架中打开对应的网页。b.html 的代码如下：

```
<h1> b.html</h1>
```

c.html 的代码如下：

```
<h1> c.html</h1>
```

定义框架的网页代码如下：

```
<html>
<head>
<meta HTTP-EQUIV="Content-Type" CONTENT="text/html; charset=gb2312">
<title>定义框架的例子</title>
</head>
<frameset framespacing="1" border="1" bordercolor= #333399  frameborder="yes">
    <frameset cols="150,*">
        <frame name="left" target="main" src="a.html" scrolling="auto" frameborder=1>
        <frame name="main" src="b.html" scrolling="auto" noresize frameborder=1>
    </frameset>
    <noframes>
    <body>
    <p>此网页使用了框架，但您的浏览器不支持框架。</p>
    </body>
    </noframes>
</frameset>
</html>
```

框架集（frameset）中定义了 2 个框架（frame），左侧框架中显示 a.html，宽度为 150。右侧框架名为 main，初始时显示 b.html。定义框架的网页如图 12-6 所示。单击 c.html 超链接的网页界面如图 12-7 所示。

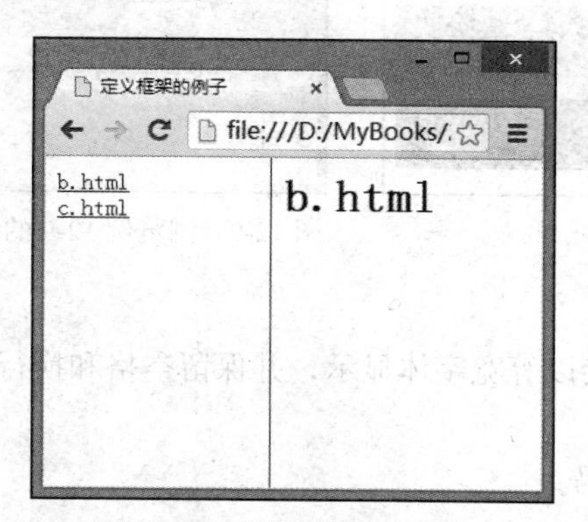

图 12-6　浏览例 12-7 的结果

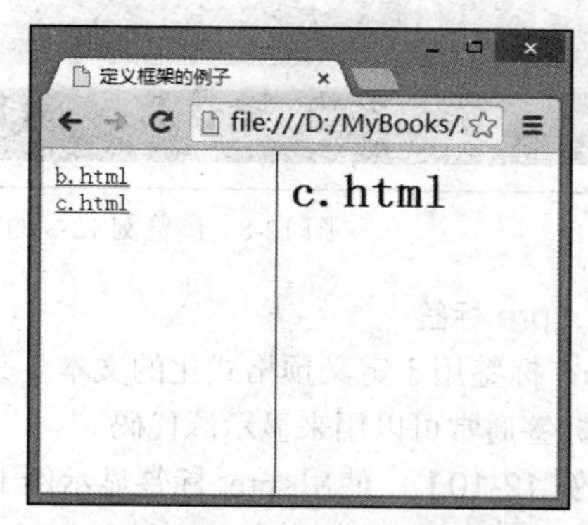

图 12-7　单击 c.html 超链接的网页界面

12.2.8　其他常用标签

本节介绍 HTML 中其他的常用标签。

1. div 标签

div 标签可以定义文档中的分区或节（Division/Section），可以把文档分割为独立的、不同的部分。在 HTML 中，div 标签对设计网页布局很重要。

【例 12-8】　使用 div 标签定义 3 个分区，背景色分别为红、绿、蓝，代码如下：

```
<div style="background-color:#FF0000">
  <h3>标题 1</h3>
  <p>正文 1</p>
</div>
<div style="background-color:#00FF00">
  <h3>标题 2</h3>
```

```
  <p>正文 2</p>
</div>
<div style="background-color:#0000FF">
  <h3>标题 3</h3>
  <p>正文 3</p>
```

style 属性用于指定 div 元素的 CSS 样式，background-color 用于定义元素的背景颜色。

浏览例 12-8 的结果如图 12-8 所示。

可以很直观地看到 div 标签定义的分区的范围。

2. br 标签

br 标签是 HTML 中的换行符。在 XHTML 中，把结束标签放在开始标签中，即
。

【例 12-9】 使用 br 标签的例子。

```
第一段<br>第二段<br>第三段
```

浏览例 12-9 的结果如图 12-9 所示。

图 12-8 浏览例 12-8 的结果

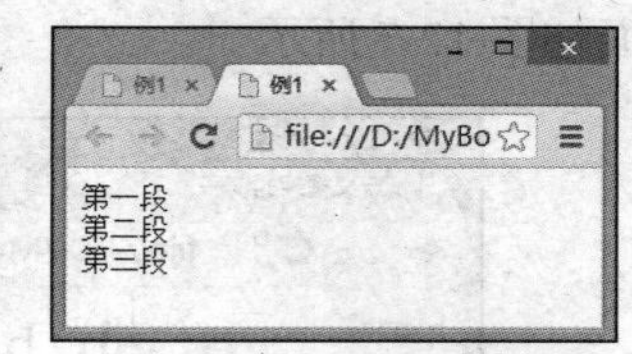

图 12-9 浏览例 12-9 的结果

3. pre 标签

pre 标签用于定义预格式化的文本。其中的文本会以等宽字体显示，并保留空格和换行符。<pre>标签通常可以用来显示源代码。

【例 12-10】 使用<pre>标签显示例 12-8 中的代码。

```
<pre>
&lt;html&gt;
&lt;body&gt;

 &lt;div style="background-color:#FF0000"&gt;
  &lt;h3&gt;标题 1&lt;/h3&gt;
  &lt;p&gt;正文 1&lt;/p&gt;
&lt;/div&gt;
&lt;div style="background-color:#00FF00"&gt;
  &lt;h3&gt;标题 2&lt;/h3&gt;
  &lt;p&gt;正文 2&lt;/p&gt;
&lt;/div&gt;
&lt;div style="background-color:#0000FF"&gt;
  &lt;h3&gt;标题 3&lt;/h3&gt;
  &lt;p&gt;正文 3&lt;/p&gt;
```

```
&lt;/body&gt;
&lt;/html&gt;
```

在<pre>…</pre>中，使用"<" 代表 "<"，使用">" 代表 ">"。浏览例 12-10 的结果如图 12-10 所示。

4. li 标签

li 标签用于定义列表项目，可以用在有序列表（使用 ol 元素定义）和无序列表（<使用 ul 元素定义）中。

【例 12-11】　演示 li 标签的使用方法。

```
<ol>
    <li>苹果</li>
    <li>梨</li>
    <li>桃子</li>
</ol>

<ul>
    <li>苹果</li>
    <li>梨</li>
    <li>桃子</li>
</ul>
```

浏览例 12-11 的结果如图 12-11 所示。

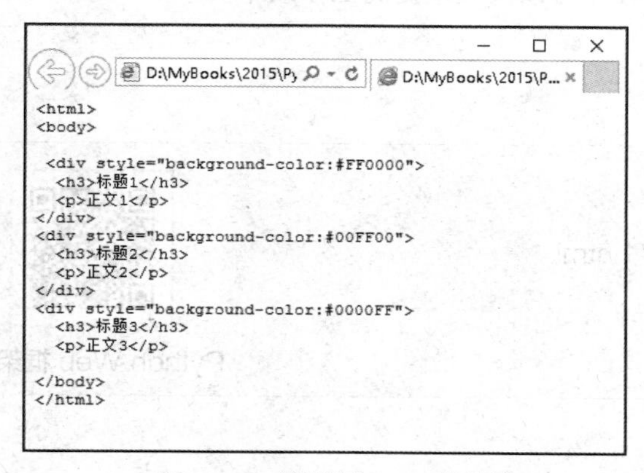

图 12-10　浏览例 12-10 的结果

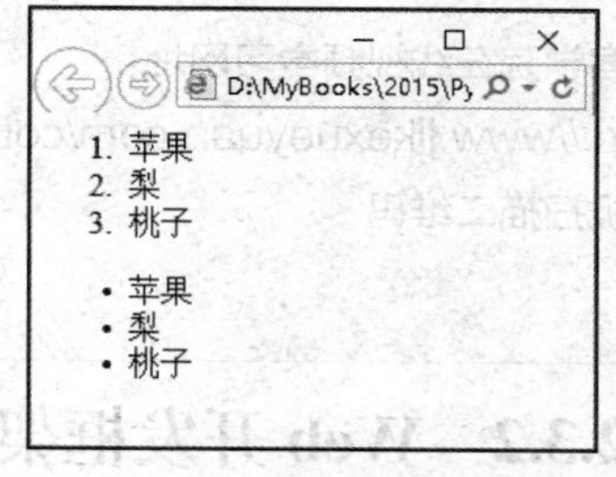

图 12-11　浏览例 12-11 的结果

5. span 标签

span 标签可以用来组合文档中的行内元素。它可以在行内定义一个区域，也就是一行内可以被 span 标签划分成多区域，从而实现某种特定效果。

span 标签本身没有任何属性，如果不对 span 应用样式，那么 span 元素中的文本与其他文本不会任何视觉上的差异。可以使用 CSS 定义 span 标签的显示样式以区别于其他文本。这里不介绍 span 标签的使用实例，在本书后面的很多例子中会使用到 span 标签。

12.3　Web 开发框架介绍

Python 可以借助 Web 开发框架来开发 Web 应用程序。本节介绍 Web 开发框架基本概念。

12.3.1　什么是框架

首先介绍什么是软件的框架。软件框架（Software Framework），通常指的是为了实现某个业界标准或完成特定基本任务的软件组件规范，也指为了实现某个软件组件规范时，提供规范所要求之基础功能的软件产品。框架就是程序的骨架。

设计框架的初衷是实现代码的复用，也就是尽可能地避免重复工作。框架的功能类似于基础设施，提供并实现最为基础的软件架构和体系，可以依据特定的框架实现更为复杂的业务逻辑。

框架中通常包含很多类，使用框架开发应用时，可以很方便地使用这些类已经实现的功能，从而实现代码复用，减少开发工作量。但是框架并不等同于类库。类库仅仅是一些类的集合，而框架则封装了某个领域内处理流程的控制逻辑，可以把框架看成是一个半成品的应用，它通常要针对特定的领域。比如，专门用于开发 Web 应用程序的框架、专门解决底层通信的框架以及专门用于医疗领域的框架。

使用框架的好处如下：

- 可重用性，用户不需要重复开发很多通用的功能。
- 成熟、稳健，成熟、稳健的框架往往使用更加安全和高效的方法构建。如果不使用框架，这些都需要自己去设计，不但工作量巨大，而且也很难做到面面俱到。
- 良好的可扩展性，很多框架支持大量的第三方扩展，可以使得框架越来越完善。

正是基于以上优点，使用框架开发应用程序可以大大地提高工作效率。

极客学院
jikexueyuan.com

极客学院在线视频学习网址：

http://www.jikexueyuan.com/course/1471.html

手机扫描二维码

Python Web 框架开发

12.3.2　Web 开发框架

顾名思义，Web 开发框架就是用于开发 Web 应用程序的框架，是支持动态网站、网络应用程序的软件框架。

Web 框架的工作方式包括接收 HTTP 请求并处理、分派代码、产生 HTML、创建 HTTP 响应。Web 框架通常包含 URL 路由、数据库管理、模板引擎等功能模块。

本节介绍一些 Web 框架中的概念，为进一步学习奠定基础。

（1）MVC。

MVC，即 Model View Controller，是模型(model)-视图(view)-控制器(controller)的缩写。它是一种软件设计典范，用一种业务逻辑、数据、界面显示分离的方法组织代码，将业务逻辑聚集到一个部件里面，在改进和个性化定制界面及用户交互的同时，不需要重新编写业务逻辑。

（2）ORM。

ORM，是 Object Relational Mapping 的缩写，即对象关系映射。是一种程序技术，用于实现面向对象编程语言里不同类型系统的数据之间的转换。它可以将一个类映射到数据库中的一个表。

从效果上说，它其实是创建了一个可在编程语言里使用的“虚拟对象数据库”。

（3）URL 路由（URL Route）。

可以将对 URL 的访问映射到不同的函数中，以此来完成不同的操作。

（4）模板引擎（Template）。

模板引擎是为了使用户界面与业务数据（内容）分离而产生的，可以生成特定格式的文档，用于网站的模板引擎就会生成一个标准的 HTML 文档。模板引擎可以大大提升开发效率，良好的设计也使得代码重用变得更加容易。

12.3.3　Python 中的 Web 框架

Web 应用框架有助于减轻网页开发时共通性活动的工作负荷，例如许多框架提供数据库访问接口、标准样板和会话管理等，可提升代码的可再用性。

Python 中的常用 Web 框架包括以下几种

1. 大包大揽的 Django

Django 是一个开放源代码的 Web 应用框架，由 Python 写成。它的优势如下：

- 它的文档很完美，非常便于学习。
- 有着全套的解决方案，包括 Cache、Session、ORM 等。
- 有着强大的 URL 路由配置。
- 有着完善的自助管理后台，甚至可以一行代码都不写就拥有一个后台。

但是 Django 也存在如下缺点：

- 系统是紧耦合的，很难更换其中的一些部件。
- 自带的 ORM 不够强大。
- 模板（Template）比较弱。

本来，后两个缺点并不是很严重，因为可以选择其他产品。但是 Django 系统是紧耦合的，因此很难更换。

2. 力求精简的 Web.py 和 Tornado

Web.py 是一个轻量级 Python Web 框架，它是一个开源项目，目前已被很多家大型网站所使用。它的特点是简单而且功能强大。

Tornado 是可扩展的非阻塞式 Web 服务器及其相关工具的开源版本。它看起来有些像 Web.py 或 Google 的 Webapp，不过为了能有效地利用非阻塞式服务器环境，这个 Web 框架还包含了一些相关的有用工具和优化。

3. 新生代的微框架 Flask 和 Bottle

微框架就是微型的 Web 开发框架，它比较小，因此学习成本较低。开发者可以将注意力聚焦在业务逻辑上，而不用花大量的时间来阅读开发文档，只需要学习很少的部分就可以开始开发工作。另外，微框架的灵活性和伸缩性比较强，可以自由地更换其中的一些部件，安装一些扩展。

同时这也带来了一些缺点。由于微框架并不是大而全，因此很多逻辑需要开发者亲自操刀。而且在安装很多模块后体积往往很大。

有代表性的微框架是新生代的 Flask 和 Bottle。

Flask 是使用 Python 编写的轻量级 Web 应用框架，它的设计理念是保持核心简单，并且易于扩展。Bottle 是一个非常精致的 WSGI 框架，它提供了 Python Web 开发中需要的基本支持。WSGI 是 Web Server Gateway Interface 的缩写，是 Python 应用程序或框架和 Web 服务器之间的一种接口。

12.4 Django 框架

Django 是一个由 Python 开发的、开放源代码的 Web 应用框架，它采用 MVC 软件设计模式，即模型 M、视图 V 和控制器 C。Django 是最流行的 Python Web 框架，本节以 Django 为例介绍使用 Python 开发 Web 应用程序的方法。

12.4.1 MVC 编程模式

MVC 是 Model View Controller 的缩写，即模型—视图—控制器。MVC 编程模式是目前很流行的 Web 应用程序的模式。具体说明如下。

- Model（模型）：指数据模型，例如数据库记录。通常模型对象负责在数据库中存取数据。
- View（视图）：是应用程序中处理数据显示的部分。
- Controller（控制器）：处理数据，通常负责从视图读取数据，控制用户输入，并向模型发送数据。

MVC 分层有助于管理复杂的应用程序，因为程序员只需要关注应用程序的一个方面，例如不考虑业务逻辑，而专注于界面设计。这个特点也有利于开发团队分工协作。

MVC 编程模式的工作流程如图 12-12 所示。

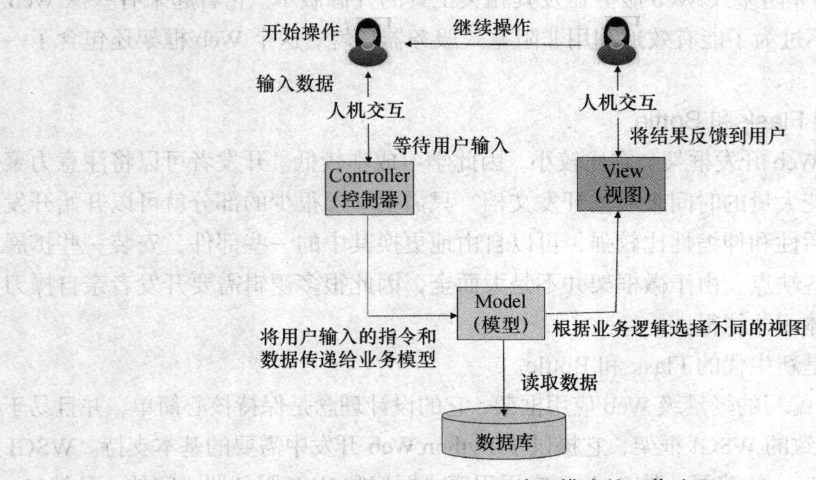

图 12-12 MVC 编程模式的工作流程

极客学院在线视频学习网址：

http://www.jikexueyuan.com/course/503_3.html?ss=1

手机扫描二维码

Django 简要介绍

12.4.2　下载和安装 Django 框架

可以通过 pip 工具安装 Django 框架。pip 是 Python 的包管理工具，访问下面的网址可以下载 pip 的安装脚本 get-pip.py。

```
https://pip.pypa.io/en/stable/installing/
```

本书提供的下载包中包含有 get-pip.py。路径为 12\get-pip.py。

打开命令窗口，切换到 get-pip.py 所在的目录下，然后执行下面的命令，即可安装 pip 工具。

```
C:\Python27\python get-pip.py
```

安装过程如图 12-13 所示。

安装成功后，将 C:\Python27\Scripts 添加到 Windows 的环境变量 Path 中。

访问下面的网址可以下载 Django：

```
https://www.djangoproject.com/download/
```

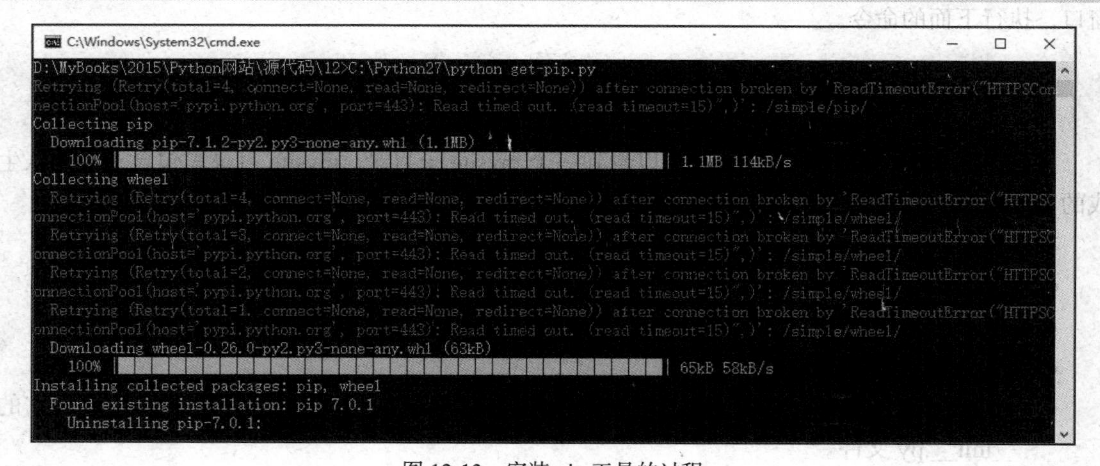

图 12-13　安装 pip 工具的过程

在笔者编写本书时，最新的官方发布的稳定版本是 Django-1.8.5，执行下面的命令可以安装 Django-1.8.5。

```
pip install Django==1.8.5
```

安装完成后，可以进入 Python 环境，然后运行下面的命令验证是否安装成功：

```
import django
django.VERSION
```

如果运行结果如下，则说明 Django 框架安装成功。

```
(1, 8, 5, 'final', 0)
```

12.4.3 创建和管理 Django 项目

使用 Django 框架开发 Web 应用程序的所有程序构成一个 Django 项目。

1. 创建 Django 项目

使用下面的命令可以创建一个 Django 项目。

```
django-admin startproject 项目名
```

django-admin.exe 的位置为<Python 安装目录>\Scripts\，例如 C:\Python27\Scripts。因此需要将 C:\Python27\Scripts 目录添加到环境变量 path 中，或者在执行 django-admin 命令时带上路径。

【例 12-12】 创建一个 Django 项目 mysite。

首先创建一个目录用于保存所有的 Django 项目，例如 d:\my_django_project。然后打开命令窗口，执行下面的命令。

```
d:
cd d:\my_django_project
django-admin startproject mysite
```

接着打开 d:\my_django_project，可以看到一个 mysite 子目录。mysite 目录里包含一个默认生成的 manage.py 文件和一个 mysite 子目录。使用 manage.py 可以对 django 项目进行管理。

在子目录 mysite 下包含一组生成的 py 文件，具体功能如下。

- settings.py：中间件、模板、数据库、国际化等项目的设置。
- urls.py：设置网站 url 的规则。
- wsgi.py：用于部署服务器。
- __init__.py：python 包的目录结构中必需的，在导入一个包时，实际上就是导入它的__init__.py 文件。

2. 创建 app

使用下面的命令可以创建一个 Django app。

```
python manage.py startapp app名
```

python.exe 的位置为<Python 安装目录>\，例如 C:\Python27\。因此需要将 C:\Python27\目录添加到环境变量 path 中，或者在执行 python 命令时带上路径。

【例 12-13】 在 Django 项目 mysite 中创建一个 app，名字为 myapp。

打开命令窗口，执行下面的命令。

```
d:
cd d:\my_django_project\mysite
C:\Python27\python manage.py startapp myapp
```

然后打开 d:\my_django_project\ mysite 目录，可以看到一个 myapp 目录。myapp 目录里包含一组默认生成的 py 文件和一个子目录 migrations。

最后还要在 settings.py 中的 INSTALL_APPS 中添加新的 app，添加后的 INSTALL_APPS 定义如下：

```
INSTALLED_APPS = (
    'django.contrib.admin',
    'django.contrib.auth',
    'django.contrib.contenttypes',
    'django.contrib.sessions',
    'django.contrib.messages',
    'django.contrib.staticfiles',
    'myapp',
)
```

3. 搭建 Web 服务器

要运行 Web 应用程序，首先要搭建一个 Web 服务器作为开发环境。使用下面的命令可以搭建一个 Web 服务器。

```
python manage.py runserver
```

也可以为 Web 服务器指定特定的监听端口，方法如下：

```
python manage.py runserver 端口号
```

【例 12-14】 在 Django 项目 mysite 中搭建 Web 服务器。

打开命令窗口，执行下面的命令。

```
d:
cd d:\my_django_project\mysite
python manage.py runserver
```

运行结果如下：

```
Performing system checks...

System check identified no issues (0 silenced).

You have unapplied migrations; your app may not work properly until they are applied.
Run 'python manage.py migrate' to apply them.
February 17, 2015 - 08:32:17
Django version 1.7.4, using settings 'mysite.settings'
Starting development server at http://127.0.0.1:8000/
Quit the server with CTRL-BREAK.
[17/Feb/2015 08:32:41] "GET / HTTP/1.1" 200 1759
[17/Feb/2015 08:32:41] "GET /favicon.ico HTTP/1.1" 404 1927
```

打开浏览器，访问如下网址，可以验证 Web 服务器是否工作正常。如果 Web 服务器工作正常，则可以看到如图 12-14 所示的网页。

```
http://127.0.0.1/8000
```

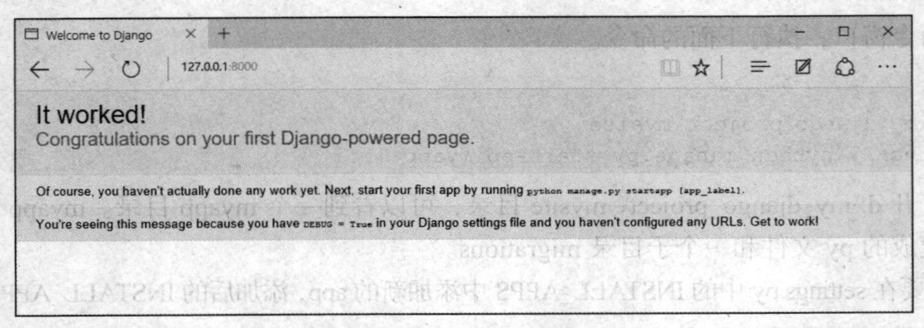

图 12-14　验证 Web 服务器是否工作正常

12.4.4　Django 视图

在 Django 框架中，可以使用视图定义页面的显示。可以在 app 目录（例如 D:\my_django_project\mysite\myapp\）下的 views.py 中定义视图。

1．视图函数

Django 视图使用一个函数定义一个页面的内容，该函数称为视图函数。

在视图函数中可以通过处理和返回一个 HttpResponse 对象向页面返回一个字符串。HttpResponse 类存在于 django.http.HttpResponse。因此在 views.py 中通常需要包含下面的语句：

```
from django.http import HttpResponse
```

实例化 HttpResponse 对象的方法如下：

```
response = HttpResponse(返回页面的字符串)
```

例如，在 views.py 中定义一个 index()函数，在网页中显示“Welcome to Django”，代码如下：

```
from django.http import HttpResponse

def index(request):
    return HttpResponse(u" Welcome to Django
```

那么怎么把 index()函数与具体的页面对应起来呢？在 mysite/mysite/urls.py 文件中可以将 url 与视图函数关联起来。例如，使用下面的语句可以定义网站首页对应的视图函数是 index()：

```
url(r'^$', 'myapp.views.index', name='home'),
```

url()函数使用正则表达式进行匹配。第 1 个参数指定 url 的模式。其中包含一个尖号(^)和一个美元符号($)。这些都是正则表达式符号。尖号要求表达式对字符串的头部进行匹配，美元符号则要求表达式对字符串的尾部进行匹配。因此'^$'表示网址中没有其他路径，也就是网站首页。如果 url 是网站中的 admin 目录，则可以使用下面的模式：

```
r'^admin/'
```

url()函数的第 2 个参数指定与 url 对应的视图函数。例如，'myapp.views.index'指定的视图函数为 myapp 目录下 views.py 中定义的 index()函数。

配置完成后，打开命令窗口，执行下面的命令启动 Web 服务器：

```
d:
cd d:\my_django_project\mysite
python manage.py runserver
```

然后打开浏览器，访问下面的 url：

```
http://127.0.0.1:8000/
```

可以看到如图 12-15 所示的网页。

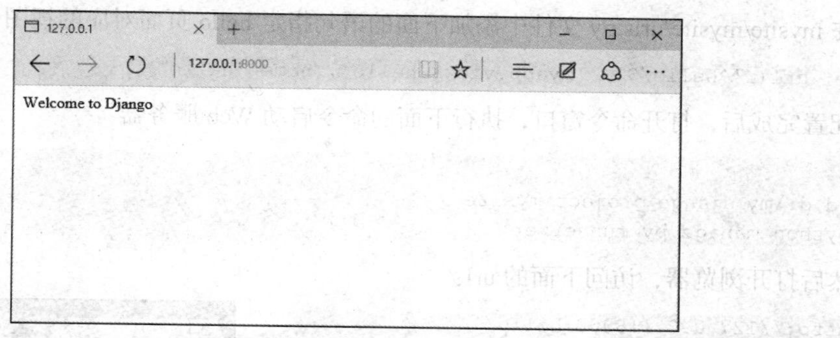

图 12-15 使用视图函数定义页面内容

【例 12-15】 设计一个 hello 页面，显示“Hello Python”。

在 views.py 中定义一个 hello()函数，代码如下：

```
def hello(request):
    return HttpResponse(u" Hello Python ")
```

在 mysite/mysite/urls.py 文件中添加下面的语句指定 hello 页面对应的视图函数是 hello()：

```
    url(r'^hello/$', 'myapp.views.hello', name='hello'),
```

配置完成后，打开命令窗口，执行下面的命令启动 Web 服务器：

```
d:
cd d:\my_django_project\mysite
python manage.py runserver
```

然后打开浏览器，访问下面的 url：

```
http://127.0.0.1:8000/hello/
```

可以看到如图 12-16 所示的网页。

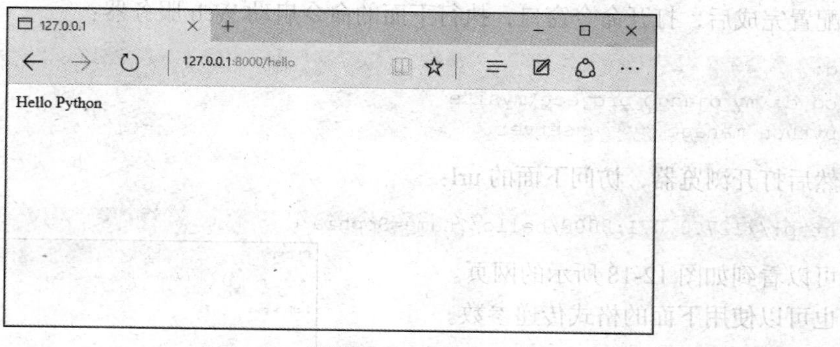

图 12-16 浏览 hello 页面

例 12-15 显示的页面显然过于简单。可以使用 HttpResponse 对象向页面返回一个包含 HTML 标记字符串，也就是可以显示 HTML 页面的效果了。

【例 12-16】 使用 HttpResponse 对象向页面返回一个包含 HTML 标记字符串。

在 views.py 中定义一个 hello()函数，代码如下：

```
    def hello(request):
        return HttpResponse(u'<HTML><HEAD><TITLE></TITLE></HEAD><BODY bgcolor="#00FFFF">
<H1>Hello Python</H1></BODY></HTML>')
```

在 mysite/mysite/urls.py 文件中添加下面的语句指定 hello 页面对应的视图函数是 hello():

```
    url(r'^hello/$', 'myapp.views.hello', name='hello'),
```

配置完成后，打开命令窗口，执行下面的命令启动 Web 服务器:

```
d:
cd d:\my_django_project\mysite
python manage.py runserver
```

然后打开浏览器，访问下面的 url:

```
http://127.0.0.1:8000/hello/
```

可以看到如图 12-17 所示的网页。

图 12-17　浏览 hello 页面

2. 向页面中传递参数

当需要向页面中传递参数时，可以通过 url 进行，例如:

```
http://127.0.0.1:8000/hello//?name=johney&b=5
```

上面的 url 定义了一个参数 name 参数值为 johney。如果需要传递 2 个参数，则可以使用&将它们连接起来。

```
http://127.0.0.1:8000/hello//?name1=johney& name2=Allen
```

在视图函数可以使用 request.GET 获取参数信息，方法如下:

```
参数值 = request.GET[参数名]
```

【例 12-17】　在 views.py 的 hello()函数中接收并打印参数 name，代码如下:

```
def hello(request):
    name = request.GET['name']
    return HttpResponse(u" Hello "+ name)
```

配置完成后，打开命令窗口，执行下面的命令启动 Web 服务器:

```
d:
cd d:\my_django_project\mysite
python manage.py runserver
```

然后打开浏览器，访问下面的 url:

```
http://127.0.0.1:8000/hello/?name=Sophia
```

可以看到如图 12-18 所示的网页。

也可以使用下面的格式传递参数。

```
http://127.0.0.1:8000/hello/Sophia/
```

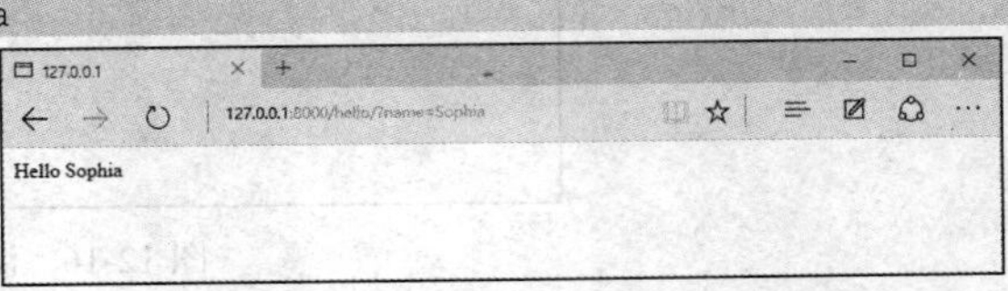

图 12-18　向页面中传递参数

如果有多个参数，则继续使用/分隔参数。例如:

```
http://127.0.0.1:8000/hello/johney/Allen
```

使用这种方法传递参数，没有参数名，只有参数的顺序。在视图函数里可以按顺序接收参数。

例如，hello()函数可以修改如下：

```
def hello(request, name):
    return HttpResponse(u" Hello "+ name)
```

在 mysite/mysite/urls.py 文件中修改视图函数 hello()对应的 url，代码如下：

```
    url(r'^hello/(\S+)/', 'myapp.views.hello', name='hello'),
```

在 Python 正则表达式中，(\S+)表示任意字符串。

极客学院
jikexueyuan.com

极客学院在线视频学习网址：
http://www.jikexueyuan.com/course/679_2.html?ss=1
手机扫描二维码

视图开发及 URL 配置

12.4.5　Django 模板语法及使用

模板是一个文本，用于分离文档的表现形式和内容，通常用于生成 HTML。模板基本由两部分组成，一是 HTML 代码，二是逻辑控制代码。例如，下面是一个 Django 模板的例子：

```
<html>
<head><title> Django 模板语法及使用</title></head>
<body>
<h1> Django 模板语法及使用</h1>
<p>Hello{{name}}</p>
<ul>
{%for item in itemlist%}
   <li> {{item}}</li>
<% endfor %>
</ul>
{% if status%}
   <p>I like Python!</p>
{% else %}
   <p>I like Django!</p>
<% endif%>
</body>
</html>
```

1. 变量

在逻辑控制代码中可以包含变量（用{{}}包围）。例如，{{name}}就是一个模板变量。

2. 块标签

在逻辑控制代码中可以包含块标签（用{%　%}包围）。在块标签中，可以使用 for 标签实现一个简单的循环结构，使用 if 标签实现一个简单的分支结构。

3. 使用 Django 模板的例子

下面介绍一个使用 Django 模板的完整例子。

（1）本例以第 12.4.3 节中创建的 Django 项目 mysite、应用程序 myapp 为基础。

（2）在 D:\django_project\mysite\mysite 文件夹下创建一个 templates 文件夹存放模板。

（3）在 templates 文件夹下新建一个模板文件 userinfo.html，代码如下：

```
<html>
  <meta http-equiv="Content-type" content="text/html; charset=utf-8">
  <title>用户信息</title>
  <head></head>
  <body>
  <h3>用户信息：</h3>
  <p>姓名：{{name}}</p>
  <p>年龄：{{age}}</p>
  </body>
</html>
```

模板文件中包含{{name}}和{{age}}这两个模板变量，分别用于表示用户的姓名和年龄。

（4）在 D:\ django_project\mysite 文件夹下找到 settings.py，通过 TEMPLATE_DIRS 属性设置存放 Django 模板的目录路径。首先需要在 settings.py 中添加下面的语句，引用 os.path 模块，以便获取当前路径。在 settings.py 中设置 TEMPLATE_DIRS 属性，代码如下：

```
TEMPLATE_DIRS = (
    os.path.join(os.path.dirname(__file__), 'templates').replace('\\','/'),
)
```

os.path.dirname(__file__)语句用于获取当前 settings.py 文件的路径。再加上'templates'，就是存放 Django 模板的目录路径。

（5）修改 D:\my_django_project\mysite\myapp\views.py，添加视图函数 user_info()，代码如下：

```
from django.shortcuts import render_to_response
   def user_info(request):
   name = 'xiaoming'
   age = 24
   return render_to_response('user_info.html',locals())
```

render_to_response()函数可以载入指定的模板文件，并渲染它，然后将此作为 HttpResponse 返回。

locals()函数返回一个字典，对所有局部变量的名称与值进行映射。例如本例中 locals()函数返回下面的字典：

```
({'name':'小明','age':24}
```

本例中在使用 locals()函数向模板 user_info.html 中传递 2 个参数，即 name 和 age。

（6）修改 urls.py，增加如下代码：

```
url(r'^ u/$',user_info),
```

（7）参照第 12.4.4 节里例 12-15 下面的方法启动 wed 服务器，然后访问下面的 url。

```
http://127.0.0.1:8000/u/
```

页面效果如图 12-19 所示。

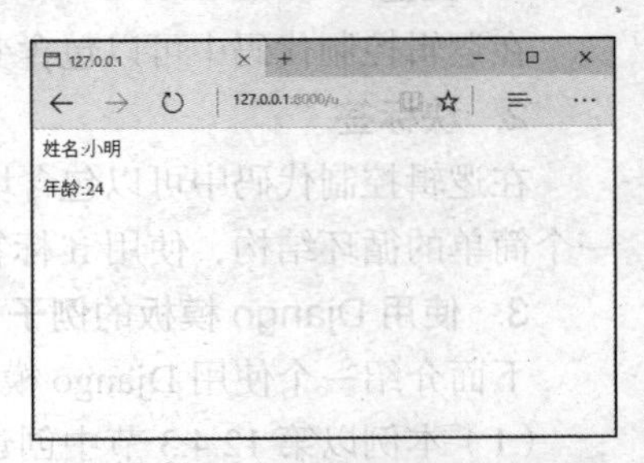

图 12-19　使用 Django 模板

（8）在 Django 模板中使用中文有时会出现乱码。通过下面的步骤可以解决乱码的问题。

● 确保 html 文件使用的是 utf-8 字符集，代码如下：

```
<meta http-equiv="Content-type" content="text/html; charset=utf-8">
```

- 确保 html 文件是 utf-8 编码的，可以用记事本打开，“另存为”的时候就能够看到是否是 utf-8 编码，不是的改成 utf-8 编码。
- 最后如果是从后台传过来的中文字符，应确保 views.py 文件也是使用 utf-8 字符。在第一行加上下面的代码：

```
#coding:utf-8
```

- 确保 views.py 使用 utf-8 编码。可以用记事本打开，“另存为”的时候就能够看到是否是 utf-8 编码，不是的改成 utf-8 编码。

极客学院
jikexueyuan.com

极客学院在线视频学习网址：
http://www.jikexueyuan.com/course/679_3.html
手机扫描二维码

Django 模板语法及使用

12.4.6　Django 模型

Django 模型是关于数据的定义信息，它包含字段和对数据的操作。Django 模型具有如下特性：

- 一个 Django 模型对应一个数据库表。
- 每个 Django 模型都是一个类，并且是 django.db.models.Model 的子类。
- Django 模型的每个属性都是对应数据库表的一个字段。
- Django 模型中包含自动生成的访问数据库的 API。
- 与数据库相关的代码一般写在 models.py 中。

1. 选择 Django 使用的数据库

Django 支持 sqlite3、MySQL、PostgreSQL 等数据库。只需要在 settings.py 中修改配置，即可选择 Django 使用的数据库。默认情况下，Django 使用 sqlite3 数据库，settings.py 中的配置如下：

DATABASES = {

```
    'default': {
        'ENGINE': 'django.db.backends.sqlite3',
        'NAME': os.path.join(BASE_DIR, 'db.sqlite3'),
    }
```

如果使用 MySQL 数据库，则可以修改 settings.py 中的 DATABASES 配置如下：

```
DATABASES = {
    'default': {
        'ENGINE':'django.db.backends.mysql',
        'NAME': 'mysqldb1',    #数据库名
        'USER': 'root',    #用户名
        'PASSWORD': 'pass',    #密码
        'HOST': '',    # 数据库服务器，使用空字符串表示 localhost
        'PORT': '',   # 端口号，使用空字符串表示默认端口号
```

```
}
```

如果要在 Django 中使用 MySQL 数据库，则需要使用到 mysqldb 模块。可以通过运行 MySQL-python-1.2.3.win32-py2.7.exe 提供 mysqldb 模块。本书提供的源代码包中包含有 MySQL-python-1.2.3.win32-py2.7.exe，只要按照安装程序的提示安装即可。

2. 定义 Django 模型

在 models.py 中默认包含下面的语句：

```
from django.db import models
```

即从 django.db 导入 models 模块。每个 Django 模型都是一个类，该类继承自 models.Model。例如，定义一个名为 Person 的 Django 模型，代码如下：

```
class Person(models.Model):
    name = models.CharField(max_length=30)
    age= models.IntegerField()
```

Person 包含 name 和 age 2 个属性，它们分别对应数据库标的字段。模型 Person 将创建一个数据库表 myapp_person，相当于执行下面的语句：

```
CREATE TABLE myapp_person (
    "id" serial NOT NULL PRIMARY KEY,
    "first_name" varchar(30) NOT NULL,
    "last_name" integer NOT NULL
);
```

类名 myapp_person 中 myapp 是当前 app 的名字，id 字段是自动生成的。

3. 同步数据库

可以通过下面的命令将 Django 模型同步到数据库。打开命令窗口，切换到 Django 项目目录下，例如：

```
d:
cd D:\my_django_project\mysite
```

然后执行下面的语句同步数据库。

```
python manage.py makemigrations
python manage.py migrate
```

运行结果如图 12-20 所示。

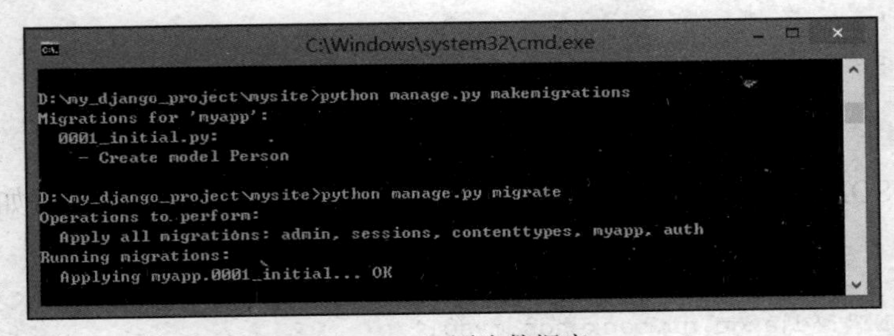

图 12-20　同步数据库

执行同步数据库后，打开 Navicat for MySQL，可以看到数据库 mysqldb1 中创建了很多从 Django 模型同步来的新表，如图 12-21 所示。其中的 myapp_person 表就是从前面创建的模型 Person 同步来的。

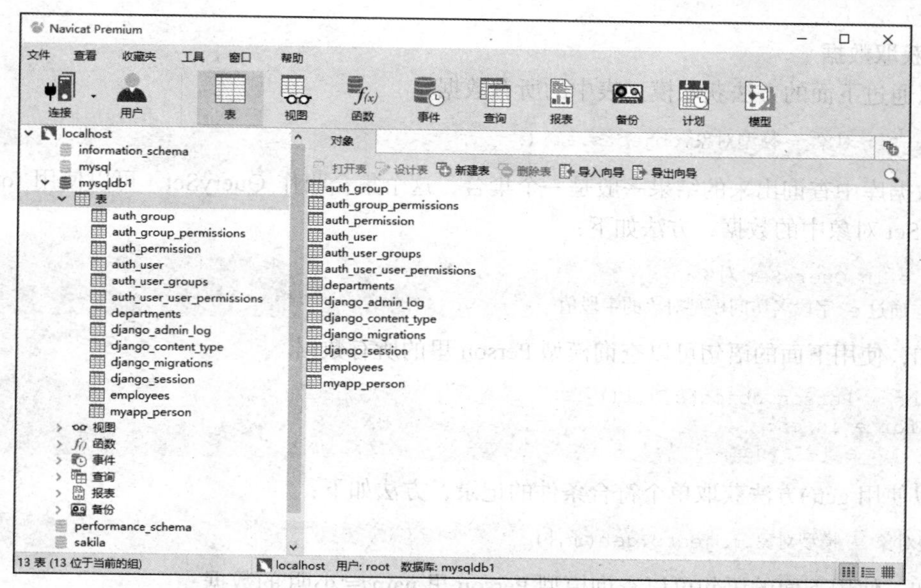

图 12-21　数据库 mysqldb1 中创建了很多从 Django 模型同步来的新表

4. 导入表类

在 Django 程序中可以很方便地操作数据库模型，首先需要使用 import 语句从 Django 模型中导入表类。具体方法如下：

```
from app 名.models import 表类名
```

例如，从 myapp 的 Django 模型中导入表类 Person 的代码如下：

```
from myapp.models import Person
```

导入后，就可以利用类 Person 来对表 Person 进行操作。

5. 向表中添加数据

使用 create()方法可以向 Django 模型对应的数据库表中添加数据，具体方法如下：

```
表类.objects.create(字段名 1=值 1, 字段名 2=值 2......)
```

【例 12-18】　在第 12.4.4 节介绍的 view.py 中添加如下代码：

```
from myapp.models import Person

Person.objects.create(name="小明", age=24)
```

参照第 12.4.4 节启动 Web 服务器，然后访问下面的 url。

```
http://127.0.0.1:8000/
```

然后打开 Navicat for MySQL 查看表 myapp_person 的内容，确认可以看到 name="小明"并且 age=24 的记录。

也可以通过创建模型对象然后给属性赋值的方法向表中添加数据，例如：

```
p = Person(name="小明")
p.age = 23
```

最后调用 save()方法保存数据。

```
p.save()
```

6. 获取数据

可以通过下面的方法获取模型表中的所有数据：

```
QuerySet 对象 = 模型对象.objects.all()
```

从数据库中查询出来的结果一般是一个集合，这个集合叫作 QuerySet。可以使用 for 语句遍历 QuerySet 对象中的数据，方法如下：

```
for e in QuerySet 对象:
    通过 e.字段名访问模型对象的字段值
```

例如，使用下面的语句可以查询模型 Person 里的所有数据。

```
es = Person.objects.all()
for e in es:
  name += e.name + ';'
```

可以使用 get()方法获取单个符合条件的记录，方法如下：

```
模型对象 = 模型对象.objects.get(条件)
```

例如，使用下面的语句可以查询模型 Person 里 name='小明'的数据。

```
e = Person.objects.get(name='小明')
name = e.name
age = e.age
```

get()方法仅用于获取单个模型对象，如果返回多于一个对象则会报错。可以使用 filter()方法获取多个符合条件的记录，方法如下：

```
QuerySet 对象= 模型对象.objects.filter(条件)
```

例如，使用下面的语句可以查询模型 Person 里 age=24 的所有数据。

```
es = Person.objects.filter(age=24)
for e in es:
  name += e.name + ';'
```

也可以使用 exclude()方法获取不符合指定条件的记录，方法如下：

```
QuerySet 对象= 模型对象.objects.exclude(条件)
```

例如，使用下面的语句可以查询模型 Person 里除了小明的所有其他数据。

```
es = Person.objects.exclude(name='小明')
for e in es:
  name += e.name + ';'
```

exclude()方法和 filter()方法可以一起使用。例如，使用下面的语句可以查询模型 Person 里除了小明的所有年龄等于 24 数据。

```
es = Person.objects.filter(age=24).exclude(name='小明')
for e in es:
  name += e.name + ';'
```

7. 修改表中的数据

可以通过获取模型对象然后给属性赋值的方法修改表中的数据，例如：

```
e = Person.objects.get(name='小明')
name= e.name
```

```
e.name = '小强'
e.save()
```

8. **删除表中的数据**

可以通过调用模型对象的 delete()方法删除表中的数据。例如，下面的语句可以从模型 Person 中删除 name='小强'的记录。

```
e = Person.objects.get(name='小强')
e.delete()
```

下面的语句可以从模型 Person 中删除所有记录。

```
Person.objects.all().delete()
```

12.4.7 Django 表单

表单是网页中的常用组件，用户可以通过表单向服务器提交数据。表单中可以包括标签（静态文本）、单行文本框、滚动文本框、复选框、单选按钮、下拉菜单（组合框）和按钮等控件。本节介绍如何在 Django 框架中接收和处理表单提交的数据。

1. **定义表单**

可以使用<form>…</form>标签定义表单，常用的属性如表 12-5 所列。

表 12-5 表单的常用属性及说明

属性	具体描述
id	表单 ID，用来标记一个表单
name	表单名
action	指定处理表单提交数据的脚本文件。在 Django 框架中 action 可以指定为一个 url，由对应的视图函数处理
method	指定表单信息传递到服务器的方式，有效值为 GET 或 POST。如果设置为 GET，当按下提交按钮时，浏览器会立即传送表单数据；如果设置为 POST，则浏览器会等待服务器来读取数据。使用 GET 方法的效率较高，但传递的信息量仅为 2KB，而 POST 方法没有此限制，所以通常使用 POST 方法

【例 12-19】 定义表单 form1，提交数据的方式为 POST，处理表单提交数据的脚本文件为 howInfo.php，代码如下：

```
<form id="form1" name="form1" method="post" action="/ShowInfo/">
……
</form>
```

例 12-19 只定义了一个空表单，表单中不包含任何控件，因此不能用于输入数据。本节后面将结合实例介绍如何定义和使用表单控件。

2. 文本框

文本框是用于输入文本的表单控件。可以使用 input 标签定义单行文本框，例如：

```
<input name="txtUserName" type="text" value="" />
```

文本框的常用属性如表 12-6 所列。

表 12-6 文本框的常用属性及说明

属性	具体描述
name	名称，用来标记一个文本框
value	设置文本框的初始值
size	设置文本框的宽度值
maxlength	设置文本框允许输入的最大字符数量
readonly	指示是否可修改该字段的值
type	设置文本框的类型，常用的类型如下： ● text，默认值，普通文本框； ● password，密码文本框； ● hidden，隐藏文本框，常用于记录和提交不希望用户看到的数据，例如编号； ● file，用于选择文件的文本框
value	定义元素的默认值

用 input 标签不仅可以定义文本框，通过设置 type 属性，还可以使用 input 标签定义文本区域、复选框、列表框和按钮等控件。具体情况将在本章后面介绍。

【例 12-20】 定义一个表单 form1，其中包含各种类型的文本框，代码如下：

```
<form id="form1" name="form1" method="post" action="ShowInfo.php">
用户名：    <input name="txtUserName" type="text" value="" />  <br>
密码：   <input name="txtUserPass" type="password" /> <br>
文件：   <input name="upfile" type="file" /><BR>
隐藏文本框：    <input name="flag" type="hidden" vslue="1" />
</form>
```

浏览此网页的结果如图 12-22 所示。

可以看到，类型为 text 的普通文本框可以正常显示用户输入的文本，类型为 password 的密码文本框将可用户输入的文本显示为*，类型为 file 的文件文本框显示为一个“选择文件”按钮和一个显示文件名的字符串（未选择文件时，显示为“未选择文件”），类型为 hidden 的隐藏文本框则不会显示在页面中。

图 12-22 浏览例 12-20 的界面

3. 文本区域

文本区域是用于输入多行文本的表单控件。可以使用 textarea 标签定义文本区域，例如：

```
<textarea name="details"></textarea>
```

textarea 标签的常用属性如表 12-7 所列。

表 12-7 textarea 标签的常用属性及说明

属性	具体描述
cols	设置文本区域的字符宽度值
disabled	当此文本区域首次加载时禁用此文本区域
name	用来标记一个文本区域
readonly	指示用户无法修改文本区域内的内容
rows	设置文本区域允许输入的最大行数

【例 12-21】 定义一个表单 form1，其中包含一个用于 5 行 45 列的文本区域，代码如下：

```
<form id="form1" name="form1" method="post" action="ShowInfo.php">
<textarea name="details" cols="45" rows="5">文本区域</textarea>
</form>
```

浏览此网页的结果如图 12-23 所示。

4. 单选按钮

单选按钮◉是用于从多个选项中选择一个项目的表单控件。在 input 标签中将 type 属性设置为"radio"即可定义单选按钮。

单选按钮的常用属性如表 12-8 所列。

表 12-8 单选按钮的常用属性及说明

属性	具体描述
name	名称，用来标记一个单选按钮
value	设置单选按钮的初始值
checked	初始状态，如果使用 checked，则单选按钮的初始状态为已选，否则为未选

【例 12-22】 定义一个表单 form1，其中包含 2 个用于选择性别的单选按钮，默认选中"男"，代码如下：

```
<form id="form1" name="form1" method="post" action="ShowInfo.php">
<input name="radioSex1" type="radio" id="radioSex1" checked>男</input>
 <input name="radioSex2" type="radio" id="radioSex2"/>女</input>
</form>
```

浏览此网页的结果如图 12-24 所示。

图 12-23 例 12-21 的浏览界面

图 12-24 例 12-22 的浏览界面

5. 复选框

复选框□是用于选择或取消某个项目的表单控件。在 input 标签中将 type 属性设置为" checkbox "即可定义复选框。

复选框的常用属性如表 12-9 所列。

表 12-9　　复选框的常用属性及说明

属性	具体描述
name	名称，用来标记一个复选框
checked	初始状态，如果使用 checked，则单选按钮的初始状态为已选，否则为未选

【例 12-23】　定义一个表单 form1，其中包含 3 个用于选择兴趣爱好的复选框，代码如下：

```
<form id="form1" name="form1" method="post" action="ShowInfo.php">
        <input type="checkbox" name="C1" id="C1">文艺</input>
      <input type="checkbox" name="C2" id="C2">体育</input>
      <input type="checkbox" name="C3" id="C3">电脑</input>
</form>
```

浏览此网页的结果如图 12-25 所示。

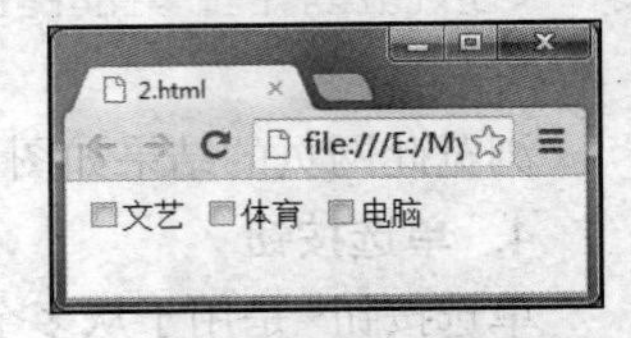

图 12-25　例 12-23 的浏览界面

6. 组合框

组合框（北京▾）是用于从多个选项中选择某个项目的表单控件。可以使用 select 标签定义组合框。

组合框的常用属性如表 12-10 所列。

表 12-10　　组合框的常用属性及说明

属性	具体描述
name	名称，用来标记一个单选按钮
option	定义组合框中包含的下拉菜单项
value	定义菜单项的值
selected	如果指定某个菜单项的初始状态为“选中”，则在对应的 option 属性中使用 selected

【例 12-24】　定义一个表单 form1，其中包含一个用于选择所在城市的组合框，组合框中有北京、上海、天津和重庆 4 个选项，默认选中“北京”，代码如下：

```
<form id="form1" name="form1" method="post" action="ShowInfo.php">
<select name="city" id="city">
    <option value="北京" selected>北京</option>
    <option value="上海">上海</option>
    <option value="天津">天津</option>
    <option value="重庆">重庆</option>
</select>
</form>
```

浏览此网页的结果如图 12-26 所示。

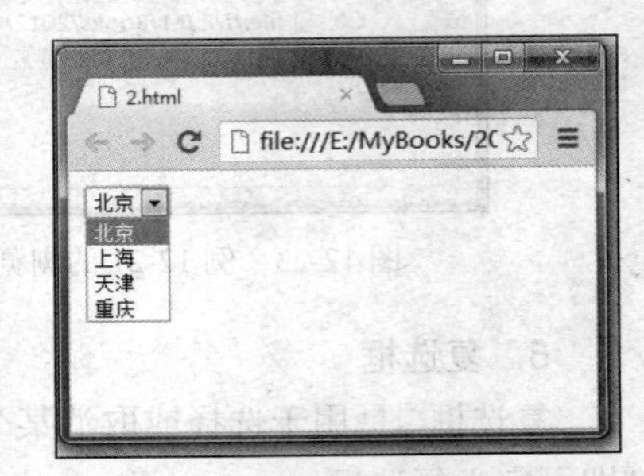

图 12-26　例 12-24 的浏览界面

7. 按钮

HTML 4 支持 3 种类型的按钮，即提交按钮（Submit）、重置按钮（Reset）和普通按钮（Button）。单击提交按钮，浏览器会将表单中的数据提交到 Web 服务器，由服务器端的脚本语言（ASP、ASP.NET、PHP 等）处理提交的表单数据，此过程不在本书讨论的范围内，读者可以参考相关资料理解；单击重置按钮，浏览器会将表单中的所有控件的值设置为初始值；单击普通按钮的动作则由用户指定。

可以使用 input 标签定义按钮，通过 type 属性指定按钮的类型，type="submit"指定提交按钮，type=" reset"表示定义重置按钮，type="button"表示定义普通按钮。按钮的常用属性如表 12-11 所列。

表 12-11　　按钮的常用属性及说明

属性	具体描述
name	用来标记一个按钮
value	定义按钮显示的字符串
type	定义按钮类型

【例 12-25】　定义一个表单 form1，其中包含 3 个按钮，一个提交按钮，一个重置按钮，一个普通按钮“hello”，代码如下：

```
<form id="form1" name="form1" method="post" action="ShowInfo.php">
<input type="submit" name="submit" id="submit" value="提交" />
<input type="reset" name="reset" id="reset" value="重设" />
<input type="button" name="hello" onclick="alert('hello')" value="hello" />
</form>
```

浏览此网页的结果如图 12-27 所示。单击“hello”按钮会弹出如图 12-28 所示的对话框。

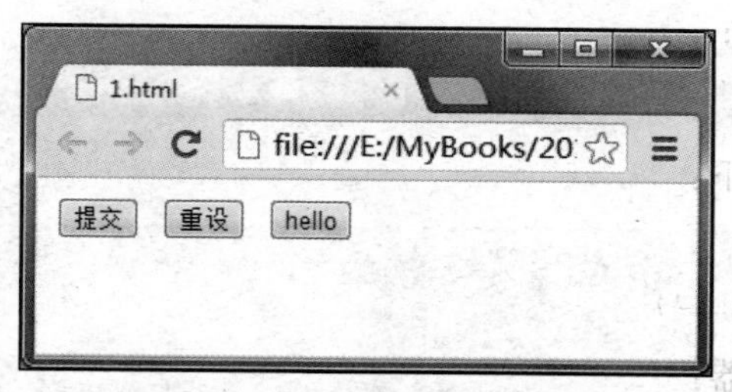

图 12-27　例 12-25 的浏览界面

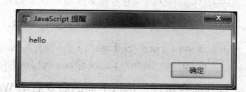

图 12-28　单击“hello”按钮弹出的对话框

也可以使用 button 标签定义按钮。button 标签的常用属性如表 12-12 所列。

表 12-12　　button 标签的常用属性及说明

属性	具体描述
autofocus	HTML 5 的新增属性，指定在页面加载时，是否让按钮获得焦点
disabled	禁用按钮
name	指定按钮的名称
value	定义按钮显示的字符串
type	定义按钮类型。type="submit"指定提交按钮，type="reset"表示定义重置按钮，type="button"表示定义普通按钮

【例 12-26】　例 12-25 中的按钮也可以用下面的代码实现：

```
<form id="form1" name="form1" method="post" action="ShowInfo.php">
<button type="submit" name="submit" id="submit">提交</button>
<button type="reset" name="reset" id="reset">重设</button>
```

```
<button type="button" name=" " onclick="alert('hello')"/>hello</button>
</form>
```

8. 在 Django 项目中使用表单

这里在第 12.4.3 节创建的 Django 项目 mysite 中使用表单实现登录。首先在 D:\my_django_project\mysite\myapp\templates 目录下创建一个模板 login.html，代码如下：

```
<html>
  <meta http-equiv="Content-type" content="text/html; charset=gb2312">
  <title></title>
  <head></head>
  <body>
  <h3></h3>
<form id="form1" name="form1" method="post" action="/login/">
用户名:    <input name="txtUserName" type="text" value="" />  <br> <br>
密  码:    <input name="txtUserPass" type="password" /> <br> <br>
 <input type="submit" value="提交">
</form>
  </body>
</html>
```

模板中定义了一个表单 form1，其中包含用户名和密码 2 个文本框以及一个“提交”按钮。注意，模板文件中包含中文，因此需要将模板文件以 UTF-8 编码格式保存。

修改 url.py，在 urlpatterns={…}中增加如下代码：

```
url (r'^login_form/$', login_form),
```

然后在 view.py 中定义视图 login_form，代码如下：

```
def login_form(request):
   return render_to_response('login_form.html')
```

打开命令窗口，执行下面的命令启动 Web 服务器：

```
d:
cd d:\my_django_project\mysite
python manage.py runserver
```

然后打开浏览器，访问下面的 url：

```
http://127.0.0.1:8000/login_form/
```

可以看到如图 12-29 所示的网页。

此时如果单击“提交”按钮，会出现 404 错误，因为登录表单的处理 url（/login/）没有定义对应的视图。为解决此问题，需要修改 url.py，在 urlpatterns={…}中增加如下代码：

```
url (r'^login/$', login),
```

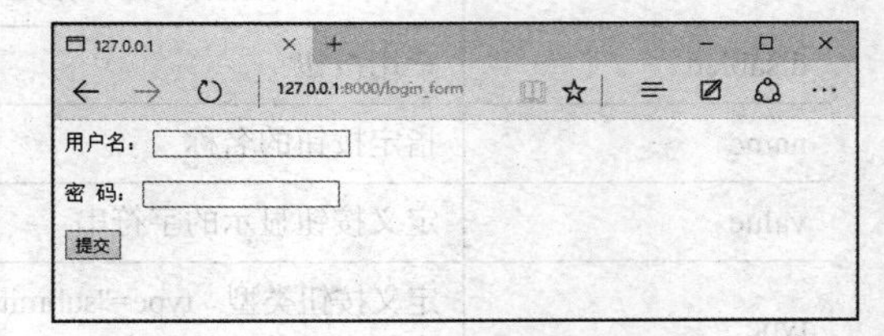

图 12-29 向页面中传递参数

然后在 view.py 中定义视图 login，代码如下：

```
def login(request):
    if 'txtUserName' in request.GET:
       message='Your  username:  ' +request.GET['txtUserName']+  ';password:  ' +
request.GET['txtUserPass']
   else:
```

```
        message='您提交了空表单.'
    return HttpResponse(message)
```

在 Django 视图中可以使用下面的方法获取通过 GET 方式提交的表单数据。

```
request.GET[表单元素名]
```

本例中仅仅输出用户输入的用户名及密码。

本章练习

一、选择题

1. （　　）标记 HTML 文档的开始和结束。

A. <html>…</html>　　B. <head>…</head>

C. <title>…</title>　　D. <body>…</body>

2. 可以使用一个 16 进制字符串表示颜色，格式为（　　）。其中，R 表示红色集合，G 表示绿色集合，B 表示蓝色集合。

A. #GGBBRR　　B. #RRGGBB

C. #RRBBGG　　D. #BBRRGG

3. 可以使用（　　）定义下划线字体。

A. <b>…</b>　　B. <i>…</i>

C. <u>…</u>　　D. <a>…</a>

4. （　　）标签可以定义文档中的分区或节（Division/Section），可以把文档分割为独立的、不同的部分。

A. div　　B. br

C. pre　　D. li

5. MVC 中的 M 代表（　　）。

A. 视图　　B. 模型

C. 控制器　　D. 模板

二、填空题

1. 可以在<body>标签中通过________属性设置网页的背景图片。
2. 在 Django 视图函数中可以通过处理和返回一个________对象向页面返回一个字符串。
3. 模板基本由两个部分组成，一是__________，二是__________。

三、简答题

1. 简述什么是软件框架。
2. 简述 Django 模型具有的特性。
3. 简述表单的 method 属性取值 GET 或 POST 的区别。

附录 实验

实验 1　开始 Python 编程

目的和要求

（1）了解什么是 Python。

（2）了解 Python 的特性。

（3）学习下载和安装 Python。

（4）学习执行 Python 脚本文件的方法。

（5）学习 Python 语言的基本语法。

（6）学习下载和安装 Pywin32 的方法。

（7）学习使用 Python 文本编辑器 IDLE 和 Python 集成开发环境 PyCharm 的方法。

实验准备

首先要了解 Python 诞生于 20 世纪 90 年代初，是一种解释型、面向对象、动态数据类型的高级程序设计语言，是最受欢迎的程序设计语言之一。

Python 语言很简洁，语法也很简单，只需要掌握基本的英文单词就可以读懂 Python 程序。

Python 是开源的、免费的。开源是开放源代码的简称。也就是说，用户可以免费获取 Python 的发布版本，阅读甚至修改源代码。

Python 是高级语言。与 Java 和 C 一样，Pyathon 不依赖任何硬件系统，因此属于高级开发语言。在使用 Python 开发应用程序时，不需要关注低级的硬件问题，例如内存管理。

由于开源的缘故，Python 兼容很多平台。如果在编程时多加留意系统依赖的特性，Python 程序无需进行任何修改，就可以在各种平台上运行。

Python 是解释型语言。

实验内容

本实验主要包含以下内容。

（1）练习下载 Python。

（2）练习安装 Python。

（3）练习执行 Python 脚本文件。

（4）练习下载和安装 Pywin32。

（5）练习使用 Python 文本编辑器 IDLE。

（6）练习使用 Python 集成开发环境 PyCharm。

1. 下载 Python

访问如下网址。

```
https://www.python.org/downloads/
```

选择下载 Python 2.7 系列的最新版本。

2. 安装 Python

双击下载得到的 Python 安装包，按照向导安装 Python。Python 2.7.10 的默认安装目录为 C:\Python27。安装完成后，将 C:\Python27 添加到环境变量 Path 中。打开命令窗口，运行 Python 命令，确认可以看到 Python 解释器示的界面。在>>>后面输入下面的 Python 程序：

```
print('我是 Python')
```

确认可以打印“我是 Python”。按 Ctrl+Z 可以退出 Python 环境。

3. 执行 Python 脚本文件

创建一个文件 MyfirstPython.py，参照例 1-1 编辑它的内容。保存后，打开命令窗口。切换到 MyfirstPython.py 所在的目录，然后执行下面的命令：

```
python MyfirstPython.py
```

确认运行结果如下：

```
I am Python
```

4. 下载和安装 Pywin32

（1）访问下面的网址下载 Pywin32 安装包。根据 Python 的版本选择要下载的安装包。

```
http://sourceforge.net/projects/pywin32/
```

（2）参照第 1.2.4 节练习安装 Pywin32。

5. 使用 Python 文本编辑器 IDLE

按照下面的步骤练习使用 ping 命令检测远程计算机的在线状态。

（1）在<Python 目录>\Lib\idlelib 目录下运行 idle.bat，打开文本编辑器 IDLE。

（2）在菜单里依次选择 File/New File（或按 Ctrl+N 组合键）即可新建 Python 脚本。

（3）在编辑窗口里输入下面的程序：

```
# My first Python program
print('I am Python')
```

确认 IDLE 能够以彩色标识出 Python 语言的关键字。

（4）在菜单里依次选择 File/Save File（或按 Ctrl+S 组合键）保存 Python 脚本为 MyfirstPython.py。

（5）退出 IDLE，然后右键单击 MyfirstPython.py 文件，在快捷菜单中选择 Edit with IDLE，确认可以直接打开 IDLE 窗口编辑该脚本。

（6）在编辑窗口里输入 p，然后选择 Edit/Show Completetions，确认可以显示自动完成提示框。可以从提示列表中做出选择，实现自动完成。

（7）在编辑窗口里输入“print(”，IDLE 会弹出一个语法提示框，显示 print()函数的语法。

（8）在菜单里依次选择 Run / Run Module（或按 F5 键），确认可以在 IDLE 中运行当前的 Python 程序。

6. 使用 Python 集成开发环境 PyCharm

按照下面的步骤练习使用 Python 集成开发环境 PyCharm。

（1）访问下面网址，下载 PyCharm。

```
http://www.jetbrains.com/
```

（2）运行下载得到的安装程序，并按照向导的提示操作。

（3）运行 PyCharm，然后单击 Create New Project 按钮，打开创建新项目窗口。选择项目类型为 Pure Python（纯 Python 项目），项目位置为 C:\Users\Johney\PycharmProjects\MyPythonProj，Python 解释器为 C:\Python27\phthon.exe。然后单击 Create 按钮，打开 PyCharm 窗口。

（4）参照第 1.4.2 节练习配置 PyCharm 的外观。

（5）参照第 1.4.2 节练习创建 Python 文件。

（6）参照第 1.4.2 节练习运行 Python 程序。

（7）在编辑窗口里输入“print(”，IDLE 会弹出一个语法提示框，显示 print()函数的语法。

（8）在菜单里依次选择 Run / Run Module（或按 F5 键），确认可以在 IDLE 中运行当前的 Python 程序。

实验 2　Python 语言基础

目的和要求

（1）了解 Python 语言的基本语法和编码规范。

（2）了解 Python 语言的数据类型、运算符、常量、变量、表达式和常用语句等基础知识。

（3）学习使用 Python 常用语句。

（4）学习使用 Python 对象。

（5）学习序列数据结构的方法。

实验准备

（1）了解常量是内存中用于保存固定值的单元，在程序中常量的值不能发生改变。Python 并没有命名常量，也就是说不能像 C 语言那样给常量起一个名字。Python 常量包括数字、字符串、布尔值和空值等。

（2）了解变量是内存中命名的存储位置，与常量不同的是变量的值可以动态变化。

（3）了解 Python 支持算术运算符、赋值运算符、位运算符、比较运算符、逻辑运算符、字符串运算符、成员运算符和身份运算符等基本运算符。

（4）面向对象编程是 Python 采用的基本编程思想，它可以将属性和代码集成在一起，定义为类，从而使程序设计更加简单、规范、有条理。

实验内容

本实验主要包含以下内容。

（1）练习使用常量和变量。

（2）练习使用运算符。

（3）练习使用列表。

（4）练习使用元组。

（5）练习使用字典。

（6）练习使用集合。

（7）练习使用 Python 对象。

1. 使用常量和变量

参照下面的步骤练习使用常量和变量。

（1）参照【例 2-1】【例 2-2】【例 2-3】【例 2-4】和【例 2-5】练习使用常量。

（2）参照【例 2-6】和【例 2-7】练习使用变量。

（3）参照【例 2-8】练习使用 id()函数输出变量地址。

（4）参照【例 2-9】练习进行变量的类型转换。

（5）参照【例 2-10】练习使用 eval ()函数计算字符串中的有效 Python 表达式。

（6）参照【例 2-11】练习使用 chr ()函数和 ord()函数。

（7）参照【例 2-12】练习使用 hex()函数和 oct()函数打印数字的十六进制字符串和八进制字符串。

2. 使用运算符

参照下面的步骤练习使用运算符。

（1）参照【例 2-66】练习使用赋值运算符。

（2）参照【例 2-67】练习使用逻辑运算符。

（3）参照【例 2-68】练习使用字符串运算符。

3. 使用列表

参照下面的步骤练习使用列表。

（1）参照【例 2-13】练习打印列表。

（2）参照【例 2-14】练习访问列表元素。

（3）参照【例 2-15】【例 2-16】和【例 2-17】练习添加列表元素。

（4）参照【例 2-18】练习合并 2 个列表。

（5）参照【例 2-19】练习删除列表元素。

（6）参照【例 2-20】练习定位列表元素。

（7）参照【例 2-21】和【例 2-22】练习遍历列表元素。

（8）参照【例 2-23】【例 2-24】和【例 2-25】练习实现列表排序。

（9）参照【例 2-26】练习产生一个数值递增列表。

（10）参照【例 2-27】【例 2-28】【例 2-29】和【例 2-30】练习定义和使用多维列表。

4. 使用元组

参照下面的步骤练习使用元组。

（1）参照【例 2-31】练习访问元组元素。

（2）参照【例 2-32】练习获取元组长度。

（3）参照【例 2-33】和【例 2-34】练习遍历元组元素。

（4）参照【例 2-35】和【例 2-36】练习对元组进行排列。

5. 使用字典

参照下面的步骤练习使用字典。

（1）参照【例 2-37】练习打印字典的内容。

（2）参照【例 2-38】练习获取字典的长度。

（3）参照【例 2-39】练习访问字典元素。

（4）参照【例 2-40】练习添加字典元素。

（5）参照【例 2-41】练习合并 2 个字典。

（6）参照【例 2-42】练习删除字典元素。

（7）参照【例 2-43】练习判断字典是否存在元素。

（8）参照【例 2-44】和【例 2-45】练习遍历字典元素。

（9）参照【例 2-46】练习清空字典元素。

（10）参照【例 2-47】练习使用嵌套字典。

6. 使用集合

参照下面的步骤练习使用集合。

（1）参照【例 2-48】和【例 2-49】练习创建集合。

（2）参照【例 2-50】练习获取集合长度。

（3）参照【例 2-51】和【例 2-56】练习遍历集合元素。

（4）参照【例 2-57】练习判断 2 个集合关系。

（5）参照【例 2-58】和【例 2-59】练习计算两个集合的并集。

（6）参照【例 2-60】和【例 2-61】练习计算两个集合的交集。

（7）参照【例 2-62】和【例 2-63】练习计算两个集合的差集。

（8）参照【例 2-64】和【例 2-65】练习两个集合的对称差分。

7. 使用 Python 对象

参照下面的步骤练习使用 Python 对象。

（1）参照【例 2-69】练习定义一个类。

（2）参照【例 2-70】练习定义类的对象。

（3）参照【例 2-71】练习使用类的成员变量。

（4）参照【例 2-72】和【例 2-73】练习使用类的构造函数。

（5）参照【例 2-74】练习使用类的析构函数。

（6）参照【例 2-75】和【例 2-76】练习使用类的静态变量和静态方法。

（7）参照【例 2-77】练习使用类方法。

（8）参照【例 2-78】练习使用判断对象类型。

（9）参照【例 2-79】练习使用类继承。

（10）参照【例 2-80】和【例 2-81】练习使用抽象类和多态。

（11）参照【例 2-82】【例 2-83】【例 2-84】和【例 2-85】练习对象的序列化。

（12）参照【例 2-86】练习对象的赋值。

实验3 常用 Python 语句

目的和要求

（1）学习使用 Python 赋值语句。

（2）学习使用 Python 条件分支语句。

（3）学习使用 Python 循环语句。

（4）学习使用 Python 异常处理语句。

实验准备

（1）了解赋值语句是 Python 语言中最简单、最常用的语句。通过赋值语句，我们可以定义变量并为其赋初始值。链式赋值可以一次性将一个值指派给多个变量。

（2）了解条件分支语句指当指定表达式取不同的值时，程序运行的流程也发生相应的分支变化。Python 提供的条件分支语句包括 if 语句、else 语句和 elif 语句。

（3）了解循环语句可以在满足指定条件的情况下循环执行一段代码。Python 中的循环语句包括 while 语句和 for 语句。

（4）了解程序在运行过程中可能会出现异常情况，使用异常处理语句可以捕获到异常情况并进行处理，从而避免程序异常退出。Python 的异常处理语句是 try-except。

实验内容

本实验主要包含以下内容。

（1）练习使用赋值语句。

（2）练习使用条件分支语句。

（3）练习使用循环语句。

（4）练习使用异常处理语句。

1. 使用赋值语句

参照下面的步骤练习使用赋值语句。

（1）参照【例 3-1】练习使用赋值语句。

（2）参照【例 3-2】练习通过赋值实现序列解包。

（3）参照【例 3-3】练习使用链式赋值。

2. 使用条件分支语句

参照下面的步骤练习使用条件分支语句。

（1）参照【例 3-4】练习使用 if 语句。

（2）参照【例 3-5】练习使用嵌套 if 语句。

（3）参照【例 3-6】练习使用 if...else...语句。

（4）参照【例 3-7】练习使用 elif 语句。

3. 使用循环语句

参照下面的步骤练习使用循环语句。

（1）参照【例 3-8】练习使用 while 语句。

（2）参照【例 3-9】练习使用 for 语句。

（3）参照【例 3-10】练习使用 continue 语句。

（4）参照【例 3-11】练习使用 break 语句。

4. 使用异常处理语句

参照下面的步骤练习使用异常处理语句。

（1）参照【例 3-12】练习除 0 错误时不进行异常处理的情况。运行程序，确认会出现下面的异常信息。

```
ZeroDivisionError: integer division or modulo by zero
```

（2）参照【例 3-13】练习当发生除 0 错误时进行异常处理的情况。

实验 4 Python 函数

目的和要求

（1）了解函数的概念。

（2）了解函数式编程的思想。

（3）学习声明和调用函数。

（4）学习使用函数的参数和返回值。

（5）学习全局变量和局部变量的概念和应用。

（6）学习使用常用的 Python 内置函数。

实验准备

（1）了解函数（Function）由若干条语句组成，用于实现特定的功能。函数包含函数名、若干参数和返回值。一旦定义了函数，就可以在程序中需要实现该功能的位置调用该函数，给程序员共享代码带来很大的方便。在 Python 语言中，除了提供丰富的内置函数外，还允许用户创建和使用自定义函数。

（2）了解在函数中可以定义参数，可以通过参数向函数内部传递数据。

（3）了解在函数中也可以定义变量，在函数中定义的变量称为局部变量，在函数体之外定义的变量是全局变量。局部变量只在定义它的函数内部有效，在函数体之外，即使使用同名的变量，也会被看作是另一个变量。全局变量在定义后的代码中都有效，包括它后面定义的函数体内。如果局部变量和全局变量同名，则在定义局部变量的函数中，只有局部变量是有效的。

（4）了解函数式编程是一种编程的基本风格，也就是构建程序的结构和元素的方式。函数式编程将计算过程看作是数学函数，也就是可以使用表达式编程。在函数的代码中，函数的返回值只依赖传入函数的参数，因此使用相同的参数调用函数 2 次，会得到相同的结果。

实验内容

本实验主要包含以下内容。

（1）练习声明和调用函数。

（2）练习使用函数的参数和返回值。

（3）练习使用全局变量和局部变量。

（4）练习使用常用的 Python 内置函数。

（5）练习函数式编程。

1. 声明和调用函数

参照下面的步骤练习声明和调用函数。

（1）参照【例 4-1】【例 4-2】和【例 4-3】练习声明函数。

（2）参照【例 4-4】和【例 4-5】练习定义调用函数。

2. 使用函数的参数和返回值

参照下面的步骤练习使用函数的参数和返回值。

（1）参照【例 4-6】练习在函数中按值传递参数。

（2）参照【例 4-7】练习打印形参和实参的地址。

（3）参照【例 4-8】练习使用列表作为函数参数。

（4）参照【例 4-9】练习使用字典作为函数参数。

（5）参照【例 4-10】练习在函数中修改列表参数。

（6）参照【例 4-11】练习在函数中修改字典参数。

（7）参照【例 4-12】和【例 4-13】练习设置参数默认值。

（8）参照【例 4-14】【例 4-15】【例 4-16】和【例 4-17】练习使用可变长参数。

（9）参照【例 4-18】和【例 4-19】练习使用函数的返回值。

3. 使用全局变量和局部变量

参照下面的步骤练习使用全局变量和局部变量。

（1）参照【例 4-20】练习了解局部变量和全局变量作用域。

（2）参照第 4.3.2 节练习在 IDLE 的调试窗口中查看变量的值。

（3）参照第 4.3.3 节练习在 PyCharm 的调试窗口中查看变量的值。

4. 使用常用的 Python 内置函数

参照下面的步骤练习使用常用的 Python 内置函数。

（1）参照【例 4-21】练习使用数学运算函数。

（2）参照【例 4-22】练习使用字符大小写变换函数。

（3）参照【例 4-23】练习使用指定输出字符串对齐方式的函数。

（4）参照【例 4-24】练习使用搜索和替换字符串函数。

（5）参照【例 4-25】练习使用分割和组合字符串函数。

（6）参照【例 4-26】练习使用与字符串判断相关函数。

5. 函数式编程

参照下面的步骤练习函数式编程。

（1）参照【例 4-27】【例 4-28】和【例 4-29】练习使用 Lambda 表达式。

（2）参照【例 4-30】和【例 4-31】练习使用 map()函数。

（3）参照【例 4-32】练习使用 filter()函数。

（4）参照【例 4-33】练习使用 reduce()函数。

（5）参照【例 4-34】【例 4-35】和【例 4-36】练习使用 zip ()函数。

（6）参照【例 4-37】和【例 4-38】对比普通编程方式与函数式编程的区别。

（7）参照【例 4-39】练习使用闭包函数。

（8）参照【例 4-40】练习使用递归函数。

（9）参照【例 4-41】和【例 4-42】练习使用迭代器。

（10）参照【例 4-43】和【例 4-44】练习使用生成器。

实验 5　Python 模块

目的和要求

（1）了解什么是模块。

（2）学习使用标准库中的模块。

（3）学习创建和使用自定义模块。

实验准备

首先要了解模块是 Python 语言的一个重要概念，它可以将函数按功能划分到一起，以便日后使用或共享给他人。

了解 sys 模块是 Python 标准库中最常用的模块之一。通过它可以获取命令行参数，从而实现从程序外部向程序传递参数的功能；通过它也可以获取程序路径和当前系统平台等信息。

实验内容

本实验主要包含以下内容。

（1）练习使用 sys 模块。

（2）练习使用 platform 模块。

（3）练习使用与数学有关的模块。

（4）练习使用 time 模块。

（5）练习自定义和使用模块。

1. 使用 sys 模块

参照下面的步骤练习使用 sys 模块。

（1）参照【例 5-1】练习打印当前的操作系统平台。

（2）参照【例 5-2】练习打印命令行参数。

（3）参照【例 5-3】练习使用 sys.exit()函数退出应用程序。

（4）参照【例 5-4】练习打印系统当前编码。

（5）参照【例 5-5】练习打印 Python 搜索模块的路径。

2. 使用 platform 模块

参照下面的步骤练习使用 platform 模块。

（1）参照【例 5-6】练习打印当前操作系统名称及版本号。

（2）参照【例 5-7】练习打印当前操作系统类型。

（3）参照【例 5-8】练习打印当前操作系统的版本信息。

（4）参照【例 5-9】练习打印当前计算机的类型信息。

（5）参照【例 5-10】练习打印当前计算机的网络名称。

（6）参照【例 5-11】练习打印当前计算机的处理器信息。

（7）参照【例 5-12】练习打印当前计算机的综合信息。

（8）参照【例 5-13】练习打印 Python 版本信息。

（9）参照【例 5-14】练习打印 Python 主版本信息。

（10）参照【例 5-15】练习打印 Python 修订版本信息。

（11）参照【例 5-16】练习打印 Python 的编译器信息。

（12）参照【例 5-17】练习打印 Python 的分支信息。

（13）参照【例 5-18】练习打印 Python 解释器的实现版本信息。

3. 使用与数学有关的模块

参照下面的步骤练习使用与数学有关的模块。

（1）参照【例 5-19】和【例 5-20】练习使用 math 模块。

（2）参照【例 5-21】【例 5-22】【例 5-23】【例 5-24】【例 5-25】和【例 5-26】练习使用 random 模块。

（3）参照【例 5-27】和【例 5-28】练习使用 decimal 模块。

（4）参照【例 5-29】和【例 5-30】练习使用 fractions 模块。

4. 使用 time 模块

参照下面的步骤练习使用 time 模块。

（1）参照【例 5-31】练习使用 time.time()函数。

（2）参照【例 5-32】练习使用 time.localtime()函数。

（3）参照【例 5-33】练习使用 time.strftime()函数。

（4）参照【例 5-34】练习使用 time.ctime()函数。

5. 自定义和使用模块

参照下面的步骤练习自定义和使用模块。

（1）参照【例 5-35】练习创建自定义模块。

（2）参照【例 5-36】练习导入自定义模块。

实验 6 I/O 编程

目的和要求

（1）了解 I/O 编程的基本含义。

（2）学习输入和显示数据的编程方法。

（3）学习文件编程的方法。

（4）学习目录编程的方法。

实验准备

了解 I/O 是 Input/Output 的缩写，即输入输出接口。I/O 接口的功能是负责实现 CPU 通过系统总线把 I/O 电路和外围设备联系在一起。

了解 I/O 编程是一个程序设计语言的基本功能，常用的 I/O 操作包括通过键盘输入数据、在屏幕上打印信息和读写硬盘等。

在 Python 中可以使用 input()函数接受用户输入的数据。使用 print()函数可以在屏幕上输出数据。

文件系统是操作系统的重要组成部分，它用于明确磁盘或分区上文件的组织形式和保存方法。在应用程序中，文件是保存数据的重要途径之一。

目录，也称为文件夹，是文件系统中用于组织和管理文件的逻辑对象。在应用程序中，常见的目录操作包括创建目录、重命名目录、删除目录、获取当前目录和获取目录内容等。

实验内容

本实验主要包含以下内容。

（1）练习输入和显示数据。

（2）练习文件操作。

（3）练习目录编程。

1. 输入和显示数据

参照下面的步骤练习输入和显示数据。

（1）参照【例 6-1】练习使用 input()函数接受用户输入的数据。

（2）参照【例 6-2】练习以格式化参数的形式输出字符串。

（3）参照【例 6-3】练习在 print()函数中使用多个参数。

（4）参照【例 6-4】练习使用 input()函数接受用户输入的数据。

（5）参照【例 6-5】练习在 print()函数的格式化参数中，同时使用%s 和%d。

（6）参照【例 6-6】练习使用 print()函数输出指定整数对应的十六进制和八进制整数。

（7）参照【例 6-7】和【例 6-8】练习格式化输出浮点数。

2. 文件操作

参照下面的步骤练习文件操作。

（1）参照【例 6-9】和【例 6-10】练习使用 read()方法读取文件内容。

（2）参照【例 6-11】和【例 6-12】练习使用 readline()方法读取文件内容。

（3）参照【例 6-13】练习使用 in 关键字方法读取文件内容。

（4）参照【例 6-14】【例 6-15】和【例 6-16】练习向文件中写入数据。

（5）参照【例 6-17】和【例 6-18】练习使用文件指针。

（6）参照【例 6-19】练习截断文件。

（7）参照【例 6-20】【例 6-21】和【例 6-22】练习获取文件属性。

（8）参照【例 6-23】练习复制文件。

（9）参照【例 6-24】练习移动文件。

（10）参照【例 6-25】练习删除文件。

（11）参照【例 6-26】练习重命名文件。

3. 目录编程

参照下面的步骤练习目录编程。

（1）参照【例 6-27】练习获取当前目录。

（2）参照【例 6-28】练习获得指定目录中的内容。
（3）参照【例 6-29】练习创建目录。
（4）参照【例 6-30】练习删除目录。

实验 7 使用 Python 程序控制计算机

目的和要求

（1）学习使用 CMD 命令。
（2）学习在 Python 程序中执行 CMD 命令。
（3）学习使用 Python 编写程序发送和接收电子邮件的方法。
（4）练习使用 Python 程序远程操控计算机的方法。

实验准备

了解 Cmd.exe 是微软 Windows 系统基于 Windows 上的命令解释程序，它是一个 32 位的命令行应用程序。在命令行窗口中可以通过执行 CMD 命令对计算机进行控制。

了解在 Windows 中按 Windows 键+R，可以打开运行窗口。在运行窗口中输入 cmd 命令，然后单击“确定”按钮，可以打开命令行窗口。

在 Python 程序中可以通过 os 模块的 system()函数执行 CMD 命令，也可以使用 subprocess.Popen()函数创建进程执行系统命令。

简单邮件传输协议（Simple Mail Transfer Protocol，SMTP）是一组用于由源地址到目的地址传送邮件的规则，可以控制信件的中转方式。SMTP 属于 TCP/IP 协议簇，通过 SMTP 所指定的服务器,可以把 E-mail 寄到收信人的服务器上。可以使用 smtplib 模块实现 SMTP 编程，因此在使用 Python 发送 E-mail 时需要首先导入 smtplib 模块。

邮局协议（Post Office Protocol，POP）用于使用客户端远程管理在服务器上的电子邮件。最流行的 POP 版本是 POP3。POP 属于 TCP/IP 协议簇，通常使用 POP 接收 E-mail。可以使用 poplib 模块实现 POP 编程，因此在使用 Python 接收 E-mail 时需要首先导入 poplib 模块。

实验内容

本实验主要包含以下内容。
（1）练习执行 CMD 命令。
（2）练习在 Python 程序中执行 CMD 命令。
（3）练习电子邮件编程。
（4）练习使用 Python 程序远程操控计算机。

1. 执行 CMD 命令

参照下面的步骤练习执行 CMD 命令。
（1）在 Windows 中按 Windows 键+R，打开运行窗口。在运行窗口中输入 cmd 命令，然后单击“确定”按钮，打开命令行窗口。
（2）执行 dir 命令，确认可以列出当前文件夹下的目录列表。

（3）执行 date 命令，确认可以显示和设置当前的系统日期。

（4）执行 time 命令，确认可以显示和设置当前的系统日期和时间。

（5）执行下面的命令：

```
cd C:\python27
dir
```

确认使用 cd 命令可以更改当前目录。

（6）执行 ver 命令，确认可以显示当前 Windows 的版本。

（7）执行下面的命令：

```
cd C:\python27
copy uninstall.log d:\
```

确认将 uninstall.log 复制到 d:\。

（8）执行下面的命令：

```
shutdown-s
```

确认可以关机。

（9）执行下面的命令：

```
shutdown-r
```

确认可以重启。

（10）运行下面的命令，确认可以打开 Windows 计算器程序。

```
calc
```

（11）运行下面的命令，确认可以打开 Windows 记事本程序。

```
notepad
```

（12）运行下面的命令，确认可以打开 Windows 画图程序。

```
mspaint
```

2. 在 Python 程序中执行 CMD 命令

参照下面的步骤练习在 Python 程序中执行 CMD 命令。

（1）参照【例 7-1】【例 7-2】和【例 7-3】练习使用 os.system()函数执行 CMD 命令。

（2）参照【例 7-4】和【例 7-5】练习调用 subprocess. Popen()函数运行 CMD 命令。

3. 电子邮件编程

参照下面的步骤练习电子邮件编程。

（1）参照【例 7-6】练习使用 ehlo()方法执行 EHLO 命令的方法。

（2）参照【例 7-7】练习使用 has_extn()方法判断 SMTP 服务器是否支持指定属性的方法。

（3）参照【例 7-8】练习使用 sendmail ()方法发送邮件的方法。

（4）参照【例 7-9】练习使用 stat()方法获取 POP3 服务器的邮箱统计资料的方法。

（5）参照【例 7-10】练习使用 top ()方法获取 POP3 服务器的邮件信息的方法。

（6）参照【例 7-11】练习使用 list()方法获取 POP3 服务器上邮件大小的方法。

（7）参照【例 7-12】练习使用 retr ()方法返回邮件的文本信息的方法。

4. 使用 Python 程序远程操控计算机

参照下面的步骤练习使用 Python 程序远程操控计算机。

（1）参照第 7.4.1 节编写发送指令端程序 sender.py。

（2）参照第 7.4.2 节编写接收指令端程序 receiver.py。

（3）在被控端计算机运行 receiver.py，确保被控端计算机可以连接 Internet。

（4）在控制端计算机运行 sender.py，确保控制端计算机可以连接 Internet。确认被控端计算机接收指令后可以自动关机。

实验 8 Python 数据结构

目的和要求

（1）学习什么是数据结构。

（2）学习什么是栈和使用栈的方法。

（3）学习什么是队列和使用队列的方法。

（4）学习什么是树和使用树的方法。

（5）学习什么是链表和使用链表的方法。

实验准备

了解 Python 的数据结构有很多类型。其中有 Python 系统已经定义好的，不需要我们再去定义。这种数据结构称为 Python 的内置数据结构，比如列表、元组、字典等。也有些数据组织方式，Python 系统里面没有直接定义，需要我们自己去定义实现，这些数据组织方式称为 Python 扩展数据结构，比如栈和队列。

了解栈相当于一端开口、一端封闭的容器。栈支持出栈和进栈 2 种操作。数据移动到栈里面的过程叫作进栈，也叫作压栈、入栈。

队列相当于两边都开口的容器。但是一边只能进行删除操作，而不能进行插入操作；另一边只能进行插入操作，而不能进行删除操作。进行插入操作的一端叫作队尾，进行删除操作的一端叫作队首。

树是一种非线性的数据结构，具有非常高的层次性。利用树来存储数据，能够使用共有元素进行存储，在很大程度上节约存储空间。

链表是一种非连续、非顺序的存储方式。链表由一系列节点组成，每个节点包括两个部分，一部分是数据域，另一部分是指向下一个节点的指针域。链表可以分为单向链表、单向循环链表、双向链表、双向循环链表。

实验内容

本实验主要包含以下内容。

（1）练习利用 Python 列表实现栈的数据结构。

（2）练习利用 Python 列表实现队列的数据结构。

（3）练习在 Python 程序中实现树的数据结构。

（4）练习在 Python 程序中实现单向链表的数据结构。

1. 利用 Python 列表实现栈的数据结构

参照下面的步骤练习利用 Python 列表实现栈的数据结构。

（1）参照第 8.2.2 节练习定义类 stack。
（2）参照【例 8-1】练习使用类 stack 实现进栈和出栈等操作。

2. 利用 Python 列表实现队列的数据结构

参照下面的步骤练习利用 Python 列表实现队列的数据结构。
（1）参照第 8.3.2 节练习定义类 Queue。
（2）参照【例 8-2】练习使用类 Queue 实现入队和出队等操作。

3. 在 Python 程序中实现树的数据结构

参照下面的步骤练习在 Python 程序中实现树的数据结构。
（1）参照第 8.4.3 节练习定义树节点类 Node 和二叉树类 BinaryTree。
（2）参照【例 8-3】练习使用类 BinaryTree 实现对二叉树的先序遍历、中序遍历和后序遍历。

4. 在 Python 程序中实现单向链表的数据结构

参照下面的步骤练习在 Python 程序中实现单向链表的数据结构。
（1）参照第 8.5.2 节练习定义链表节点类 Node 和单向链表类 SinglelinkedList。
（2）参照【例 8-4】练习使用类 SinglelinkedList 实现对单向链表的操作。

实验 9　多任务编程

目的和要求

（1）了解进程的概念和状态。
（2）了解线程的概念。
（3）学习进程编程的方法。
（4）学习线程编程的方法。

实验准备

了解进程是正在运行的程序的实例。每个进程至少包含一个线程，它从主程序开始执行，直到退出程序，主线程结束，该进程也就被从内存中卸载。主线程在运行过程中还可以创建新的线程，实现多线程的功能。

了解在操作系统内核中，进程可以被标记成“被创建”（Created）、“就绪”（Ready）、“运行”（Running）、“阻塞”（Blocked）、“挂起”（Suspend）和“终止”（Terminated）等状态。

线程是操作系统可以调度的最小执行单位，通常是将程序拆分成 2 个或多个并发运行的任务。一个线程就是一段顺序程序。但是线程不能独立运行，只能在程序中运行。

进程通常可以独立运行，而线程则是进程的子集，只能在进程运行的基础上运行。

进程拥有独立的私有内存空间，一个进程不能访问其他进程的内存空间；而一个进程中的线程则可以共享内存空间。

实验内容

本实验主要包含以下内容。
（1）练习进程编程。

（2）练习多线程编程。

1. 进程编程

参照下面的步骤练习进程编程。

（1）参照【例 9-1】和【例 9-2】练习调用 subprocess.call()方法创建进程。

（2）参照【例 9-3】和【例 9-4】练习调用 subprocess. Popen()方法创建进程。

（3）参照【例 9-5】练习使用 win32process 模块中的 CreateProcess()函数创建进程。

（4）参照【例 9-6】练习枚举系统进程。

2. 多线程编程

参照下面的步骤练习多线程编程。

（1）参照【例 9-7】练习线程编程。

（2）参照【例 9-8】练习阻塞进程。

（3）参照【例 9-9】和【例 9-10】练习使用指令锁。

（4）参照【例 9-11】练习使用可重入锁。

（5）参照【例 9-12】练习使用信号量。

（6）参照【例 9-13】练习使用事件。

（7）参照【例 9-14】练习使用定时器。

实验 10　网络编程

目的和要求

（1）了解网络通信模型和 TCP/IP 协议簇。

（2）了解 Socket 的工作原理和基本概念。

（3）学习基于 TCP 的 Socket 编程。

（4）学习基于 UDP 的 Socket 编程。

实验准备

了解 OSI 参考模型将网络通信的工作划分为 7 个层次，由低到高分别为物理层（Physical Layer）、数据链路层（Data Link Layer）、网络层（Network Layer）、传输层（Transport Layer）、会话层（Session Layer）、表示层（Presentation Layer）和应用层（Application Layer）。

了解 TCP/IP 是 Internet 的基础网络通信协议，它规范了网络上所有网络设备之间数据往来的格式和传送方式。TCP 和 IP 是两个独立的协议，它们负责网络中数据的传输。TCP 位于 OSI 参考模型的传输层，而 IP 则位于网络层。

Socket 的中文翻译是“套接字”，它是 TCP/IP 网络环境下应用程序与底层通信驱动程序之间运行的开发接口，它可以将应用程序与具体的 TCP/IP 隔离开来，使应用程序不需要了解 TCP/IP 的具体细节，就能够实现数据传输。

实验内容

本实验主要包含以下内容：

（1）练习基于 TCP 的 Socket 编程。

（2）练习基于 UDP 的 Socket 编程。

1. 基于 TCP 的 Socket 编程

参照下面的步骤练习基于 TCP 的 Socket 编程。

（1）参照【例 10-1】练习设计使用 Socket 进行通信的简易服务器。

（2）参照【例 10-2】练习设计使用 Socket 进行通信的简易客户端。

（3）运行简易服务器，然后运行简易客户端，确认客户端程序打印'welcome to server!'，说明服务器和客户端通信成功。

2. 基于 UDP 的 Socket 编程

参照下面的步骤练习基于 UDP 的 Socket 编程。

（1）参照【例 10-3】练习使用 sendto()函数发送数据报的方法。注意根据实际情况修改服务器地址。

（2）参照【例 10-4】练习使用使用 recvfrom()函数接收数据报的方法。注意根据实际情况修改服务器地址。

实验 11　Python 数据库编程

目的和要求

（1）了解数据库的基本概念。

（2）了解关系数据库的基本概念。

（3）学习使用 SQLite 数据库。

（4）学习在 Python 中访问 SQLite 数据库的方法。

（5）学习使用 MySQL 数据库。

（6）学习在 Python 中访问 MySQL 数据库的方法。

实验准备

了解数据库（DataBase，DB），简单地讲，数据库就是存放数据的仓库。不过，数据库不是数据的简单堆积，而是以一定的方式保存在计算机存储设备上的相互关联的数据的集合。也就是说，数据库中的数据并不是相互孤立的，数据和数据之间是有关联的。

了解数据库管理系统（Database Management System，DBMS），是一种系统软件，介于应用程序和操作系统之间，用于帮助我们管理输入到计算机中的大量数据，如用于创建数据库、向数据库中存储数据、修改数据库中的数据、从数据库中提取信息等。

关系数据库是建立在关系数据库模型基础上的数据库，借助于集合代数等概念和方法来处理数据库中的数据。

SQLite 是一个开源的嵌入式关系数据库，它的安装和运行非常简单。在 Python 程序中可以很方便地访问 SQLite 数据库。

MySQL 是非常流行的开源数据库管理系统，它由瑞典的 MySQL AB 公司（后来被 Sun 公司收购，而 Sun 公司也已被 Oracle 公司收购）开发，开发语言是 C 和 C++。MySQL 数据库具有非常好的可移植性，可以在 AIX、Unix、Linux、Max OS X、Solaris 和 Windows 等多种操作系统下运行。

实验内容

本实验主要包含以下内容。

（1）练习下载和安装 SQLite 数据库。

（2）练习管理 SQLite 数据库。

（3）练习管理 MySQL 数据库。

1. 下载和安装 SQLite 数据库

参照下面的步骤练习下载和安装 SQLite 数据库。

（1）打开下载页，地址如下：

```
http://www.sqlite.org/download.html
```

（2）在下载页中找到 Precompiled Binaries for Windows 栏目。

（3）下载最新版本的安装包，下载后将其解压。

（4）直接运行解压后的 exe 文件，确认可以打开 SQLite 数据库的命令行窗口，

2. 管理 SQLite 数据库

参照下面的步骤练习管理 SQLite 数据库。

（1）参照【例 11-1】练习创建 SQLite 数据库。

（2）参照【例 11-2】练习创建表。

（3）参照【例 11-3】练习在表中增加一列。

（4）参照【例 11-4】练习使用 INSERT 语句向表中插入数据。

（5）参照【例 11-5】练习使用 UPDATE 语句修改表中的数据。

（6）参照【例 11-6】练习使用 DELETE 语句删除表中的数据。

（7）参照【例 11-7】练习使用 SELECT 语句查询表中的数据。

3. 管理 MySQL 数据库

参照下面的步骤练习管理 MySQL 数据库。

（1）参照第 11.3.1 节练习下载和安装 MySQL 数据库。

（2）参照第 11.3.2 节练习下载和安装 MySQL-Front。

（3）参照第 11.3.3 节练习创建数据库。

（4）参照第 11.3.4 节练习删除数据库。

（5）参照第 11.3.6 节练习创建表。

（6）参照第 11.3.7 节练习编辑和查看表。

（7）参照第 11.3.8 节练习删除表。

（8）参照第 11.3.9 节练习插入数据。

（9）参照第 11.3.10 节练习修改数据。

（10）参照第 11.3.11 节练习删除数据。

（11）参照第 11.3.12 节练习使用 SELECT 语句查询数据。

（12）参照【例 11-41】练习使用 execute()方法在 MySQL 数据库中执行 SQL 语句。

（13）参照【例 11-42】练习使用游标查询表中的数据。

实验 12 Web 框架开发

目的和要求

（1）了解 Web 应用程序设计语言的产生与发展过程。

（2）了解 Web 应用程序的工作原理。

（3）了解 Web 开发框架的基本概念。

（4）学习 HTML 的基础知识。

（5）学习使用 Django 框架。

实验准备

了解 Web 应用程序通常由 HTML 文件、脚本文件和一些资源文件组成。

HTML 语言中包含很多 HTML 标记（也称为标签），它们可以被 Web 浏览器解释，从而决定网页的结构和显示的内容。这些标记通常成对出现，例如<html>和</html>就是常用的标记对。

Web 开发框架就是用于开发 Web 应用程序的框架，是支持动态网站、网络应用程序的软件框架。Web 框架的工作方式包括接收 HTTP 请求并处理、分派代码、产生 HTML、创建 HTTP 响应。

Web 框架通常包含 URL 路由、数据库管理、模板引擎等功能模块。

Django 是一个由 Python 开发的、开放源代码的 Web 应用框架，它采用 MVC 软件设计模式，即模型 M、视图 V 和控制器 C。Django 是最流行的 Python Web 框架。

实验内容

本实验主要包含以下内容。

（1）练习使用 HTML 语言设计网页。

（2）练习下载和安装 Django 框架。

（3）练习创建和管理 Django 项目。

（4）练习定义 Django 视图。

（5）练习使用 Django 模板。

（6）练习使用 Django 模型。

（7）练习使用 Django 表单。

1. 使用 HTML 语言设计网页

参照下面的步骤练习使用 HTML 语言设计网页。

准备一个图片文件，假定为 bk.png。创建一个网页，使用下面的语句在 body 标签中通过 background 属性设置网页的背景图片：

```
<body background="bk.png">
```

浏览该网页，确认网页，以 bk.png 为背景。

使用下面的语句在 body 标签中通过 bgcolor 属性设置网页的背景色：

```
<BODY bgcolor="#00FFFF">
```

浏览该网页，确认网页的背景色为黄色。

（1）参照【例 12-1】练习在网页中定义加粗、倾斜和下划线字体。

（2）参照【例 12-2】练习定义 align 属性设置文字居中。

（3）参照【例 12-3】练习定义标题文字。

（4）参照和【例 12-4】练习定义一个超级链接。

（5）参照【例 12-5】和【例 12-6】练习定义 HTML 表格。

（6）参照【例 12-7】练习定义框架。

（7）参照【例 12-8】练习使用 div 标签。

（8）参照【例 12-9】练习使用 br 标签。

（9）参照【例 12-10】练习使用 pre 标签。

（10）参照【例 12-11】练习使用 li 标签。

2. 下载和安装 Django 框架

参照下面的步骤练习下载和安装 Django 框架。

（1）访问下面的网址下载 pip 的安装脚本 get-pip.py。

```
https://pip.pypa.io/en/stable/installing/
```

（2）打开命令窗口，切换到 get-pip.py 所在的目录下，然后执行下面的命令，安装 pip 工具。

```
C:\Python27\python get-pip.py
```

（3）访问下面的网址下载 Django：

```
https://www.djangoproject.com/download/
```

（4）假定是 Django-1.8.5，执行下面的命令安装 Django-1.8.5。

```
pip install Django==1.8.5
```

（5）安装完成后，进入 Python 环境，然后运行下面的命令验证是否安装成功：

```
import django
django.VERSION
```

如果运行结果如下，则说明 Django 框架安装成功。

```
(1, 8, 5, 'final', 0)
```

3. 创建和管理 Django 项目

参照下面的步骤练习创建和管理 Django 项目。

（1）参照【例 12-12】练习创建一个 Django 项目 mysite。

（2）参照【例 12-13】练习在 Django 项目 mysite 中创建一个 app，名字为 myapp。

（3）参照【例 12-14】练习在 Django 项目 mysite 中搭建 Web 服务器。

4. 定义 Django 视图

参照下面的步骤练习创建和管理 Django 项目。

（1）编辑 D:\my_django_project\mysite\myapp\views.py，添加下面的语句：

```
from django.http import HttpResponse
```

在 views.py 中定义一个 index()函数，在网页中显示“Welcome to Django”，代码如下：

```
from django.http import HttpResponse

def index(request):
    return HttpResponse(u" Welcome to Django
```

（2）编辑 mysite/mysite/urls.py，添加下面的语句：

```
url(r'^$', 'myapp.views.index', name='home'),
```

（3）打开命令窗口，执行下面的命令启动 Web 服务器：

```
d:
cd d:\my_django_project\mysite
python manage.py runserver
```

（4）打开浏览器，访问下面的 url：

```
http://127.0.0.1:8000/
```

确认可以在网页中看到“Welcome to Django”。

（5）参照【例 12-15】练习使用视图设计一个 hello 页面。

（6）参照【例 12-16】练习使用 HttpResponse 对象向页面返回一个包含 HTML 标记字符串。

（7）参照【例 12-17】练习向页面中传递参数。

5. 使用 Django 模板

参照下面的步骤练习使用 Django 模板。

（1）在 D:\django_project\mysite\mysite 文件夹下创建一个 templates 文件夹存放模板。

（2）在 templates 文件夹下新建一个模板文件 userinfo.html，代码如下：

```
<html>
  <meta http-equiv="Content-type" content="text/html; charset=utf-8">
  <title>用户信息</title>
  <head></head>
  <body>
  <h3>用户信息：</h3>
  <p>姓名：{{name}}</p>
  <p>年龄：{{age}}</p>
  </body>
</html>
```

（3）在 D:\ django_project\mysite 文件夹下找到 settings.py，在 settings.py 中添加下面的语句：

```
TEMPLATE_DIRS = (
    os.path.join(os.path.dirname(__file__), 'templates').replace('\\','/'),
)
```

（4）修改 D:\my_django_project\mysite\myapp\views.py，添加视图函数 user_info()，代码如下：

```
from django.shortcuts import render_to_response
    def user_info(request):
    name = 'xiaoming'
    age = 24
    return render_to_response('user_info.html',locals())
```

（5）修改 urls.py，增加如下代码：

```
url(r'^ u/$',user_info),
```

（6）打开命令窗口，执行下面的命令启动 Web 服务器：

```
d:
cd d:\my_django_project\mysite
python manage.py runserver
```

（7）打开浏览器，访问下面的 url：

```
http://127.0.0.1:8000/u/
```

确认可以在网页中看到模板文件 userinfo.html，其中姓名为小明，年龄为 24。

6. 使用 Django 模型

参照下面的步骤练习使用 Django 模型。

（1）在 models.py 中定义一个名为 Person 的 Django 模型，代码如下：

```
class Person(models.Model):
    name = models.CharField(max_length=30)
    age= models.IntegerField()
```

（2）打开命令窗口，执行下面的命令，切换到 Django 项目目录下：

```
d:
cd D:\my_django_project\mysite
```

（3）执行下面的语句同步数据库。

```
python manage.py makemigrations
python manage.py migrate
```

（4）确认执行同步数据库后，打开 Navicat for MySQL，可以看到数据库 mysqldb1 中创建了很多从 Django 模型同步来的新表。其中的 myapp_person 表就是从前面创建的模型 Person 同步来的。

（5）参照【例 12-18】练习向表中添加数据。

7. 使用 Django 表单

参照下面的步骤练习使用 Django 表单。

（1）参照【例 12-19】练习定义表单。

（2）参照【例 12-20】练习使用文本框。

（3）参照【例 12-21】练习使用 extarea 标签。

（4）参照【例 12-22】练习使用单选按钮。

（5）参照【例 12-23】练习使用复选框。

（6）参照【例 12-24】练习使用组合框。

（7）参照【例 12-25】和【例 12-26】练习使用按钮。

（8）在 D:\my_django_project\mysite\myapp\templates 目录下创建一个模板 login.html，代码如下：

```
<html>
  <meta http-equiv="Content-type" content="text/html; charset=gb2312">
  <title></title>
  <head></head>
  <body>
  <h3></h3>
<form id="form1" name="form1" method="post" action="/login/">
用户名:     <input name="txtUserName" type="text" value="" />  <br> <br>
```

```
密  码:    <input name="txtUserPass" type="password" /> <br> <br>
 <input type="submit" value="提交">
</form>
  </body>
</html>
```

(9)修改 url.py，在 urlpatterns={…}中增加如下代码：

```
url (r'^login_form/$', login_form),
url (r'^login/$', login),
```

(10)在 view.py 中定义视图 login，代码如下：

```
def login(request):
    if 'txtUserName' in request.GET:
        message='Your  username:  '  +request.GET['txtUserName']+  ';password:  '  +
request.GET['txtUserPass']
    else:
        message='您提交了空表单.'
    return HttpResponse(message)
```

(11)打开命令窗口，执行下面的命令启动 Web 服务器：

```
d:
cd d:\my_django_project\mysite
python manage.py runserver
```

(12)打开浏览器，访问下面的 url：

```
http://127.0.0.1:8000/login_form/
```

确认可以看到登录表单。

(13)录入用户名和密码，然后单击“提交”按钮，确认页面中输出用户输入的用户名及密码。